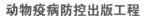

动物疫病防控出版工程

世界兽医经典著作译丛

外来动物疫病

第7版　美国动物健康协会外来病与突发病委员会　编

王志亮　主译

邓明义（Ming Yi Deng）　主校

U0395095

FOREIGN
ANIMAL
DISEASES

中国农业出版社

本书中文版由美国动物健康协会

授权中国农业出版社独家出版发行

USAHA
PO Box 8805
St.Joseph,MO64508
Phone:816-671-1144
Fax:816-671-1201
email:usaha@usaha.org
Internetsite:www.usaha.org

美国国会图书馆目录编号2008900990
ISBN978-0-9659583-4-9

Boca Publications Group, Inc.
2650 N. Military Trail, 240–SZG
Boca Raton, FL 33431
bocagroup@aol.com

美国动物健康协会（USAHA）
版权所有，2008

著作权合同登记号：01-2015-7498

图书在版编目（CIP）数据

外来动物疫病：第7版 / 美国动物健康协会外来病
与突发病委员会编；王志亮主译. —北京：中国农业
出版社，2015.10
（世界兽医经典著作译丛）
书名原文：Foreign animal diseases
ISBN 978-7-109-18571-5

Ⅰ．①外… Ⅱ．①美… ②王… Ⅲ．①动物—外
来种—兽疫—防疫—手册 Ⅳ．①S851.3-62

中国版本图书馆CIP数据核字（2014）第011123号

中国农业出版社出版
（北京市朝阳区麦子店街18号楼）
（邮政编码 100125）
责任编辑 邱利伟 黄向阳 武旭峰

北京通州皇家印刷厂印刷 新华书店北京发行所发行
2015年11月第7版 2015年11月北京第1次印刷

开本：710mm×1000mm 1/16 印张：24
字数：500千字
定价：78.00 元
（凡本版图书出现印刷、装订错误，请向出版社发行部调换）

本书译校人员

主　　译　王志亮

副 主 译　吴晓东　李金明

主　　校　[美] 邓明义（Ming Yi Deng）

副 主 校　刘华雷　包静月

译校人员（按姓名笔画排序）

　　　　　　于建敏　王　华　王志亮　王清华　王淑娟　王静静　戈胜强

　　　　　　邓明义　包静月　刘文华　刘华雷　刘学东　刘拂晓　刘雨田

　　　　　　李　林　李金明　吴延功　吴晓东　吴鑑三　邹艳丽　张　倩

　　　　　　张永强　郑东霞　单　虎　赵云玲　赵永刚　徐天刚　常娓娓

译序

　　我国是畜牧业生产大国，动物疫病防控工作关乎国家食物安全和公共卫生安全，关乎社会和谐稳定大局。当前动物疫病防控工作面临的形势依然严峻，肩负的任务十分繁重，不仅要加强国内动物疫病的防控，同时还必须严加防范外来动物疫病的传入。

　　当今，全球动物疫情日趋复杂，小反刍兽疫、非洲猪瘟等重大外来动物疫病在我周边国家持续存在，传入风险不断加大，必须时刻保持高度警惕。2007年我国在西藏首次发现小反刍兽疫，2013年末该病又出现于新疆，随后传入内地，对我国畜牧业造成了极为不利的影响。

　　近年来，我国在防范外来动物疫病方面取得了较为满意的成就。边境动物疫情测报体系已初步建成，在国际动物疫情监视、边境动物疫病防控中发挥了重要作用；国家外来动物疫病研究中心在诊断试剂储备、疫苗研发方面均达到国际先进水平，为外来动物疫病的快速诊断和有效防控提供了可靠的技术支撑。但我们还应清醒的认识到，与面临的艰巨任务相比，与发达国家相比，我们的工作还有很大的提升空间。

　　《Foreign Animal Diseases》是美国动物健康协会用于培训外来动物疫病防控知识的主要教材，具有很强的系统性和很高的权威性。中国动物卫生与流行病学中心国家外来动物疫病研究中心的专家联合美国农业部外来病中心的华裔专家邓明义博士对该教材进行了引进和翻译。我相信该教材中文版的出版发行将有助于我国畜牧兽医工作者系统了解外来动物疫病知识，全面提高防控技术水平。

农业部副部长

译者前言

外来动物疫病（foreign animal diseases）通常是指国外已有而国内尚未发现的动物疫病。这些疫病在特定条件下可通过动物及其产品的国际贸易、边境互市、野生动物或媒介昆虫等途径传入，导致难以估量的经济损失，有的甚至能引发严重的公共卫生或生态安全危机。世界上许多国家，特别是美国、英国、加拿大、澳大利亚等发达国家以及南非等发展中国家高度重视外来动物疫病的防范，设有专门的组织机构系统地开展外来疫病防控政策措施研究、应急预案制定、传入风险评估、防检技术储备、防控技术培训和流行病学监测等工作。在发达国家，很多重大动物疫病已被控制、消灭或因措施得当而从未传入，其兽医部门的主要任务就是防止这些外来病的传入和一旦传入后能尽快发现和扑灭。相对而言，我国在外来动物疫病方面的整体防控意识、防范措施和技术水平还存在不少的差距，发达国家的许多外来病目前还是我们的"国内病"。

美国动物健康协会外来病与突发病委员会是美国实施外来动物疫病防控知识培训的主要机构。该委员会组织编写的《外来动物疫病》一书从1953年开始历经七版，不断完善，成为当今国际上高水平的外来动物疫病培训教材。该教材最新版为第7版，图文并茂，囊括了美国48种外来动物疫病，《国际动物卫生法典》规定必须通报的疫病和近年来全球范围内的动物新发病尽在其中。对我国读者而言，不仅可以从中得到我们所需要的外来动物疫病知识，也可以学到我国已存的某些重大动物疫病知识。译者希望该书的出版在一定程度上能提高我国兽医工作人员对外来动物疫病的识别能力和防控技术水平。不容置疑，由于美国特殊的地理位置和较高的防控技术水平，绝大多数动物传染病已被拒于其国门之外。因此，其被称为"外来病"的种类要比我国多得多，换言之，美国的外来病几乎囊括了我国当前所面临的所有外来病。

翻译是一个艰苦而细致的工作，需要同时具备较好的外文和中文基础才能达到较高的水平。该书的翻译团队多由40岁以下的实验室一线工作人员组成，在语言的"可翻"与"不可翻"之间，我们力求"信、达"，而"雅"只能作为更高一级的期望了。同样，囿于译者的语言和业务水平，尽管我们已竭尽全力、几校其稿，但错漏之处仍在所难免，恳请读者不吝指教，以便将来再版时予以修订。

感谢美国动物健康协会的授权，感谢美国农业部外来动物疫病诊断实验室邓明义先生和该书的所有原作者。没有他们的不懈努力和慷慨帮助，中文译稿将难以面世。感谢农业部兽医局和中国动物卫生与流行病学中心的领导和同事们在本书翻译过程中所给予的大力支持。特别感谢于康震副部长长期以来对外来病研究工作的大力支持，并在百忙之中欣然为本译著作序。

王志亮　研究员
国家外来动物疫病研究中心主任
中国动物卫生与流行病学中心总兽医师
2014年7月于青岛

原序

在外来动物疫病方面开展兽医职业教育是美国动物健康协会（USAHA）的传统。最早的"灰皮书"版本是1953年发行的，距今已有半个多世纪了，后来在1964、1975、1984、1992和1998年又分别进行了再版。

传统上，这本大家所熟知的"灰皮书"（尽管最近几版的封面都是白色的）的修订和更新工作，都是由USAHA的外来病与突发病委员会主席和副主席负责的。因此，我们要特别感谢美国动物健康协会为我们提供这次机会，来组织编写《外来动物疫病》第7版。

自从前一版于1998年发行以来，世界发生了很多变化。那时候，世界贸易组织刚刚成立3年，我们今天所看到的极其便利的国际贸易也刚刚开始。前版发行之前，还没有马来西亚的尼帕病毒病和英国大规模的口蹄疫暴发，农业恐怖（agroterror）一词也没有出现，SARS也没有感染人类，高致病性禽流感也没有表现出在人间大流行的可能性。的确，随着这么多新老病原不断在新的和意想不到的地方出现，"外来动物疫病"一词已变得越来越不贴切，尽管外来动物疫病入侵的威胁也在不断增大。

我们对所有撰稿人表示崇高的敬意和无限的感激，他们的稿件及时准确、清晰明了。他们是该书的真正主人，我们只是这些稿件的组织者与传播者。我们要特别感谢梅岛动物疫病中心视觉信息服务部，他们提供了第四部分大多数的新图片。

另外，动植物健康检疫局职业发展部（PDS）毫不吝啬地把Jason Baldwin博士借给了我们，他不辞辛苦而又准确无误地完成了该书的编排工作。PDS还为该书版式确定和新封面设计提供了资助。

还要感谢我们各自的工作单位，佐治亚大学和康乃尔大学兽医学院，为我们提供了专心编辑该书的时间，慷慨地给了我们效力的机会，不求任何回报。非常幸运，我们的领导都深知该书对我国动物健康职业培训的重要性和影响力。

最后，我们要感谢Charles Mebus博士在外来动物疫病研究、诊断和信息传播方面所做的长期努力。Charles Mebus博士一直是我们职业生涯中各阶段的老师，也一直是我们的楷模和挚友，他对动物健康具有远见卓识。如同第6版一样，我们将《外来动物疫病》第7版也献给他。

Corrie Brown, DVM, PhD, DACVP
佐治亚大学兽医学院约西亚梅格斯杰出教学教授
美国动物健康协会外来病与突发病委员会主席
（College of Veterinary Medicine，University of Georgia，Athens，GA 30602）

Alfonso Torres, DVM, MS, PhD
康奈尔大学兽医学院公共政策教授兼副院长
美国动物健康协会外来病与突发病委员会副主席
（College of Veterinary Medicine，Cornell University，Ithaca，NY 14850）

前言

半个多世纪以来，这本"灰皮书"一直是兽医（无论是私营、联邦、州还是企业兽医）和学生外来动物疫病知识的关键资源。

该书的出版发行是美国动物健康协会（USAHA）各部门精诚合作的实证。来自学术界、州与联邦机构以及其他一些国家的专家，各展所长，精心编写了第7版。

该版由USAHA外来病与突发病委员会主席Corrie Brown博士和副主席Alfonso Torres博士协调编辑，美国动物健康协会负责发行。

我谨代表美国农业部，对美国动物健康协会领导、Brown博士和Torres博士，以及所有作者、审稿人和编辑们的无私奉献，表示衷心感谢。该书的编写无任何酬金或版税，它的诞生完全是基于大家的共识：维持动物健康的成功历史非常重要。

John R. Clifford　博士

美国农业部动植物检疫局负责兽医工作的副局长兼美国首席兽医官

华盛顿特区

目录

第一部分

原书撰稿人

Corrie Brown
College of Veterinary Medicine
University of Georgia
Athens, GA 30602-7388
corbrown@uga.edu

Claudio S.L. Barros
Universidade Federal de Santa Maria
Santa Maria, Brazil
claudiosbarros@uol.com.br

Rafael Fighera
Universidade Federal de Santa Maria
Santa Maria, Brazil
anemiaveterinaria@yahoo.com.br

R.O. Gilbert
College of Veterinary Medicine
Cornell University
Ithaca, NY 14853-6401
rog1@cornell.edu

Alan J. Guthrie
Equine Research Centre
Faculty of Veterinary Science
University of Pretoria
Onderstepoort, 0110, Republic of South Africa
alan.guthrie@up.ac.za

Christopher Hamblin
94 South Lane, Ash, Near Aldershot
Hampshire, GU12 6NJ, England
chris.hamblin@ntlworld.com

Christiane Herden
Institut fur Pathologie
Tierarztliche Hochschule Hannover
Hannover, Germany
christiane.herden@tiho-hannover.de

Sharon K. Hietala
University of California-Davis
Davis, CA 95617
skhietala@ucdavis.edu

Daniel J. King
Southeast Poultry Research Laboratory
USDA-ARS
Athens, GA 30605
jack.king@ars.usda.gov

Peter Kirkland
Head, Virology Laboratory
Elizabeth Macarthur Agricultural Institute
Menangle, NSW, Australia
peter.kirkland@agric.nsw.gov.au

Paul Kitching
National Centre for Foreign Animal Disease
Winnipeg, Manitoba, R3E 3M4, Canada
kitchingp@inspection.qc.ca

Steven B. Kleiboeker
Director, Molecular Science and Technology
ViraCor laboratories
1210 NE Windsor Drive
Lee's Summit, MO 64086
skleiboeker@viracor.com

Donald Knowles
USDA-ARS
Pullman, Washington 9914-6630
dknowles@vetmed.wsu.edu

Hong Li
USDA-ARS
Pullman, WA 99164-6630
hli@vetmed.wsu.edu

Susan Little
Department of Pathobiology
Oklahoma State University
Stillwater, OK, 74078-2007
susan.little@okstate.edu

N. James MacLachlan
School of Veterinary Medicine
University of California at Davis
Davis, CA, 95616
njmaclachlan@ucdavis.edu

Terry McElwain
College of Veterinary Medicine
Washington State University
Pullman, WA 99165-2037
tfm@vetmed.wsu.edu

Suman M. Mahan
Pfizer Animal Health
Kalamazoo, MI 49001
suman.mahan@pfizer.com

Peter Merrill
Aquaculture Specialist
USDA-APHIS Import Export
Riverdale, MD 20737
Peter.Merrill@aphis.usda.gov

Jim Mertins
USDA-APHIS-VS-NVSL
Ames, IA 50010
James.W.Mertins@aphis.usda.gov

Samia Metwally
Foreign Animal Disease Diagnostic Laboratory
USDA-APHIS-VS-NVSL
Plum Island, Greenport, NY 11944
samia.a.metwally@aphis.usda.gov

Bethany O'Brien
USDA-APHIS VS
Western Regional Office
Fort Collins, CO
bethany.o'brien@aphis.usda.gov

Doris Olander
USDA VS APHIS
6510 Schroeder Road, Suite 2
Madison, WI 53711
doris.olander@aphis.usda.gov

Donal O'Toole
Wyoming State Laboratory
Laramie, WY 82070
dot@uwyo.edu

John Pasick
National Centre for Foreign Animal Disease
Winnipeg, Manitoba, R3E 3M4, Canada
jpasick@inspection.gc.ca

Jürgen A. Richt
National Animal Disease Center
USDA-ARS
Ames, IA 50010
jricht@nadc.ars.usda.gov

Luis Rodriguez
Plum Island Animal Disease Center
USDA-ARS
Greenport, NY 11944-0848
luis.rodriguez@ars.usda.gov

Fred Rurangirwa
College of Veterinary Medicine
Washington State University
Pullman, WA 99165-2037
ruvuna@vetmed.wsu.edu

Eoin Ryan
Institute of Animal Health,
Pirbright Laboratory
Surrey, UK
eoin.ryan@bbsrc.ac.uk

Jeremiah T. Saliki
College of Veterinary Medicine
University of Georgia
Athens, GA 30602
jsaliki@vet.uga.edu

Tirath S. Sandhu
Cornell University Duck Research Laboratory
Eastport, NY 11941
tss3@cornell.edu

Jack Schlater
USDA-APHIS-VS-NVSL
Ames, IA 50010
Jack.L.Schlater@aphis.usda.gov

Moshe Shalev
Department of Homeland Security
Plum Island Animal Disease Center
Greenport NY 11944-0848
mshalev@gmail.com

David E. Swayne
Southeast Poultry Research Laboratory
USDA-ARS
Athens, GA, 30605
David.Swayne@ars.usda.gov

Belinda Thompson
Animal Health Diagnostic Laboratory
College of Veterinary Medicine
Cornell University
Ithaca, NY 14852
bt42@cornell.edu

John Timoney
Gluck Equine Research Center
University of Kentucky
Lexington, KY 40546-0099
jtimoney@uky.edu

Alfonso Torres
Associate Dean for Public Policy
College of Veterinary Medicine
Cornell University
Ithaca, NY 14852
at97@cornell.edu

Fernando J. Torres-Vélez
College of Veterinary Medicine
University of Georgia
Athens, GA, 30602-7388
ftorres@vet.uga.edu

Thomas E. Walton
5365 N Scottsdale Rd.
Eloy, AZ 85231
vetmedfed@comcast.net

William R. White
USDA-APHIS-VS-NVSL
Foreign Animal Disease Diagnostic
Laboratory
Plum Island, Greenport, NY 11944-0848
William.R.White@aphis.usda.gov

Mark M. Williamson
Gribbles Veterinary Pathology
The Gribbles Group,
1868 Dandenong Rd.
Clayton, Victoria, Australia, 3168
mark.williamson@gribbles.com.au

Peter Wohlsein
School of Veterinary Medicine
Hannover, Germany
Peter.Wohlsein@tiho-hannover.de

第二部分

概　论

一、保护美国免受外来动物疫病侵袭

外来动物疫病的威胁

几十年前，外来动物疫病（FADs）在美国被看作仅仅是动物健康管理部门的事。曾认为充分的边境监测和良好的进口控制就足以确保我们安全，不必担心有大的疫情暴发；作为一个东西边都是海洋，南部和北部均只与一个国家接壤的大国，其独特的地理优势也使我们觉得不必担心外来病的入侵。

今天，随着自由市场经济的增长和对海外投资约束的放宽，动物和动物产品正以空前的数量和速度在全世界范围流动。2005年，全球农业出口额为6 700亿美元，比2004年增加8%，比5年前增加23%。

毛皮、羽毛、肉、蛋、奶的流通量巨大且不断增长。因此，"外来动物疫病"这一名词同时很快变得更加有意义和更加没有意义。没有意义是由于疫病在全球传播迅速，在本土被发现的可能性不断增加（近年来，外来新城疫和牛海绵状脑病就是两个最好的例子）。更有意义也完全基于相同的原因——动物病原正在以空前的规模进入新的领地。如今，外来病入侵已不再是可能与不可能的问题，而是发生概率有多大的问题，其在国家内部出现与在边境监测口岸出现同样容易。私营兽医即使没有去过100英里①外的地方，也应意识到世界某一偏僻角落的外来动物疫病有可能首先在自己的家门口暴发。

为克服"内"源性"外"来病在术语学方面的缺陷，世界上正日趋广泛地使用由FAO首创的"跨境动物疫病"（TADs②）一词来代替"外来动物疫病"的说法。跨境动物疫病是指"对相当数量的国家具有重要的经济、贸易或食品安全意义，容易传播到其他国家并导致流行，需要几个国家合作才能予以控制（管理）和消灭的疾病"。（Transboundary Animal Diseases: Assessment of socioeconomic impactes and institutional response. FAO 2004, ftp://ftp.fao.org/docrep/fao/meeting/010/ag273e/ag273e.pdf）

---

① "英里"为非国际单位制单位，1英里=1609m。——译者注
② TADs: Transboundary Animal Diseases

⬤ 国际动物卫生组织

　　全球共有195个主权国家，没有统一的国际管理体制。将这些国家连接起来并促成彼此合作的是一个复杂的相互依赖体系，该体系最初的联系是通过商业活动建立起来的，在规模和程度上逐年扩大。这一复杂相互依赖关系就像在台球桌上覆盖一张湿重的网，一个球动了，就会对其他所有的球产生影响，使其发生不同程度的移动。这对外来动物疫病来讲意味着什么？意味着可能会有更多的暴发，而且国家之间也更有可能开展合作，共同防止疫病的传播和传入。

　　这种复杂相互依赖关系催生了许多新的国际组织，并促进了既有国际组织的发展。在动物卫生领域，有两大国际组织致力于维护这一共同利益。

⬤ 世界动物卫生组织（OIE）

　　OIE是一个独立的国际组织，成立于1924年1月25日，其宗旨是"促进全球动物健康"。2003年5月，该组织由原来的国际兽医局（Office Internationaldes Epizooties）更名为世界动物卫生组织（World Organization for Animal Health），但仍沿用OIE这一简称。OIE为世界贸易组织提供动物卫生领域内的所有咨询和标准制定服务。OIE拥有169个成员（截至2007年5月），在各大洲均设有区域和亚区域办公室，并与其他35个国际和区域组织保持永久联系。OIE成员以其首席兽医官为代表组成国际委员会。国际委员会每年召开一次大会，批准其各委员会所支持的决议。这些委员会包括管理委员会、四个专门技术委员会（陆生动物卫生标准委员会或称法典委员会、动物疫病科学委员会或称科学委员会、生物标准委员会或称实验室委员会、水生动物卫生标准委员会或称水生动物委员会）和五个区域委员会（非洲，美洲，亚洲、远东和大洋洲，欧洲，中东）。OIE日常工作由当选的总干事和法国巴黎总部的工作人员负责。

　　OIE保持统一的应报告疫病名录。历史上，OIE把动物疫病分为两类（A和B），对这两类疫病报告的要求有所不同。2005年1月，OIE将这两类归为一个整体，囊括了130种重要疫病，详见表2-1或OIE网站（www.oie.int）。将某一动物疫病列入该表的标准有四个：国际传播；有人畜共患可能性；在没有接触过该病的群体中传播能力强；新发病。

　　OIE成员有责任通过其兽医主管部门向OIE总部通报名录所列动物疫病的状况，

要求如下（见《陆生动物卫生法典》，第1.1.2[①]）：

- 紧急通报：下列任何事件发生后，国家代表应在24h内通过电报[②]、传真或电子邮件向OIE通报：
  - 一个国家、划定区域或生物安全隔离区首次发生名录所列疫病和/或感染；
  - 一个国家、划定区域或生物安全隔离区宣布疫病暴发终结后再次发生名录所列疫病和/或感染；
  - 一个国家、划定区域或生物安全隔离区首次出现名录所列疫病的病原新株系；
  - 一个国家、划定区域或生物安全隔离区，某一正在流行的名录所列疫病，其分布、发生、发病率或病死率急剧和意外增加；
  - 具有高发病率、高病死率或人畜共患可能性的新发病；
  - 有证据表明某一名录所列疫病的流行病学已发生改变（包括宿主范围、致病性、菌毒株），尤其是对人类健康已造成影响。
- 周报：在以上通报后，应通过电报、传真或电子邮件就事态发展的进一步情况提供周报，直至疫病被消灭或变为地方性流行，其后成员应按第3点要求向OIE提供半年报告；不管哪种情况，都要提交关于事态的最终报告。
- 半年报：每半年向OIE提交名录所列疫病的状况报告，包括疫病存在与否、疫病演变以及对其他国家有价值的流行病学信息。
- 年报：每年报告对其他成员具有重要性的其他信息。

OIE总部一旦收到通报，就会在其官方网站（www.oie.int）的世界动物卫生信息数据库（WAHID）发布信息，通知所有成员。

粮农组织（FAO）

FAO是联合国的一个专门机构，总部设在意大利的罗马。其宗旨是引导国际力量，通过提高营养水平、增强农业生产力、改善农村人口生活、促进世界经济发展，使人类免于饥饿。在动物卫生方面，1994年FAO创建了跨境动植物病虫害紧急预防系统（EMPRES）。EMPRES的家畜项目致力于通过早期预警、早期行动、加强研究及协调配合等四个方面的国际合作，在区域和全球范围内实施逐步根除计

---

① 现为2013版第1.1.3——译者注
② "电报"现在改为"世界动物卫生信息系统（WAHIS）"——译者注

划，以有效遏制和控制最严重的家畜疫病及新发病。EMPRES的活动包括组织国际力量开展动物疫病的诊断、监测、控制或消灭，这些疫病主要包括（但不限于）牛瘟、牛传染性胸膜肺炎、口蹄疫、羊传染性胸膜肺炎、小反刍兽疫、裂谷热、结节皮肤病以及最近发生的高致病性禽流感等。

其他国际动物卫生组织

在美洲，其他国际组织也在致力于外来动物疫病的预警、诊断和应对，这些组织包括：

- 泛美洲卫生组织（PAHO），是世界卫生组织的西半球分部，通过其设在巴西里约热内卢的泛美口蹄疫中心（PANAFTOSA）及其兽医公共卫生项目致力于在美洲预防、控制和消灭口蹄疫。
- 泛美农业合作研究所（或称美洲农业合作协会，IICA），是美洲国际组织（OAS）的下设机构，其任务是在农业诸多领域内提供创新技术合作，其中包括动植物卫生。
- 中美洲农牧保健组织（或称区域性国际动植物卫生组织，OIRSA），是墨西哥和中美洲的一个区域性组织，在动物卫生、植物卫生、食品安全、检疫服务和贸易促进等方面提供帮助。

保护美国动物产业

保护美国动物产业不受外来动物疫病影响的重任主要由美国农业部动植物卫生检疫局（APHIS）承担。APHIS的使命是保护和改进美国动物、动物产品和兽医生物制品的卫生、质量和可销售性。APHIS的动物健康保护机构主要有两个：兽医局（VS）和国际（事务）局（IS）。APHIS-VS的职能是制订和实施可能携带外来动物疫病的进口动物和动物产品的相关法规，并为早期检测、监视和控制/扑灭外来动物疫病提供诊断、监测和应急措施。APHIS-IS负责与OIE、FAO及其他国家开展合作，以减少动物疫病的国际传播，重点是在畜禽进口到美国之前参与制订和实施疫病管理策略以降低动物疫病风险，从而保护美国动物产业。

美国农业部农业研究局（ARS）开展外来动物疫病研究。美国农业部与各州和部落联盟（印第安人）密切合作，对任何可能的外来动物疫病和新发病的暴发进行监测、快速诊断和作出应急反应。某些边境控制及应急反应工作现由美国国土安全部管辖。许多其他联邦机构也参与某些动物卫生保护和应急反应工作。这些机构包括卫生与公众服务部的两个单位：疾病预防控制中心和食品药品管理局的兽药中心；内政部的四个单位：鱼类与野生动物局、地质局、国家公园管理局和印第安事务局；此外，交通部、国防部、商务部、司法部、财政部、环境保护署也发挥支持作用。

最终，外来动物疫病早期诊断的责任主要落在：动物所有者和生产者、私营从业兽医、各州的动物卫生组织、农业部及其他联邦机构的许多部门、市场运营商以及动物科学工作者。

为了实现外来动物疫病暴发的早期诊断，必须将外来病疑似症状迅速向州兽医或/和APHIS-VS联邦兽医报告。由受过专门培训的外来动物病诊断师对相应畜群或禽群进行调查。根据病史、症状、病变及动物种类采集样品，送至位于美国爱荷华州艾姆斯的APHIS-VS国家兽医实验室（NVSL）或位于纽约梅岛的NVSL分支机构——外来动物疫病诊断实验室（FADDL），以确定是否为外来病。

疫病暴发的应急反应

州政府负责对疑似动物健康事件作出反应。然而，在怀疑外来动物疫病发生时，联邦政府可在与州政府协调后宣布紧急状态，通过APHIS-VS国家动物健康紧急管理中心启动应急反应。APHIS-VS职责中有关疫病暴发和动物健康的应急事件，特别是对外来动物疫病调查的日常报告、州特有疾病的暴发或控制项目、传统的国家动物健康应急反应或涉及动物的自然灾害都通过应急管理反应系统（EMRS）进行管理。

为支持外来动物疫病的早期诊断，建立了全国动物卫生实验室网络，使州-联邦实验室成为一体化合作伙伴。其目的是在外来动物疫病暴发时提供额外的监测能力和负荷能力。该网络将许多州立实验室与NVSL联系在一起。

隶属于国土安全部的国家应急组织（NRF），替代了国家应急计划（National Response Plan），其主要职责是建立一个综合的、全国性的、针对各种危害的国内突发事件应急机制。该组织的各个层级均有公共和民营部门参与。国家应急管理系统（NIMS）是NRF不可分割的一部分，按NIMS指南，应急反应要使用EMRS来实施。林业局曾于20世纪70年代为调动人力和资源处理森林火灾建立了应急指挥系统（ICS），NIMS对该系统进行了规范。该系统由五个主要部门构成，高度灵活，每一部门均可根据灾情严重和复杂程度进行扩大或缩小。系统的组成人员可来自不同组织机构，其目的是简化工作流程、充分利用资源、明确指挥链条。当某种外来动物疫病暴发时，ICS可包括兽医、技术人员、疫病专家和许多从军队、大学、工厂、私人机构及联邦和州政府抽调的工作人员。ICS的五个主要部门包括：指挥组、财务组、后勤组、行动组和计划组（图2-1）。各个部门的职责和任务简述如下，并见图2-2。

指挥组由一个应急指挥官领导，该组负责所有人员和设备的支配、任务的完成和与外部机构的联络。**计划组**负责制订行动计划，确定应急反应活动和所有资源的利用。在外来动物疫病暴发的应急反应过程中，计划组还要考虑动物福利、疫苗接种、流行病学、野生动物、实验室协调、地理信息系统（GIS）和疫情报告等事宜。**行动组**负责执行应急反应，其工作和职责包括隔离检疫、媒介控制、捕杀和尸体处理。**后勤组**负责物资供应和保持联络，在进行长期和延续运作时，其作用更加重要。**财务组**负责管理灾害反应中所有部门和人员所需的开支。

在过去几年中，几千名有可能参与处理农业事件的应急反应人员接受了ICS培训。而且，ICS已在近年的几次FAD入侵事件中得到应用，并被证明是一个灵活、有效、适应性强的应急反应机制。

小结

过去20年，全球、国家和地区在动物健康方面发生了巨大变化。当今，发展中国家的经济更加依赖于贸易（地方的、地区的和国际的），其动物产品大量增加，但兽医和公共卫生基础薄弱，FAD入侵的威胁比以往更加严峻。OIE等国际组织，在指导各国为全球动物健康作出贡献并从中受益方面发挥了更大作用。就美国而言，形成快速、有效、一体化的系统，诊断和反应能力也发生了相应改变。

Alfonso Torres, DVM, MS, PhD, Associate Dean for Public Policy, College of Veterinary Medicine, Cornell University, Ithaca, NY, 14852, at 97@cornell.edu

Corrie Brown, DVM, PhD, College of Veterinary Medicine, University of Georgia, Athens, GA, 30602-7388, corbrown@vet.uga.edu

表2-1 OIE应报告疫病名录

多 动 物 共 患 病	牛 病
• 炭疽	• 牛边缘无浆体病
• 伪狂犬病	• 牛巴贝斯虫病
• 蓝舌病	• 牛生殖器弯曲菌病
• 布鲁氏菌病（牛布鲁氏菌）	• 牛传染性海绵状脑病
• 布鲁氏菌病（羊布鲁氏菌）	• 牛结核病
	• 牛传染性胸膜肺炎
• 布鲁氏菌病（猪布鲁氏菌）	• 牛病毒性腹泻
• 克里米亚‐刚果出血热	• 地方性牛白血病
• 棘球蚴病	• 出血性败血症
• 口蹄疫	• 牛传染性鼻气管炎/牛传染性脓疱性外阴阴道炎
• 心水病	• 结节皮肤病
• 日本乙型脑炎	• 恶性卡他热
• 钩端螺旋体病	• 泰勒虫病
• 新世界螺旋蝇（嗜人锥蝇）病	• 滴虫病
• 旧世界螺旋蝇（倍氏金蝇）病	• 锥虫病（采采蝇传播）
• 副结核病	
• Q热	
• 狂犬病	
• 裂谷热	
• 牛瘟	
• 旋毛虫病	
• 土拉热病	
• 水疱性口炎	
• 西尼罗河热	

（续）

绵羊和山羊的疾病	马 的 疾 病
• 山羊关节炎/脑炎	• 非洲马瘟
• 接触传染性无乳症	• 马传染性子宫炎
• 山羊接触传染性胸膜肺炎	• 马媾疫
• 羊流行性流产（羊衣原体病）	• 马脑脊髓炎（东方）
• 美迪-威斯纳病	• 马脑脊髓炎（西方）
• 内罗毕绵羊病	• 马传染性贫血
• 绵羊附睾炎（绵羊布鲁氏菌病）	• 马流感
• 小反刍兽疫	• 马梨形虫病
• 沙门氏菌病（绵羊流产沙门氏菌病）	• 马鼻肺炎
• 痒病	• 马病毒性动脉炎
• 绵羊/山羊痘	• 马鼻疽
	• 苏拉病（伊氏锥虫病）
	• 委内瑞拉马脑炎

猪 的 疾 病	禽 的 疾 病
• 非洲猪瘟	• 禽衣原体病
• 古典猪瘟	• 禽传染性支气管炎
• 尼帕病毒脑炎	• 禽传染性喉气管炎
• 猪囊尾蚴病	• 禽支原体病（鸡败血支原体病）
• 猪繁殖与呼吸综合征	• 禽支原体病（滑液支原体病）
• 猪水疱病	• 鸭病毒性肝炎
• 猪传染性胃肠炎	• 禽霍乱
	• 禽伤寒
	• 高致病性禽流感和陆生动物卫生法典2.7.12章所列低致病性禽流感
	• 传染性法氏囊病（甘布罗病）
	• 马立克氏病
	• 新城疫
	• 鸡白痢
	• 火鸡传染性鼻气管炎

甲 壳 动 物 疫 病	软 体 动 物 疫 病
• 陶拉综合征	• 牡蛎包拉米虫感染
• 白点病	• 波纳米亚虫感染
• 黄头病	• 马尔太虫感染
• 对虾杆状病毒	• 微囊虫感染
• 草虾杆状病毒	• 派琴虫感染
• 传染性皮下和造血组织坏死	• 派琴虫感染
• 小龙虾瘟疫	• 鲍鱼凋萎综合征
蜜 蜂 的 疾 病	**鱼 的 疾 病**
• 蜂螨病	• 流行性造血组织坏死症
• 美洲蜜蜂幼虫腐臭病	• 传染性造血组织坏死症
• 欧洲蜜蜂幼虫腐臭病	• 鲤鱼春多病毒血症
• 小蜂巢甲虫侵袭	• 病毒性出血性败血症
• 蜜蜂热带蜂螨侵袭	• 传染性胰坏死病
• 瓦螨病	• 传染性鲑鱼贫血症
	• 流行性溃烂性综合征
	• 细菌性肾病
	• 三代虫病
	• 真鲷虹彩病毒病
兔 的 疾 病	**其 他 疾 病**
• 黏液瘤病	• 骆驼痘
• 兔出血热	• 利什曼病

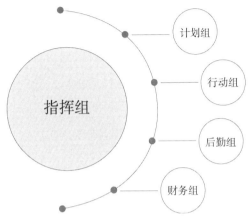

图2-1　应急指挥系统的五个主要部分

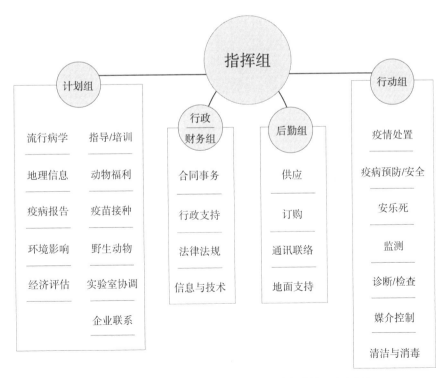

图2-2　动物疫病有关的应急指挥系统（ICS）五个组成部分的职责和任务

二、诊断实验室操作程序

简介

　　诊断试验通常可分为直接检测试验和间接检测试验两类。直接检测试验是直接检测病料中的病原或毒素；间接检测试验是通过检测宿主应答来间接反映已发生或正在进行的病原感染。这两种诊断程序的准确性都可用以下两个指标来衡量：第一，正确检出样品中含有某致病因子的能力，即诊断敏感性；第二，正确鉴别样品中不含某致病因子的能力，即诊断特异性。试验本身和宿主应答所固有的一些因素会影响诊断的敏感性和特异性。为明确某一或系列诊断试验的可靠性，首先应了解试验的用途（或称"目的匹配性"），然后应对试验效能进行评价，评价的主要依据包括：对检测对象的最低检测限（即分析敏感性）、与其他病原的交叉反应性（即分析特异性）以及对不同类型和种类样品检测的可重复性、精确性和准确性等性能指标。通过对不同性能指标的评价来证明特定诊断方法有效性的过程称为试验验证。

　　直接检测技术是直接检测目的样品中致病因子（生物或毒素）的技术。直接检测方法包括细菌培养、病毒分离、毒素鉴定、肉眼或显微形态学观察（如寄生虫鉴定、电镜观察）、荧光抗体染色和免疫组化等常规试验技术和聚合酶链式反应（PCR）等核酸检测技术。

　　最常用的间接检测方法是检测病原体特异性抗体的血清学方法，可包括初级结合试验、次级结合或功能试验。疫病诊断的其他间接方法包括检测细胞免疫应答的技术，如用皮试或体外刺激试验测定迟发变态反应，以及测定宿主对特定疫病免疫应答的临床化学方法。

目的匹配性

　　由于病原、疫病、经济、公共卫生之间的关系错综复杂，而个体动物、畜群、地区或国家等不同层面的疫病控制需求又多种多样，任何单一试验或试验手段都不能满足所有的诊断要求。必须对诊断的速度、成本、简便性、敏感性和特异性等因素进行权衡，根据试验目的（即目的匹配性）确定优先考虑的因素。简而言之，当选择敏感性高的试验方法进行病原检测时，要明确高敏感性常常伴随特异性的降低，即假阳性风险增大。当选择特异性高的试验方法进行病原诊断或精确鉴定时，要明确高特异性可能会降低诊断敏感性。

通常，用于管理单个动物和单个畜群的检测方法要有较高的特异性。在进行此类管理决策时，准确的鉴别诊断非常关键，需采用低假阳性率的检测方法，这些管理决策包括选择适当的处理和治疗方案、控制措施、环境消毒方法，以及决定扑杀或销毁等。病原体可能在没有明显临床症状的情况下传播，通常在育种、运输和交易之前应以某种形式的健康证明进行管理。在进行此类管理决策时，与临床鉴别诊断所采用的高特异性方法相反，常应牺牲检测特异性来提高敏感性，以降低亚临床疫病的传播风险。

早期诊断是地区、国家或国际疫病监测的关键环节，必须采用高敏感性的病原检测方法。监测方案可为达到以下目的而设计：确定特定病原的流行率和流行地点，或进行无特定病原认证以实现贸易，或迅速确定某一病原是否传播到新的地区、物种或生态位。

🔵FADs 采样

正确采集和处理样品是检测过程的一个重要环节，决定着诊断的准确性和可靠性，但常常被低估。采样部位受疫病致病机理的影响，采样时机则与疫病的发生时间有关。如果是感染早期，应在病原复制或排毒部位采样：呼吸道感染采集鼻腔或咽喉拭子；肠道感染采集粪便或胃肠道拭子；上皮病变采集液体或刮屑；菌血症和病毒血症则应采集血液。活检或尸检采样应选择恰当的器官或组织，但临床症状很少具有病原特异性，实验室会推荐采集具有充分代表性的样品，以满足多数诊断的需要。全面诊断检查所需采集的尸检样品详细清单见本部分"三、样品采集"章节。

最佳诊断样品不一定非要取自感染动物，某些情况下环境采样可能更为有效。对水、空气、饲料、垫料及其他圈舍物料等环境样品的采样检测，可用来评估特定病原或毒素的存在及浓度。当动物以群体为单位进行管理时，可按流行病学或病例对照原则，以畜群、禽群、圈、舍、泌乳牛群为单位进行采样，优化诊断信息。

检测之前样品的保存同样重要，保存方法因样品和检测目的而异。为防止细菌和真菌过度生长，并降低酶解速度，一般建议将组织样品和病原体保存在低温和潮湿条件下。但是，极度低温、冷冻也有不妥之处，冰晶可能会破坏有机体或组织的结构，干冰释放的二氧化碳则可能改变病原的活力。强烈建议在样品保存液中加入蛋白质（如明胶、血清白蛋白等）和抗生素，以保证样品质量能满足病毒分离的需要，但若要做细菌分离，则应避免加入上述物质。对于许多细菌和真菌，将样品立即放入合适的选择培养基中，可显著提高分离效率。最佳的样品采集、处理和保存方法因诊断方法而异，强烈建议在获得诊断材料前向相关检测实验室咨询。对临床材料、已知传染性病原和毒素的运输已有严格规定。有关容器、包装、标识、运送及许可方面的规定，可从国际航空运输协会（IATA，传染性物质运输指南）以及国家和国际有关管理机构获取（见本部分"四、诊断样品运输"）。

直接检测

某个传染病或中毒的实验室诊断技术包括病史分析、肉眼观察，以及样品或病原的超微检查、病原体的核酸序列检测等。

1. 病理学、组织病理学与免疫组织化学

用病理学和组织病理学试验方法来检查器官与组织是否具有特征性病变，虽然专业性强且价格昂贵，但仍然是重要的兽医诊断方法。

经培训能够识别活体病程的病理学工作者，可能会最先识别并了解新发病的病因或发病机理。沿用了几十年的鉴别和鉴定病原与病变的标准组织化学染色法，不断被更加特异的免疫组织化学手段所补充。免疫组织化学，包括免疫过氧化物酶染色法，是将病原特异性抗体连接到色原酶上，从而可用显微镜观察到单个组织或细胞中的靶抗原。该方法检测病原的特异性强，但技术要求高且结果判定带有主观性，需要与组织病理学检测类似的培训和专业知识。原位杂交技术是利用化学标记的核酸互补序列检测待检组织样品中的靶DNA或RNA，这一技术将病理工作者识别病理变化的技能与实验室精确定位目标病原的能力结合起来。病原组织化学和核酸原位杂交检测技术具有明显优势，可在观察到病变的基础上，进一步对病原体进行检测和定位。

2. 荧光抗体染色

荧光抗体染色几乎可直接检测出组织或细胞中任何传染性病原体。该技术依靠病原特异性抗体和抗原的原位结合，检测组织切片（4~8 μm）或涂片（组织或细胞涂片）中的病原。通常将荧光基团（一般用异硫氰酸荧光素，FITC）与检测抗体偶联。如果没有荧光标记一抗，可用荧光素偶联的抗种特异性抗体来检测一抗，

这种方法称作间接荧光抗体检测试验（IFA）。荧光抗体染色的优点是成本低、速度快，可在1d内完成，缺点是结果判定具有主观性，而且还需要低温切片机和荧光显微镜等主要设备。

3. 红细胞凝集和红细胞吸附

红细胞凝集是指某些病原体，如流感病毒、副黏病毒、细小病毒和支原体等，具有天然的血凝性，能与红细胞表面受体结合使红细胞发生交联。红细胞吸附是指一些病毒，如非洲猪瘟病毒，能将红细胞吸附到感染细胞表面形成玫瑰花环。一些病毒的红细胞凝集和红细胞吸附能力可用于临床样品的直接检测和初步鉴定。尽管这些技术可证实样品中病原的存在，但用于病原学确诊却不够敏感和特异。这两种方法的主要用途是通过血凝抑制试验来检测特异性抗体。

4. 分离与鉴定

多数寄生虫、某些细菌和少数病毒（如痘病毒），可通过临床样品或其抽提物的显微观察进行检测和鉴定。但多数感染性病原需要通过培养扩增才能从诊断样品中检出。胞外菌可通过将诊断样品处理物接种到各种静态培养基（通常是含琼脂的半固体培养基）上进行分离。分离到的细菌或真菌可通过直接镜检（染色或不染色）、生化反应、分子和免疫技术进行鉴定。专性胞内寄生菌（如衣原体）和病毒的分离，则可通过接种实验动物、鸡胚或适当的细胞培养物来实现。

多数病原体在细胞培养时能出现致细胞病变效应（CPE），某些情况下，CPE非常典型，足以进行初步鉴定或提供病毒分类的线索。有些病毒，如牛病毒性腹泻病毒和犬细小病毒，可在细胞上生长却不产生可见的CPE。在无CPE和CPE不典型的情况下，需用电镜、荧光抗体染色和分子检测技术对病毒进行鉴定。对多数感染性病原而言，病原的分离和鉴定仍是诊断的金标准，如果能直接证明病变部位中存在某种病原，则该病原一定在临床疾病中起主要或次要作用。当然，在进行结果判定时要注意，所分离的感染性病原要与疾病的临床表现及其致病机理相吻合。常规病原分离所需要的时间取决于病原生长特性，可能数天，也可能数月，这些方法正日益被更加廉价省时、易于标化的直接或间接检测方法所取代。

分子检测

双股DNA核苷酸碱基互补配对的特性是分子诊断技术的基础。化学合成的短链DNA或RNA（称为寡核苷酸或探针）可与诊断样品中的DNA/RNA互补序列进行体外结合（杂交），从而识别传染性病原体。探针的标记过去常采用放射性物质，但目前多采用亲和素-生物素、过氧化物酶或化学发光分子等化合物。当待检样品中靶DNA足够丰富时，可直接用探针对样品中的靶序列进行检测，但通常是先将靶DNA或RNA进行PCR扩增，然后再进行检测。

诊断PCR是对所选定的高特异性病原DNA序列进行扩增，以便准确地将病原体与其他密切相关的微生物进行区分和鉴定。PCR将诊断样品中的DNA浓度以可控的对数方式扩增至可检测的水平。用PCR检测RNA序列时，首先要用反转录酶产生cDNA，这种方法称为RT-PCR方法。DNA双螺旋结构加热到一定程度时发生变性，形成两条单链。每条链都可作为复制的模板，通过加入游离核苷酸和驱动复制的聚合酶，在体外产生靶序列的互补链。每一加热和冷却循环都可使反应液中的DNA加倍，因此，30个循环后，产量将超过100万个起始DNA拷贝。为进行PCR，要利用正好位于特异性DNA靶序列两侧的核苷酸序列设计PCR引物（体外合成的核苷酸序列，用于在每次复制循环中启动和识别特异性靶序列的起点和终点）。靶DNA扩增后可通过多种方法进行鉴定，包括测定分子量的大小，以及测定与互补酶标核酸序列（探针）的结合（通过PCR杂交、PCR探针、PCR斑点印记等技术）。据报道，PCR方法最低可检测出1~10个拷贝的DNA或cDNA。

PCR方法通常分为标准PCR和实时PCR。标准PCR是先完成扩增循环再进行检测，实时PCR则在每个扩增循环都进行探针检测。实时PCR在速度上具有明显优势，30~40个扩增和检测循环可在几十分钟至数小时内完成，该PCR体系是封闭的，无需对扩增的DNA进行进一步的实验室操作。实时PCR可设计成定量方式，而且不管它是否定量，通常都缩写为qPCR而不是RT-PCR，以免与反转录PCR的缩写混淆。巢式PCR是对标准PCR的改良，有时用来增强PCR反应的敏感性和特异性。巢式PCR先通过第一轮PCR反应扩增选定的DNA片段，然后以此为模板进行第二轮PCR，以测定该片段中的一个或多个目标序列。通过两轮扩增，不仅能增加检测的敏感性和特异性，而且能稀释临床样品中潜在的PCR抑制物。两轮扩增最明显的缺点是处理扩增的DNA具有很高的实验室污染风险。

PCR方法也可设计成多重方式，用单个反应来检测一个以上的目标。随着诊断多重PCR的不断建立和完善，其廉价省时的优点和敏感性降低的缺陷不断得到平衡。基因芯片或微阵列由数千条以特定模式结合在固体（常为玻片或硅片）表面的寡核苷酸组成。诊断样本中的核酸和荧光标记的竞争性寡核苷酸竞相与芯片结合，核酸的结合模式可通过荧光探测器和计算机软件进行测定和分析。微阵列技术在兽医诊断实验室尚未得到广泛应用，主要原因是设备昂贵，但该技术一旦建立，预期在单个动物的花费是合算的。诊断微阵列已在食品安全领域的耐药性检测和新发病原的快速分类（如非典型肺炎，即SARS病毒的早期鉴定）中展现出良好的前景。

许多分子生物学技术常与PCR结合，用于微生物病原体的基因型鉴定或亚型分类。基因组鉴定可用于病原分类、强毒株鉴别、抗生素耐药基因来源鉴定、毒力因子定位、免疫逃逸变异株识别、疾病暴发的流行病学调查、特定病原跨种传播鉴定等特定领域。

限制性片段长度多态性分析（RFLP）是采用一种或多种特性明确的限制性内切酶消化DNA的技术，DNA可预先通过PCR扩增获得。酶消化可产生不同大小的DNA片段，其特征参数或模式可通过琼脂糖电泳进行观察。根据特定基因序列的差异，可对密切相关的传染性病原（如犬瘟热病毒和海豹瘟热病毒）进行亚型鉴定。

随机扩增多态性DNA分析技术（RAPD）可用于遗传变异检测和毒株分型。不同于扩增基因组的某一区域，RAPD以任意短序列为PCR引物对全基因组DNA进行随机扩增。RAPD方法的优点是不需要预先知道设计特异性引物所必需的病原体DNA序列，而且可对微量DNA模板进行检测。核酸测序后，再结合国内外基因序列数据库进行计算分析，可对基因片段、基因或整个基因组的核酸序列进行确定和比较。

序列分析可用于法医鉴定、疫病暴发调查、快速易变微生物的进化变异追踪、生物表型或基因型的精确分析。

非PCR核酸扩增技术，也称为**等温扩增技术**，包括核酸序列依赖性扩增（Nucleic Acid Sequence-Based Aplification，NASBA）、滚环复制以及直接信号放大技术等。该技术尚未在动物卫生领域广泛建立，但已用于人类病原体的检测，显示出良好的自动化前景。

分子诊断技术是非常有效的诊断工具，特别适用于难以用常规技术进行分离的病原体，或者，维持和繁殖会带来不必要的生物安全隐患的病原体（如外来动物疫病的日常监测）。核酸扩增技术具有高度敏感性，只有全面理解技术原理和试验设计，才能对结果作出准确的解释。理论上PCR可检出很低水平的DNA或RNA，因此对检测结果的解释应充分考虑临床病史和病原的致病机理，这一点十分重要。同样重要的是，实验室和检测人员应了解基因组检测技术的局限性，包括病原自然进化所产生的影响，特别是RNA病毒，自然发生的遗传变异能足以改变PCR的目的片段，使先前可靠的诊断方法近乎或完全失效。

🔵FADs 间接检测

抗体检测方法可分为初级和次级结合试验。初级结合试验直接检测抗体，包括酶联免疫吸附试验（ELISA）、间接免疫荧光抗体检测试验（IFA）和放射免疫试验（RIA）。初级结合试验可专门针对IgM和IgG等特定免疫球蛋白亚类而设计，这样可有效区分急性感染和慢性感染，甚至疫苗应答。次级结合试验则采用凝集、沉淀、补体结合或中和等功能性试验方法来检测抗体。次级结合试验所测定的功能活性，通常是（但不总是）抗体在宿主防御过程中起重要作用的生物学活性。由于抗体的生物学功能及其亚类与感染时段有直接关系，因此常选择次级结合试验来区分早期和晚期免疫应答（正在感染或曾被感染），在某些情况下，也可反映特定动物的保护水平。次级结合试验的主要问题是结果要靠视觉判读，因此除极少数已实现自动化的情况外，都会有主观偏差。

1. 沉淀试验

沉淀试验原理是，当抗原和抗体比例恰好达到或接近平衡点时，某些免疫球蛋白亚类与抗原形成不溶性复合物。如果待检抗体和标准抗原在半固体介质（如琼脂糖凝胶）相遇后能形成肉眼可见的稳定沉淀，即可检测出沉淀抗体。沉淀试验的实例包括双向和单向琼脂免疫扩散试验、免疫电泳扩散试验等。双向琼脂扩散试验，也称作奥脱洛尼氏技术，是抗原抗体在凝胶的两个孔间相互扩散（如检测马传染性贫血病毒抗体的Coggins试验）；单向免疫扩散试验，是凝胶中已含有抗体，在凝胶孔中加入待检抗原进行扩散；免疫电泳试验，是在抗原抗体发生沉淀反应之前，先在凝胶上施加电压，将蛋白混合物分开。温度和大小（分子量）会显著影响扩散速度，还会影响沉淀发生的位置和形状。对结果的判读应考虑以上因素。

2. 凝集试验、微量凝集试验

凝集试验的原理是，抗体二聚体（如IgG）和五聚体（如IgM）能与不溶性抗原交叉连接成稳定的复合体，在液相中形成可见的絮状物。有些凝集反应可直接用肉眼观察，如用菌体细胞（如布鲁氏菌、支原体）作为诊断抗原；有的则需放大观察，如微量凝集试验（如钩端螺旋体）。对于亚抗原成分或者小到不能形成可见抗原抗体复合物的检测对象（如病毒或病毒抗原），可用化学方法将其偶联到凝胶颗粒上再进行凝集试验，这一技术拓展了凝集试验的应用范围。凝集试验可检出与IgM相关的早期免疫应答，因此常用作敏感而非特异的诊断筛选工具。凝集反应的主要缺点是会出现由相关抗原交叉反应引起的假阳性凝集，另外，对样本的质量要求高，待检样品不能被细菌污染。

3. 血凝抑制试验

血凝性病原与特异性抗体结合后会失去凝集红细胞的能力。血凝抑制试验是在微量血凝板或试管中进行血凝和血凝抑制反应，结果可用肉眼判断。一些抗体不能有效凝集红细胞，可采用间接血凝试验进行检测，通过加入二抗结合红细胞上的待检抗体，使红细胞发生凝集反应。间接血凝试验的例子之一是库姆斯氏试验。血凝抑制试验的优点是具有良好的敏感性和特异性，主要的缺点是相对繁琐，并且结果易受试剂pH、温度、孵育时间以及红细胞种类和来源等因素的影响。

4. 补体结合试验

补体结合试验的主要依据是某些抗原抗体复合物具有与补体结合的特性。该试验在试管或微量反应板中进行，如果被检样品中没有抗体，游离的补体就会介导致敏红细胞发生裂解。如果被检样品中存在抗体，形成的抗原抗体复合物就会与补体结合，从而阻止红细胞裂解。补体结合性抗体通常产生于免疫应答早期并很快消失，因此补体结合试验可用来区分感染早期（或感染期）和先前感染所产生的抗体（如流产布鲁氏菌、水疱性口炎病毒）。该试验比较复杂且依赖于多个生物系统，对试剂浓度、时间和温度等条件要求较为苛刻，因此容易出现操作失误和主观误差。

5. 中和试验

活病毒与血清特异性抗体结合后，其感染细胞的能力就会下降或消失。该技术可用来测定抗体滴度：将系列稀释的血清样品与定量的病毒进行反应，然后用反应混合物接种细胞，孵育2~4d后判定结果，能抑制病毒感染的最高血清稀释度即为血清抗体滴度。这一原理也可用于检测血清样品中的毒素：将系列稀释的血清与定量的特异性抗毒素抗体混合，毒素活性能被中和的最高血清稀释度即为毒素效价。中和试验特异性强、敏感性高，是测定抗体生物学活性的优良方法。中和试验也有缺点，如孵育时间较长（通常需要数天），需要活细胞、易感动物或特定日龄的鸡胚，需要繁殖参考毒株，而且结果判定具有主观性等。

6. 间接荧光抗体检测试验

间接荧光抗体检测试验（IFA）除可用于抗原检测外，还可用于特异抗体的检测和滴定。用病畜血清与固相抗原（通常是把病原感染的细胞固定到显微载玻片上）进行反应，洗掉未反应的抗体，再用荧光抗体检测抗原抗体复合物。IFA敏感而特异，但就像其他血清学试验一样，其结果需要主观判断，因受试剂质量和技术水平的影响，不同实验室之间可能会出现差异。

7. ELISA

酶联免疫吸附试验（ELISA）可用多种方式完成，包括试管或微孔板（ELISA反应条，96孔ELISA反应板）、微球（如微球细胞荧光抗体检测试验，液相阵列），或者在滤膜上进行的侧流层析试验。ELISA技术广泛用于抗原或抗体检测，而且可设计成多种形式，其中最常用的是直接ELISA和竞争ELISA。总的来说，ELISA技术需要先将检测抗原结合到固相载体上（孔、珠或膜），然后再与被检抗体进行反应（如抗体检测ELISA）。抗原抗体复合物一旦形成，就能与酶标二抗（抗种特异性抗体）结合，从而可使含有指示剂的底物溶液显色，其结果可通过检测光密度或观察颜色变化来判断。ELISA试验结果可用不同的方式来解释，可根据光密度（OD），也可根据被检样品与阴性或空白对照样品OD值的比（S/N或信噪比），OD值随时间变化的情况（动态ELISA），与抗原的竞争结合力（竞争或cELISA）等。ELISA试验的操作方式很多，从高度自动化、高通量的机器人平台一直到单人徒手操作。ELISA试验的优点是速度快（几分钟到数小时），易于标准化，可重复性好。

🔵 诊断试验结果判定

1. 在个体水平上判定

诊断结果的判定需要将个体水平上的试验结果与已确定的标准或"规范"进行比较。可将个体动物的试验结果与群体进行比较，利用诊断敏感性和特异性计算该结果的阴阳性预测值。此外，也可以将动物自身在急性感染期和恢复期的血清检测结果进行比较，观察感染过程中抗体应答是否发生显著改变，即血清转阳。血清转阳通常是指在特定时间内（一般是2~4周）血清抗体滴度发生2~4倍的变化，可用来检测急性感染期免疫应答。尽管理论上很有意义，但血清转化检测有时不能或难以实施，这与感染发生的时机而非临床表现（因病而异，血清转阳既可在观察到临床症状之前也可在其后出现），与免疫的历史及产生的抗体亚类，与检测方法本身对不同抗体浓度或亚类的检测能力等因素密切相关。同一动物对不同抗原免疫应答的差异可为个体诊断提供信息。有些情况下，某种病原的疫苗株与田间流行株有明显差异（如流感病毒），个体动物对两种抗原免疫应答的差异可为疾病诊断提供依据。

2. 在群体水平上判定

对以群为单位管理的动物，使用流行病学方法会有助于诊断结果的判定。在病例-对照采样方案中，将有临床症状的动物与相同管理条件下无临床症状的同群动物进行比较分析。用比值比（odds ratio）或类似的流行病学方法，对患病群体和无病群体的检测结果（如特异性抗体应答或滴度水平）进行统计比较，可用来评价病原与疾病的相关性及疾病发生的风险。

■ 参考文献

[1] BROWN, C. 1998. In situ hybridization with riboprobes: An overview for veterinary pathologists. Vet Pathol 35: 159-167.

[2] FOY, C.A. and PARKES, H.C. 2001. Emerging homogeneous DNA-based technologies in the clinical laboratory. Clinical Chemistry 47: 990-1000.

[3] GREINER, M. and GARDNER, I.A. 2000. Epidemiologic issues in the validation of veterinary diagnostic tests. Prev Vet Med. 45 (1-2) : 3-22.

[4] JEGGO, M.H. 2000. An international approach to laboratory diagnosis of animal diseases. Ann New York Acad Sci. 916: 213–221.

[5] SALIKI, J.T. 2000. The role of diagnostic laboratories in disease control.Annals New York Acad Sci. 916: 134-8.

[6] SMITH, R.D. 2005. Veterinary Clinical Epidemiology, 3rd Edition. Boca Raton, FL.: CRC Press.

[7] THURMOND, M.D., HIETALA, S.K. and BLANCHARD, P.C. 1997. Herd-based diagnosis of Neospora caninum-induced endemic and epidemic abortion in cows and evidence for congenital and postnatal transmission. J Vet Diag Invest. 9 (1) : 44-9.

[8] VILJOEN, G.J., NEL, L.H. and CROWTHER, J.R. 2005. Molecular diagnostic PCR handbook. Dordrecht: Springer.

Sharon K. Hietala, PhD, University of California-Davis, Davis, CA 95617, skhietala@ucdavis.edu

Jeremiah T. Saliki, DVM, PhD, University of Georgia, Athens, GA 30602, jsaliki@uga.edu

 三、样品采集

对疑似患外来病的动物进行解剖时，应认真进行组织样品的采集和保存，以确保实验室获得尽可能好的材料，从而保证诊断的准确性。只有实验室确诊后，才能宣布外来动物疫病的入侵。由此看来，最终的快速反应和控制措施依赖于妥善的样品采集和保存。

应将采集的新鲜组织装入有标记的小塑料袋中，并保持低温。需要固定的样品，采集后应直接放入10%甲醛溶液中。需采集的组织样品见表2-2。

表2-2　诊断样品采集指南

组织/器官	新鲜	固定	注意事项（*如异常可选）
体表			
皮肤	×	×	
乳腺	×	×	寻找水疱和糜烂
阴囊/包皮	*	*	
蹄	*		寻找水疱和糜烂
肛门	*	*	
阴道	*	*	
胸腔			
心包		*	
心	*	×	
胸膜		*	
气管	*	×	
肺	×	×	采集所有的肺叶
食道	*	×	
胸腔积液	*		

（续）

组织/器官	新鲜	固定	注意事项（*如异常可选）
纵隔和支气管淋巴结	×	×	
腹腔			
网膜		×	
胃或皱胃	*	×	*胃内容物（新鲜）
瓣胃		×	仅适用于反刍动物
网胃		×	仅适用于反刍动物
瘤胃		×	仅适用于反刍动物
胰腺		×	
肝	×	×	
胆囊		×	
脾脏	×	×	
卵巢	*	×	
睾丸	*	×	
子宫	*	×	
肾	×	×	
输尿管和膀胱	*	×	
十二指肠	*	×	
空肠	× #	×	#打结封存内容物
回肠	*	×	
盲肠	*	×	
回盲瓣	*	*	
结肠	*	×	
直肠	*	×	
腹股沟淋巴结	×	×	
肠系膜淋巴结	×	×	
派伊尔氏淋巴集结	*	×	

（续）

组织/器官	新鲜	固定	注意事项（*如异常可选）
腹腔积液	*	×	
脊髓	*	×	
肌肉骨骼系统			
关节（膜）	*	×	至少3个
腱鞘	*	×	
肌肉	*	×	
骨头		*	
头			
鼻腔	*		寻找水疱和糜烂
口腔	*		寻找水疱和糜烂
咽	*		
喉	*		
扁桃体	×	×	
舌	*	*	寻找水疱和糜烂
大脑	×#	×	#一半新鲜样品用于狂犬病检测
小脑	×#	×	#横切用于狂犬病检测
脑干	×#	×	#脑闩
眼	*	×	
甲状腺	*	×	

Alfonso Torres, DVM, MS, PhD, Associate Dean for Public Policy, College of Veterinary Medicine, Cornell University, Ithaca, NY, 14852, at97@cornell.edu

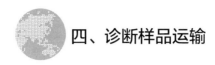

四、诊断样品运输

诊断样品和传染因子培养物的运输，应该遵守感染材料运输的国际规则。这些规则基于《联合国危险品运输专家委员会的建议》而制定。美国运输部（DOT）和国际航空运输协会（IATA）等同采纳，并根据联合国建议对分类目录进行简化。

这些规则可能随时变化，因此，寄送样品的兽医向承运商和样品接收实验室咨询最新的包装和运输规则很重要。只有通过认证考试，才能获得运输危险品的资格。

下列内容是2006年1月1日现行规则的归纳（可从以下网址获得：http://www.iata.org/nr/rdonlyres/88834d9f-8ea2-42a0-8da6-2bed8cd2e744/0/sampleissg7thed.pdf）。

病样定义

病样是指直接从人或动物采集的材料，经运输用于研究、诊断、调查活动或疫病的治疗和预防。病样包括：排泄物、分泌物、血液及其组分，组织以及组织拭子、肢体以及放置于运输介质（如拭子、培养基以及血培养瓶）中的样品。

注：此定义不包括培养物，除已接种的运输介质。

非管制样品

许多不含有感染因子的诊断病样（如健康动物的血液、血清或尿样以及用于遗传检测的毛发样品等），只需在包装上标明"无害病样（Exempt Patient Specimen）"即可寄送。可使用预先打印或者规范书写的标签。无需办理运输审批手续。样品仍须采用三层防渗漏包装，以保护内容物。第二层容器中必须放入能吸收所有液体成分的吸附性材料。如果空运非管制液体样品，必须使用能够耐受95 kPa内部压力的包装容器。

管制样品

可能或者已知含有感染性物质的样品，必须进行适当的分类和标记。管制样品或材料分为A、B两类。

A级物质

A级物质是指该物质以某种方式运输时，一旦发生暴露，能导致健康的人或动物发生永久性残疾、危及生命或致死性疫病。多数兽医通常不需要寄送此类样品。此类样品的运输需要进行特殊的三层包装，贴上标签，并附上相关文件。除非对此类样品的日常处理进行过培训，否则，在寄送此类样品前必须寻求帮助。

通常，只要怀疑动物感染了此类病原微生物，就必须向主管的州兽医或美国农业部地区兽医（AVIC）报告。如果怀疑是由此类病原引起的人兽共患病，需另外向当地或州公共卫生部门或州公共卫生兽医官通报，并寻求在样品包装和运输方面的帮助。

注： 有些运输机构，如UPS和美国邮局，不承运此类物品。

A级物质包含两类：
UN2814——感染人和动物的感染性物质
UN2900——只感染动物的感染性物质

UN2814——感染人和动物的感染性物质

炭疽杆菌（仅限培养物）

牛布鲁氏菌（仅限培养物）

马耳他布鲁氏菌（仅限培养物）

猪布鲁氏菌（仅限培养物）

鼻疽杆菌—假单胞菌—马鼻疽杆菌（仅限培养物）

类鼻疽杆菌—类鼻疽假单胞菌（培养物）

鹦鹉热亲衣原体—禽源（仅限培养物）

肉毒梭菌（仅限培养物）

粗球孢子菌（仅限培养物）

贝氏柯克斯体（仅限培养物）

克里米亚刚果出血热病毒

登革热病毒（仅限培养物）

东方马脑炎病毒（仅限培养物）

埃希氏菌（仅限培养物）

埃博拉病毒

沙粒病毒

土拉弗朗西斯菌（仅限培养物）

委内瑞拉出血热病毒

汉坦病毒

导致肾综合征出血热的汉坦病毒

亨德拉病毒

B型疱疹病毒（仅限培养物）

艾滋病病毒（培养物）

高致病性禽流感病毒（仅限培养物）

日本乙型脑炎病毒（仅限培养物）

胡宁病毒

科萨努尔森林病病毒

拉沙热病毒

马丘波病毒

马尔堡病毒

猴痘病毒

结核分支杆菌（仅限培养物）

尼帕病毒

鄂木斯克出血热病毒

脊髓灰质炎病毒（仅限培养物）

狂犬病及其他狂犬病病毒（仅限培养物）

普氏立克次氏体（仅限培养物）

立克次氏体（仅限培养物）

裂谷热病毒（仅限培养物）

森林脑炎病毒（仅限培养物）

巴西出血热病毒

I型痢疾志贺氏菌（仅限培养物）

蜱传脑炎病毒（仅限培养物）

天花病毒

委内瑞拉马脑炎病毒（仅限培养物）

水疱性口炎病毒（仅限培养物）

西尼罗河热病毒（仅限培养物）

黄热病病毒（仅限培养物）

鼠疫耶尔森氏菌（仅限培养物）

UN2900——只感染动物的感染性物质

非洲猪瘟病毒（仅限培养物）

禽Ⅰ型副黏病毒—致病性新城疫病毒（仅限培养物）

猪瘟病毒（仅限培养物）

口蹄疫病毒（仅限培养物）

结节皮肤病病毒（仅限培养物）

丝状支原体—牛传染性胸膜肺炎（仅限培养物）

小反刍兽疫病毒（仅限培养物）

牛瘟病毒（仅限培养物）

绵羊痘病毒（仅限培养物）

山羊痘病毒（仅限培养物）

猪水疱病病毒（仅限培养物）

B级物质

多数兽医诊断样品属于此类。B级物质包括可能或者已知具有传染性的物质，但达不到A级的标准（如上）。多数送检的有潜在感染性的兽医诊断样品都属此类，例如粪便样品、组织样品、体液和排泄物，以及用于细菌、寄生虫或病毒检查的剖检组织样品等。

此类样品需要进行三层防渗漏包装。第二层容器中必须放入能够吸收所有液体成分的吸附性材料。如果是航空运输，包装样品的第一、第二层容器必须能够承受航空器货仓的压力变化。这些容器额定能承受95 kPa的内部压力，可以采用不同尺寸的坚固容器，也可以采用符合要求的防渗漏袋。

包装上必须标明"**生物物质，B级**"并贴上UN3373菱形标签。这些标签可以通过多种渠道获得（见标签1）。此类包装有最大尺寸和重量限制，第一层容器内样本不超过1l或4kg（固体），整个包装件不超过4l或4kg。外包装上必须规范打印寄件人和收件人的姓名、地址和电话。

注：上述限制不适用于肢体、器官或者躯体等样品。IATA和DOT的特别条款放宽了对此类样品的重量和尺寸限制。在运输票据的重量栏里，注明"**依据超体积、超重包装的特别条款A82（Title49 CFR172.102）及A81（IATA），量的限制不适用于已知或者怀疑含有感染性物质的肢体、器官或者躯体等样品，UN3373，生物样品，B级**"。

> 许多货运商提供的运输材料和标签，可以满足上述要求和规定。

培养物

由于此类样品中含有高浓度的病原，必须对培养物和实验室分离物的类别作出谨慎、专业的判断。如果接触某种B级病原的培养物可能导致中等到严重的疫病，此类培养物仍需按A级物质（UN2814或UN2900）进行寄送。不同设施之间运输实验室分离物可能还需要特别的许可，具体的规定见"Title 9 CFR, Chapter 1, Part 121"。

关于生物制品、特定病原以及毒素的拥有、使用和运输的更多信息，参见：http://www.aphis.usda.gov/animal_health/。

美国农业部动植物卫生检疫局（APHIS）的2005版的许可申请表参见：http://www.aphis.usda.gov/animal_health/permits/vet_bio_permits.shtml。

干冰

通常应避免用干冰寄送诊断样品。尤其是那些对低pH敏感的病原（如含口蹄疫病毒的样品或培养物），因为包装物中的二氧化碳气体会形成碳酸。此外，对干冰运输工具类型也有很多限制。

10%甲醛固定样品的航空运输

含有30mL以上10%甲醛的样品，如果需要或可能通过航空运输，需特殊的标识和文件。包裹上必须贴上第9类危险物的菱形标签，并标注"**航空管制液体，n.o.s（10%甲醛）UN3334**"（见标签2）。包裹还必须附上托运人的危险物声明，标明托运人和承运人的姓名、地址和电话，准确的货物名称、类别、UN编码、量、包装描述，并声明"**我保证以上填写的托运物名称完整准确，已进行分类、包装、标记，并贴有标签，所有方面均符合国际和国内官方规定的运输条件**"。此外，声明中必须注明托运方的紧急联系电话，并带有包裹托运人的亲笔签名。

原始文件和两份复印件（可能需要彩色复印件）要放置于包装外未密封的小袋中。某些承运商可能需要预约或使用自己版本的表格。UPS不接受此类包裹。

注： 固定好的小块组织样品，可装在密闭的塑料袋中送至实验室，塑料袋中可含有少量福尔马林以防样品变干。这种方式，不需对福尔马林进行声明（不足30mL）。

进出口商注意事项

提交给国际参考实验室的诊断样品，其包裹还需附加另外的许可证明和运输标签。必须预先与国外实验室沟通以获取包裹到达后的进口清关许可。此外，美国政府对管制物品输出到世界上某些国家有一定限制。如果有诊断样品或培养物需要寄送至国际参考实验室，建议向USDA或CDC寻求相关指导。关于国际运输的更多信息可查询：

美国农业部生物因子和毒素的进口、拥有、使用和转让

http://www.aphis.usda.gov/animal_health/vet_biologics/vb_import_export_produ cts.shtml

疾病预防控制中心病原因子进口许可程序

http://www.cdc.gov/od/eaipp/

美国商务部产业安全局（出口许可）

http://www.bis.doc.gov/index.htm

美国食品药品管理局进口许可

http://www.fda.gov/ora/import/

美国鱼类及野生动物管理局进出口许可

http://www.fws.gov/permits/ImportExport/ImportExport.shtml

插图见下页

Alfonso Torres, DVM, MS, PhD, Associate Dean for Public Policy, and Belinda Thompson, DVM, Senior Extension Associate, Animal Health Diagnostic Laboratory, College of Veterinary Medicine, Cornell University, Ithaca, NY, 14852, at97@cornell.edu, bt42@cornell.edu

标签1：生物样品

B级物质：生物物质运输标签

感染性物质的标签（左图）应按适当尺寸打印（最小尺寸：每边50mm；恰当的运输名称，"Biological Substance，Category B"字母高度至少6mm）。用透明的塑料胶带将标签固定于包装上，以防潮气使标签上的打印墨迹扩散。

标签2：福尔马林运输

10%福尔马林缓冲液运输标签，第9类

此类标签用于含有30ml以上10%福尔马林缓冲液的包裹运输。此类标签应该按第9类危害物质标签打印（最小尺寸：每边100mm）。将标签沿边缘剪下，贴在包装的侧立面（不要贴在顶部或底部），方向如图所示。用透明的塑料胶带将标签固定于包装上，以防潮气使标签上的打印墨迹扩散。

10%福尔马林危险品的托运声明

下面所示是一份完整的危险品托运声明，运输样品含有10%福尔马林的量超过30mL，且不含有其他危险品。原始文件和两份复印件（可能需要彩色复印件）要放置于包装外未密封的小袋中。

图示：B级物质的
包装和运输

步骤1： 将固体或液体样品放置于防渗漏的第一层容器中，并标注内容物名称。

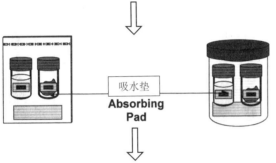

步骤2： 将第一层容器放入柔性（可密封的塑料袋）或刚性的第二层容器中。在第二层容器内放置吸水材料。

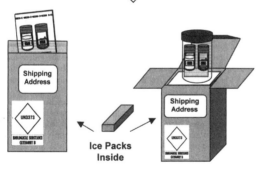

步骤3： 将第二层容器放于经检验合格的柔性或刚性绝缘、防水运输容器中，并将冰袋放入。

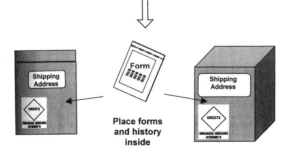

步骤4： 将病例档案和要递交的表格装入密封的塑料信封中，并放入运输容器内。密封运输。

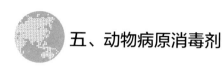

五、动物病原消毒剂

引言

　　对任何外来动物疫病控制计划，清洁和消毒都是一个关键部分。预清洁是使用洗涤液进行表面的机械冲刷，通常在使用化学消毒剂之前进行。通过预清洁清除表面有机物，能大大提高化学消毒剂的效果。消毒剂能降低清洁之后残留的病原微生物数量。

　　在不同场所（如兽医诊所、农场、设备和车辆）用于杀灭微生物的产品统称消毒剂，尽管正确的专业术语是"抗菌杀虫剂"，但是很少用。美国环境保护署（EPA）负责消毒剂的管理，只有登记注册后才能进行供应和销售，这就要求必须提供人类与环境安全性数据及抗菌效力数据。

　　联合国粮农组织（FAO）把肥皂和消毒剂大体分为以下几类：肥皂和去污剂、氧化剂、碱、酸、醛。

　　肥皂和去污剂　用于去除污物、油脂和有机物，从而有助于进行下一步消毒。肥皂和去污剂属于清洁剂。热水、洗刷和擦洗都能增强肥皂和去污剂的效力。许多肥皂和去污剂具备的表面活性剂作用对于那些有囊膜的病毒非常有效，因为表面活性剂能破坏脂质囊膜。一些含有酚类化合物或季铵盐类化合物的去污剂对杀灭细菌非常有效，但是对无囊膜病毒很少有效。

　　氧化剂类、碱类、酸类和醛类都被当作"消毒剂"。

　　氧化剂类　包括次氯酸钠（家用漂白剂）、次氯酸钙（石灰）和常用的商品化消毒剂"卫可"（Virkon S）。这些是应用最广泛的消毒剂，但如果存在有机物的话，效力就会下降，因此预清洗非常重要。氧化剂能破坏病毒表面任何含有二硫键的蛋白，从而灭活病毒。

　　碱类　包括氢氧化钠（苛性钠，又名烧碱）和无水碳酸钠（洗涤碱）。即使有机物较多，它们也能杀灭病毒。究其原因，可能是碱类形成的高pH环境能分解病原体的核糖体。

　　酸类　对杀灭某些病毒尤其是口蹄疾病毒特别有效。

　　醛类　包括戊二醛、福尔马林和甲醛气体。这些都比较贵，因此不适合大规模消毒。而且甲醛气体对人体有害。福尔马林，常用于病理学检测时的组织固定，能快速灭活浸没样本中的所有感染性物质。

联邦监督及管理

　　美国政府负责管理消毒剂的销售、供应、使用和处理。1947年首次通过的《联邦杀虫剂、杀真菌剂和杀鼠剂法》（FIFRA）规定，"抗菌杀虫剂"是指用于杀灭、消除、减少或延缓微生物生长或增殖的产品，或者用于保护无生命物体、工业过程或系统、物体表面、水或者其他化学物质免受细菌、病毒、真菌、原生动物、藻类或淤泥等污染、弄脏或变质的产品。FIFRA规定，害虫指任何昆虫、啮齿目动物、线虫、真菌、杂草、其他任何细菌或其他微生物（活体动物体表或体内的病毒、细菌或其他微生物除外）。FIFRA规定，杀虫剂是指任何用于防止、消灭、驱除或减少无生命体和表面的害虫的物质或混合物。

　　FIFRAEPA从三方面管理杀虫剂（包括抗菌产品），即：化学组分、标签和包装。如果数据表明，按标签说明使用杀虫剂，不会对人类或者环境造成无故危害，那么，EPA就可依此对杀虫剂产品进行注册。FIFRA还授权EPA负责对杀虫剂使用者的资质认证，或者要求提交补充数据。

　　EPA根据提交的效力范围对消毒剂进行分类，即：限制的、普通或广谱的和医用的。抗菌杀虫剂的注册活动包括以下几种：新化学品注册、已注册化学品的新用途注册、与已有产品相同或者基本相似产品的注册、工业用产品以及重装产品的注册。

　　政府机构发布管理条例。美国联邦法典第40篇E章第152~180部分，包含消毒处理程序的条例。这些条例描述了注册、审查、标签、包装、数据要求、政策、实验室操作规范、州政府注册、注册撤销、紧急豁免、机构注册、实施、记录、员工防护、敷抹器认证、试验使用许可、州政府执行、听证和宽容。

　　未注册消毒剂的使用有被紧急豁免的可能。FIFRA第18节授权EPA在认定紧急状况存在后，可允许州和联邦机构在限定时间内使用未注册的杀虫剂（消毒剂）。发生外来动物疫病时可能适用这一情况。如果情况非常紧急，来不及等待EPA的批准，州或联邦政府可以直接发布一类被称为危急豁免的紧急豁免，允许使用未注册消毒剂，最长可达15d。FIFRA第18节规定的豁免名单之外的州、机构、公司、个人等，如果使用豁免的杀虫剂就违反了联邦法律。FIFRA第18节规定的豁免名单之外的任何机构，不按标签说明使用已注册的消毒剂（如未按标注浓度和使用场所）或把未经EPA注册的普通化合物（如次氯酸钠、氢氧化钠、碳酸钠、乙酸、柠檬酸等）当消毒剂使用，都是不合法的。使用豁免消毒剂时，现场必须有FIFRA第18节相应的复印件。

外来动物疫病暴发时消毒剂的选择

表2-3所列的注册产品，可用于多种FADs病原消毒。

只使用美国EPA注册的消毒剂非常重要。有些州可能需要额外的州内产品注册。产品应按标签说明使用。产品标签上必须注明消毒剂可用于哪些病原。消毒剂只能用于产品标签上所规定的场所和表面类型。消毒剂应只用于无有机物的物体表面。已经用去污剂清洁过的物体表面，在使用消毒剂之前，应用清水彻底冲除残留的洗涤剂并晾干。选用消毒剂时，应考虑消毒剂是否对欲处理的表面有腐蚀性。用于稀释消毒剂的硬水中含有的金属盐类可能会降低产品的效力。在标签规定的作用时间内，应使物体表面的消毒剂保持湿润。多数消毒剂在温热条件下比在低温条件下效果更好。有的消毒剂可能会腐蚀物体表面。有的消毒剂可能有残留活性，因此会危害到返回该消毒场所的动物。消毒剂有最长保存期限，应按标签规定的条件存放。同时，应当考虑消毒剂的价格。

可能导致消毒失败的原因

选择的消毒剂必须对所要控制的病原有效。消毒剂在配制和使用过程中不应过度稀释。处理过的物体表面残留的有机物，可能会起到物理屏障作用，阻止消毒液与病原体接触，也可能会与消毒剂发生化学结合，从而使其失活。消毒剂剂量不足，有可能无法彻底覆盖和渗透所有物体表面。温度和湿度不足会降低消毒剂使用效果。冲洗不彻底而残留的清洁剂有可能会中和消毒剂。温度不足可能会限制消毒剂的效力。作用时间不够也可能会限制消毒剂的效力。

有关FADs暴发时的消毒问题，**可进一步联系**：

Dr. Nathan Birnbaum, Senior Staff Veterinarian, USDA-APHIS-VS National Center for Animal Health Emergency Management, Riverdale, MD, Nathan.G.Birnbaum@aphis.usda.gov。

有关消毒剂的注册问题，**可进一步联系**：

United States Environment Protection Agency，Office of Pesticide Programs，Antimicrobial Division，Mail Code 7510-P，1200 Pennsylvania Ave.，NW，Washington D.C.20460-0001，E-mail: opp-web-comments@epa.gov，Main telephone number: 703.308.6411.

Bethany O'Brien, DVM, USDA-APHIS-VS, Western Regional Office, Fort Collins, CO, bethany.

o'brien@aphis.usda.gov

表2-3　EPA批准的用于高致病性疫病的杀虫剂（消毒剂）

疫病	产品	EPA 注册号	制造商名称及联系方式[①]	有效成分
非洲马瘟				
	未登记[②]	—	—	—
非洲猪瘟				
	Low Ph Phenolic 256	211-62	Central Solutions,Inc.	0-邻苯基苯酚 2-苄基-4-氯苯酚
	Pheno Cen Germicidal Detergent	211-25	Central Solutions,Inc.	0-邻苯基苯酚 对叔戊基苯酚钾盐 钾盐 2-苄基-4-氯酚钾
	Klor-Kleen	71847-2	Medentech Ltd.	二水合二氯异氰尿酸钠
	Virkon S	71654-6	DuPont Chemical Solutions Enterprise	氯化钠 钾 单硫酸酯
赤羽病				
	未登记	—	—	—
禽流感[③]				
	Odo-BanReady-To-Use	66243-1	Clean Control Corporation	烷基二甲基苄基氯化铵
	Odo-Ban	66243-2	Clean Control Corporation	
	Johnson's Forward Cleaner	70627-10	Johnson Diversity,Inc.	

（续）

疫病	产品	EPA 注册号	制造商名称及联系方式	有效成分
	Johnson's Blue Chip Germicidal Cleaner for Hospitals	70627-15	Johnson Diversity, Inc.	
	BTC 2125 M 10% Solution	1839-86	Stepan Company	烷基二甲基苄基氯化铵 烷基二甲基乙苄基氯化铵
	NP 4.5 (D&F) Detergent/ Disinfectant	1839-95	Stepan Company	
	Scented 10% BTC 2125M Disinfectant	1839-154	Stepan Company	
	BTC 2125 M 20% Solution	1839-155	Stepan Company	
	Quat 44	3838-36	Essential Industries, Inc.	
	Quat Rinse	3838-37	Essential Industries, Inc.	
	Spray Nine	6659-3	Spray Nine Corporation	
	Marquat 256	10324-56	Mason Chemical Company	
	Marquat 128	10324-58	Mason Chemical Company	
	Marquat 64	10324-59	Mason Chemical Company	
	Maquat 10	10324-63	Mason Chemical Company	
	Maquat 20-M	10324-94	Mason Chemical Company	
	Maquat 50DS	10324-96	Mason Chemical Company	
	Maquat 10 FQPA	10324-99	Mason Chemical Company	
	Maquat 256 EBC	10324118	Mason Chemical Company	
	Maquat 128 EBC	10324119	Mason Chemical Company	
	Maquat 64 EBC	10324120	Mason Chemical Company	
	Maquat MQ2525M-14	10324142	Mason Chemical Company	
	Maquat 10-B	10324143	Mason Chemical Company	
	Maquat FP	10324145	Mason Chemical Company	
	Maquat 256 PD	10324164	Mason Chemical Company	
	D-125	61178-1	Microgen, Inc.	
	Public Places	61178-2	Microgen, Inc.	
	Public Places Towelette	61178-4	Microgen, Inc.	

（续）

疫病	产品	EPA 注册号	制造商名称及联系方式	有效成分
	CCX-151	61178-5	Microgen, Inc.	烷基二甲基苄基氯化铵 烷基二甲基乙苄基氯化铵
	D-128	61178-6	Microgen, Inc.	
	PJW-622	67619-9	Clorox Professional Products Company	
	Opticide-3	70144-1	Micro-Scientific Industries	
	Opticide-3 Wipes	70144-2	Micro-Scientific Industries	
	DisinfectantDC 100	70627-2	Johnson Diversity, Inc.	
	Sterilex Ultra Disinfectant Cleaner	63761-8	Sterilex Corporation	烷基二甲基苄基氯化铵 烷基二甲基乙苄基氯化铵 过氧化氢
	HI-Tor Plus Germicidal Detergent	303-91	Huntington Professional Products	烷基二甲基苄基氯化铵 二癸基二甲基氯化铵
	Marquat 256NHQ	10324141	Mason Chemical Company	
	Maquat 2420 Citrus	10324162	Mason Chemical Company	
	Formulation HS-652Q	47371-6	H&S Chemical Division c/o Lonza, Inc.	
	Formulation HS-821Q	47371-7	H&S Chemical Division c/o Lonza, Inc.	
	HS-867Q	47371-36	H&S Chemical Division c/o Lonza, Inc.	
	HS-267Q Germicidal Cleaner and Deodorant	47371-37	H&S Chemical Division c/o Lonza, Inc.	
	Formulation HH-652 Q	47371141	H&S Chemical Division c/o Lonza, Inc.	
	Virex II /128	70627-21	Johnson Diversity, Inc.	烷基二甲基苄基氯化铵 二癸基二甲基氯化铵
	Virex II Ready To Use	70627-22	Johnson Diversity, Inc.	
	Virex II 64	70627-23	Johnson Diversity, Inc.	
	Virex 11/256	70627-24	Johnson Diversity, Inc.	
	Virocide	71355-1	CID Lines, NV/SA	烷基二甲基苄基氯化铵 二癸基二甲基氯化铵 戊二醛

（续）

疫病	产品	EPA 注册号	制造商名称及联系方式	有效成分
	Ucarcide 14 Antimicrobial	464-700	The Dow Chemical Company	烷基二甲基苄基氯化铵 戊二醛
	Ucarcide 42 Antimicrobial	464-702	The Dow Chemical Company	
	Ucarsan 442 Sanitizer	464-715	The Dow Chemical Company	
	Ucarsan 414 Sanitizer	464-716	The Dow Chemical Company	
	Synergize	66171-7	Preserve International	
	Maxima 128	106-72	Mason Chemical Company	烷基二甲基苄基氯化铵 辛基癸基二甲基氯化铵 二癸基二甲基氯化铵 二辛基二甲基氯化铵
	Maxima 256	106-73	Mason Chemical Company	
	Broadspec 256	106-79	Brulin & Company, Inc.	
	Maxima RTU	106-81	Brulin & Company, Inc.	
	Q5.5-5.5NPB2.5HW	211-50	Central Solutions	
	Sanox II	11600-4	Conklin Co., Inc.	
	7.5% BTC 885 Disinfectant/S anitizer	1839-173	Stepan Company	
	Quik Control	66243-3	Clean Control Corporation	
	Bardac 205M7.5B	6836-70	Lonza, Inc.	
	Lonza Formulation Y-59	6836-71	Lonza, Inc.	
	Lonza Formulation S21	6836-75	Lonza, Inc.	
	Lonza Formulation S18	6836-77	Lonza, Inc.	
	Lonza Formulation R-82	6836-78	Lonza, Inc.	
	Lonza Formulation S18F	6836-136	Lonza, Inc.	
	Lonza Formulation R-82F	6836-139	Lonza, Inc.	
	Lonza Formulation S21F	6836-140	Lonza, Inc.	
	Lonza Formulation DC-103	6836-152	Lonza, Inc.	
	Bardac 205M50	6836-233	Lonza, Inc.	

（续）

疫病	产品	EPA 注册号	制造商名称及联系方式	有效成分
	Bardac 205M10	6836-266	Lonza, Inc.	烷基二甲基苄基氯化铵 辛基癸基二甲基氯化铵 二癸基二甲基氯化铵 二辛基二甲基氯化铵
	Bardac 205M1.30	6836-277	Lonza, Inc.	
	Bardac (R) 205M-14.08	6836-278	Lonza, Inc.	
	Bardac 205M2.6	6836-302	Lonza, Inc.	
	Bardac 205M5.2	6836-303	Lonza, Inc.	
	Microban QGC	70263-6	Microban Systems, Inc.	
	Microban Professional	70263-8	Microban Systems, Inc.	
	Maquat MQ651-AS	10324-67	Mason Chemical Company	
	Maquat 615HD	10324-72	Mason Chemical Company	
	Maquat 5.5-M	10324-80	Mason Chemical Company	
	Maquat 7.5-M	10324-81	Mason Chemical Company	
	Maquat 86-M	10324-85	Mason Chemical Company	
	Maquat 750-M	10324115	Mason Chemical Company	
	Maquat 710-M	10324117	Mason Chemical Company	
	Maquat A	10324131	Mason Chemical Company	
	DC & R Disinfectant	134-65	HACCO	烷基二甲基苄基氯化铵 甲醛 2-（羟甲基）-2-硝基-1,3-丙二醇
	Biosol	777-72	Reckitt Benckiser	烷基二甲基苄基氯化铵糖精 （sacchaarinate） 乙醇
	Husky 806 H/D/N	8155-23	Canberra Corporation	二癸基二甲基氯化铵

（续）

疫病	产品	EPA 注册号	制造商名称及联系方式	有效成分
	Pheno Cen Germicidal Detergent	211-25	Central Solutions, Inc.	邻苯基苯酚 对叔戊基苯酚钾盐 钾盐 2-苄基-4-氯酚钾
	Pheno-Cen Spray Disinfectant/D eodorant	211-32	Central Solutions, Inc.	邻苯基苯酚 乙醇
	Low Ph Phenolic 256	211-62	Central Solutions, Inc.	邻苯基苯酚 2-苄基-4-氯苯酚
	Phenocide 256	6836-252	Lonza, Inc.	
	Phenocide 128	6836-253	Lonza, Inc.	
	Phenolic Disinfectant HG	70627-6	Johnson Diversity, Inc.	
	Tek-Trol Disinfectant Cleaner Concentrate	3862-177	ABC Compounding Co.	邻苯基苯酚 2-苄基-4-氯苯酚 对叔戊基苯酚
	Advantage 256 Cleaner Disinfectant Deodorant	66171-1	Preserve International	
	LPH Master Product	1043-91	Steris Corporation	邻苯基苯酚 对叔戊基苯酚
	Sporicidin Brand Disinfectant Solution	8383-3	Sporicidin International	苯酚 苯酚钠
	Ucarsan Sanitizer 420	464-689	The Dow Chemical Company	戊二醛
	Ucarsan Sanitizer 4128	464-696	The Dow Chemical Company	
	Accel TB	74559-1	Virox Technologies	
	Virkon	71654-7	DuPont Chemical Solutions	苯酚 过氧乙酸
	Oxonia Active	1677-129	Ecolab, Inc.	过氧化氢 过氧乙酸
	OxySept LDI	1677-203	Ecolab, Inc.	
	Peridox	81073-1	Clean Earth Technologies, LLC	
	Vortexx	1677-158	Ecolab, Inc.	过氧化氢 过氧乙酸 辛酸
	DisinFx	74331-2	SteriFx Inc.	柠檬酸 盐酸 磷酸
	Dyne-O-Might	66171-6	Preserve International	碘

（续）

疫病	产品	EPA 注册号	制造商名称及联系方式	有效成分
	Virkon S	71654-6	DuPont Chemical Solutions	氯化钠 过硫酸钾
	Klor-Kleen	71847-2	Medentech, Ltd.	二氯异氰尿酸钠
	Clorox	5813-1	Clorox Company	次氯酸钠
	Dispatch Hospital Cleaner with Bleach	56392-7	Caltech Industries	
	DispatchHospital Cleaner Disinfectant Towels with Bleach	56392-8	Caltech Industries	
	CPPC Ultra Bleach 2	67619-8	Clorox Professional Services Company	
	CPPC Storm	67619-13	Clorox Professional Services Company	
	Aseptrol S10Tabs	70060-19	Engelhard Corporation	亚氯酸钠 二氯异氰尿酸钠
牛巴贝斯虫病				
	未登记	—	—	—
蓝舌病				
	未登记	—	—	—
波纳病				
	未登记	—	—	—
牛流行热				
	未登记	—	—	—
牛副丝虫病				
		—	—	—
牛海绵状脑病				
	未登记	—	—	—
古典猪瘟（"猪霍乱"）				
	Pheno Cen Germicidal Detergent	211-25	Central Solutions, Inc.	邻苯基苯酚钾盐 对叔戊基苯酚钾盐 2-苄基-4-氯酚钾
	Pheno-Cen Spray Disinfectant/Deodorant	211-32	Central Solutions, Inc.	邻苯基苯酚 乙醇

（续）

疫病	产品	EPA 注册号	制造商名称及联系方式	有效成分
	Tri-Cen	211-36	Central Solutions, Inc.	对叔戊基苯酚钠盐 2-苄基-4-氯酚钠 邻苯基苯酚钠或2-羟基联苯钠盐
	Q5.5-5.5NPB-2.5HW	211-50	Central Solutions, Inc.	烷基二甲基苄基氯化铵 二癸基二甲基氯化铵 辛基癸基二甲基氯化铵 二辛基二甲基氯化铵
	Low Ph Phenolic 256	211-62	Central Solutions, Inc.	邻苯基苯酚 2-苄基-4-氯苯酚
	Ucarsan Sanitizer 420	464-689	The Dow Chemical Company	戊二醛
	Ucarsan Sanitizer 4128	464-696		
	1-Stroke Environ	1043-26	Steris Corporation	2-苄基-4-氯苯酚 邻苯基苯酚 对叔戊基苯酚
	Fort Dodge Nolvasan Solution	1117-30	Fort Dodge Animal Health Division of Wyeth	氯己定醋酸盐
	Fort Dodge Nolvasan S	1117-48		
	Virkon S	71654-6	DuPont Chemical Solutions Enterprise	氯化钠 过硫酸钾
	Klor-Kleen	71847-2	Medentech Ltd.	二氯异氰尿酸钠
绵羊山羊传染性无乳症				
	未登记	—	—	—
牛传染性胸膜肺炎				
	未登记	—	—	—
羊传染性胸膜肺炎				
	未登记	—	—	—
马传染性子宫炎				
	未登记	—	—	—
媾疫				
	未登记	—	—	—
鸭病毒性肝炎				
	未登记	—	—	—

（续）

疫病	产品	EPA注册号	制造商名称及联系方式	有效成分
流行性淋巴管炎				
	未登记	—	—	—
马脑病				
	未登记	—	—	—
口蹄疫④				
	Low PH Phenolic 256	211-62	Central Solutions, Inc.	2-苄基-4-氯苯酚 邻苯基苯酚
	Oxonia Active	1677-129	Ecolab Inc.	过氧乙酸
	Oxysept LDI	1677-203		过氧化氢
	LonzaDC 101	6836-86	Lonza, Inc.	烷基二甲基苄基氯化铵 二癸基二甲基氯化铵 N,N 二甲基-N-辛基氯化铵 N,N 二甲基-N-辛基氯化铵
	Aseptrol S10-TAB	70060-19	BASF Catalysts, LLC	氯化钠
	Aseptrol FC-Tab	70060-30		二氯异氰尿酸钠
	Virkon S	71654-6	DuPont Chemical Solutions Enterprise	氯化钠 过硫酸钾
盖塔病毒病				
	未登记	—	—	—
马鼻疽				
	未登记	—	—	—
心水病				
	未登记	—	—	—
亨德拉病毒病				
	未登记	—	—	—
出血性败血病				
	未登记	—	—	—
传染性鲑鱼贫血病				
	Virkon S[5]	71654-6	DuPont Chemical Solutions Enterprise	氯化钠 过硫酸氢钾

（续）

疫病	产品	EPA 注册号	制造商名称及联系方式	有效成分
日本乙型脑炎				
	未登记	—	—	—
珍巴拉纳病				
	未登记	—	—	—
跳跃病 Ⅲ				
	未登记	—	—	—
结节皮肤病				
	未登记	—	—	—
恶性卡他热				
	未登记	—	—	—
内罗毕羊病				
	未登记	—	—	—
新城疫				
	Vesphene Ⅱ SE	1043-87	Steris Corporation	邻苯基苯酚 对叔戊基苯酚
	LPH Master Product	1043-91		
	Vesta-Syde Interim Instrument Decontamination Solution	1043-114		
	Process Vesphene Ⅱ ST	1043-115		
	Amerse Ⅱ	1043-117		
	Beaucoup Germicidal Detergent	303-223	Huntington Professional Products	邻苯基苯酚 对叔戊基苯酚 2-苄基-4-氯苯酚
	Matar Ⅱ	303-225		
	1-Stroke Environ	1043-26	Steris Corporation	
	Tek-Trol Disinfectant Cleaner Concentrate	3862-177	ABC Compounding Co, Inc.	
	Bio-Phene Liquid Disinfectant	71654-17	DuPont Chemical Solutions Enterprise	

（续）

疫病	产品	EPA 注册号	制造商名称及联系方式	有效成分
	Phenocide 256	6836-252	Lonza, Inc.	邻苯基苯酚 2-苄基-4-氯苯酚
	Phenocide 128	6836-253	Lonza, Inc.	
	Phenolic Disinfectant HG	70627-6	Johnson Diversity, Inc.	
	Mikro-Quat	1677-21	Ecolab Inc.	烷基二甲基苄基氯化铵
	Odo-Ban Ready-To-Use	66243-1	Clean Control Corp	
	Odo-Ban	66243-2	Clean Control Corp	
	Johnson Blue Chip Germicidal Cleaner for Hospitals	70627-15	Johnson Diversity, Inc	
	Grenadier	1769-259	NCH Corp	烷基二甲基苄基氯化铵 烷基二甲基乙苄基氯化铵
	BTC 2125M 20%Solution	1839-155	Stepan Company	
	Maquat 10	10324-63	Mason Chemical Co.	
	Maquat 20-M	10324-94	Mason Chemical Co.	
	Maquat 50DS	10324-96	Mason Chemical Co.	
	Maquat 10-PD	10324-99	Mason Chemical Co.	
	Maquat 256 EBC	10324-118		
	Maquat 128 EBC	10324-119	Mason Chemical Co.	
	Maquat 64 EBC	10324-120	Mason Chemical Co.	
	Maquat MQ2525MCPV	10324-140	Mason Chemical Co.	
	Maquat MQ2525M-14	10324-142	Mason Chemical Co.	
	Maquat 10-B	10324-143	Mason Chemical Co.	
	Maquat FP	10324-145	Mason Chemical Co.	
	Maquat 256 PD	10324-164	Mason Chemical Co.	
	D-125	61178-1	Microgen, Inc.	
	Public Places	61178-2	Microgen, Inc.	
	Public Places Towelette	61178-4	Microgen, Inc.	
	CCX-151	61178-5	Microgen, Inc.	
	Bioguard 453	71654-16	DuPont Chemical Solutions Enterprise	

（续）

疫病	产品	EPA 注册号	制造商名称及联系方式	有效成分
	Maquat 2420-Citrus	10324162	Mason Chemical Co.	烷基二甲基苄基氯化铵 二癸基二甲基氯化铵
	Formulation HS-652Q	47371-6	H&S Chemicals Division c/o Lonza Inc.	
	Formulation HS-821Q	47371-7	H&S Chemicals Division c/o Lonza Inc.	
	FMB 1210-5 Quat	47371-27	H&S Chemicals Division c/o Lonza Inc.	
	HL-867 Q	47371-36	H&S Chemicals Division c/o Lonza Inc.	
	HS-267Q Germicidal Cleaner and Disinfectant	47371-37	H&S Chemicals Division c/o Lonza Inc.	
	FMB 1210-8 Quat Concentrated Germicide	47371-42	H&S Chemicals Division c/o Lonza Inc.	
	Formulation HS-1210 Disinfectant/Sanitizer (3.85%)	47371147	H&S Chemicals Division c/o Lonza Inc.	
	Formulation HS-1210 Disinfectant/Sanitizer (50%)	47371164	H&S Chemicals Division c/o Lonza Inc.	
	Formulation HS-1210 Disinfectant/Sanitizer (14.08%)	47371180	H&S Chemicals Division c/o Lonza Inc.	
	Virex II /128	70627-21	Johnson Diversity, Inc.	
	Virex II Ready to Use	70627-22	Johnson Diversity, Inc.	
	Virex II 64	70627-23	Johnson Diversity, Inc.	
	Virex II /256	70627-24	Johnson Diversity, Inc.	
	Biosentry 904	71654-19	DuPont Chemical Solutions	烷基二甲基苄基氯化铵 烷基二甲基乙苄基氯化铵

（续）

疫病	产品	EPA 注册号	制造商名称及联系方式	有效成分
	Process NPD	1043-90	Steris Corporation	烷基二甲基苄基氯化铵 二癸基二甲基氯化铵 辛基癸基二甲基氯化铵 二辛基二甲基氯化铵
	Bardac 205M-7.5B	6836-70	Lonza, Inc.	
	Lonza Formulation S21	6836-75	Lonza, Inc.	
	Lonza Formulation S18	6836-77	Lonza, Inc.	
	Lonza Formulation R82	6836-78	Lonza, Inc.	
	Lonza Formulation S18F	6836-136	Lonza, Inc.	
	Lonza Formulation R82F	6836-139	Lonza, Inc.	
	Lonza Formulation S21F	6836-140	Lonza, Inc.	
	Lonza Formulation DC103	6836-152	Lonza, Inc.	
	Bardac 205M-50	6836-233	Lonza, Inc.	
	Bardac 205M-10	6836-266	Lonza, Inc.	
	Bardac 205M-1.30	6836-277	Lonza, Inc.	
	Bardac (R) 205M- 14.08	6836-278	Lonza, Inc.	
	Bardac 205M RTU	6836-289	Lonza, Inc.	
	Bardac 205M-2.6	6836-302	Lonza, Inc.	
	Bardac 205M-5.2	6836-303	Lonza, Inc.	
	Bardac 205M-23	6836-305	Lonza, Inc.	
	Maquat MQ615-AS	10324-67	Mason Chemical Co.	
	Maquat 615-HD	10324-72	Mason Chemical Co.	
	Maquat 5.5-M	10324-80	Mason Chemical Co.	
	Maquat 7.5-M	10324-81	Mason Chemical Co.	
	Maquat 86-M	10324-85	Mason Chemical Co.	
	Maquat 750-M	10324115	Mason Chemical Co.	
	Maquat 710-M	10324117	Mason Chemical Co.	
	Maquat A	10324131	Mason Chemical Co.	
	KP 3510	65072-6	Chemstation International	
	Quick Control	66243-3	Clean Control Corp.	
	Microban QGC	70263-6	Microban Systems Inc.	
	Microban Professional Strength Multi-Purpose Antibacterial Cleaner	70263-8	Microban Systems Inc.	

（续）

疫病	产品	EPA 注册号	制造商名称及联系方式	有效成分
	DC & R Disinfectant	134-65	HACCO of Neogen Corp.	烷基二甲基苄基氯化铵 2-（羟甲基）-2-硝基-1,3-丙二醇 甲醛
	Fort Dodge Nolvasan Solution	1117-30	Fort Dodge Animal Health Division of Wyeth	氯己定醋酸盐
	Nolvasan S	1117-48	Fort Dodge Animal Health Division of Wyeth	
	Ucarsan Sanitizer 420	464-689	The Dow Chemical Company	戊二醛
	Ucarsan Sanitizer 4128	464-696	The Dow Chemical Company	
	Mikroklene	1677-22	Ecolab, Inc.	磷酸 丁氧基聚丙氧基聚乙氧基乙醇-碘复合物
	Mikroklene DF	1677-58	Ecolab, Inc.	
	Oxonia Active	1677-129	Ecolab, Inc.	过氧乙酸 过氧化氢
	Oxysept LDI	1677-203	Ecolab, Inc.	
	Virkon S	71654-6	DuPont Chemical Solutions Enterprise	氯化钠 过硫酸钾
	Klor-Kleen	71847-2	Medentech Ltd.	二氯异氰尿酸钠
新大陆螺旋蝇蛆病（"旋蝇蛆"）				
	Champion Insecticide Spray	498-188	Chase Products Co.	苄氯菊酯
	Black Jack Multipurpose 0.5% Insecticide	8848-73	Safeguard Chemical Corp.	
	Sunbugger Flea & Mite Spray	11474-95	Sungro Chemicals, Inc.	
	CT Residual Spray	47000-100	Chem-Tech LTD	
	Permethrin Insecticide Spray	61483-71	KMG-Bernuth, Inc.	
	Permanone Multi-Use Insecticide Spray	73049-301	Valent Biosciences Corp.	

（续）

疫病	产品	EPA 注册号	制造商名称及联系方式	有效成分
	Co-Ral Coumaphos Flowable Insecticide	11556-98	Bayer Healthcare, LLC	香豆磷、蝇毒磷（一种杀虫剂）
	Co-Ral Fly and Tick Spray	11556-115	Bayer Healthcare, LLC	
尼帕病毒病				
	未登记	—	—	—
小反刍兽疫				
	未登记	—	—	—
兔病毒性出血症				
	未登记	—	—	—
裂谷热				
	未登记	—	—	—
牛瘟				
	未登记	—	—	—
绵羊山羊痘				
	未登记	—	—	—
鲤鱼春多病毒血症				
	未登记	—	—	—
猪水疱病				
	未登记	—	—	—
锥虫病				
	未登记	—	—	—
泰勒虫病				
	未登记	—	—	—
委内瑞拉马脑脊髓炎				
	未登记	—	—	—
猪水疱疹				
	Alcide Brand LD 10:1.1 Base	1677-217	Ecolab, Inc.	亚氯酸钠
	Virkon S	71654-6	DuPont Chemical Solutions Enterprise	氯化钠 过硫酸钾

（续）

疫病	产品	EPA 注册号	制造商名称及联系方式	有效成分
	Klor-Kleen	71847-2	Medentech, Ltd.	二氯异氰尿酸钠
水疱性口炎				
	Alcide Exspor 4:1:1 -BASE	1677-216	Ecolab, Inc.	亚氯酸钠
	Alcide Brand LD 10:1.1 BASE	1677-217	Ecolab, Inc.	亚氯酸钠
	D-125	61178-1	Microgen, Inc.	烷基二甲基苄基氯化铵 烷基二甲基乙苄基氯化铵
	Virkon S	71654-6	DuPont Chemical Solutions Enterprise	氯化钠 过硫酸钾
	Bio-Phene Liquid Disinfectant	71654-17	DuPont Chemical Solutions Enterprise	2-苄基-4-氯苯酚 对叔戊基苯酚 邻苯基苯酚
	Biosentry 904	71654-19	DuPont Chemical Solutions Enterprise	烷基二甲基苄基氯化铵 双（三丁基）氧化锡 二癸基二甲基氯化铵 烷基二甲基苄基氯化铵
韦塞尔斯布朗病				
	未登记	—	—	—

① 商家信息详见因特网。

② "登记"指FIFRA第3章登记。

③ 用于禽流感的产品列表不是来源于NPIRS数据库。此列表来源于EPA的"已登记的抗菌剂产品，标签声明用于禽（鸟）流感的消毒剂"列表。2007年7月13日数据，网址为：http://www.epa.gov/pesticides/factsheets/avian_flu_products.htm.

NPIRS: The Nebraska Prevention Information Reporting System（NPIRS）美国国家农药信息检索系统

④ 用于抗口蹄疫的产品列表不是来源于NPIRS 数据库。此列表来源于EPA中8/8/07 口蹄疫表格，通过e-mail寄给APHIS（Animal and Plant Health Inspection Service，动植物卫生检验局）。

⑤ 用于抗传染性鲑鱼贫血病病毒的产品没有列于NPIRS列表中，但其使用剂量出现在联邦政府批准的标签中。

六、外来动物疫病暴发后的大规模扑杀

简介

外来动物疫病严重威胁着美国的畜禽业。这些疫病通常被称作外来或跨境疫病，其暴发可能对农业生产构成威胁，造成重大经济损失，并危及人类健康。消灭这些外来动物疫病的策略包括：疫苗免疫、大规模监测并扑杀感染动物、昆虫媒介控制、动物移动的限制与检疫、生物安全及其他措施。

仅仅采用以上方法可能无法阻止某些外来动物疫病的暴发，因此，还可能需要大规模扑杀易感动物以控制和消灭疫病。除要扑杀感染畜舍中的动物外，根据每次疫情暴发的具体情况，有可能还需要扑杀接触过或有感染风险的畜群。

在决定对感染或潜在感染动物实施大规模扑杀时，除了考虑经济学、流行病学和涉及人畜健康的政治因素外，还必须考虑社会和道德因素。

本章阐述为消灭外来动物疫病在养殖场所进行大规模扑杀的一般原则及动物处死方法。

按以下指导原则实施大规模扑杀

1．制订计划

预先计划，全面考虑以下内容：使用的程序、设备材料、雇工数量与技能、人员安全和健康、尸体处理、生物安全与感染控制措施、公共关系，以及相关的运作。

2．在感染场所就地扑杀动物

对发病或风险畜禽群，尽可能就地扑杀。这样做会减少传染源可能扩散到环境中的风险。应尽量减少对动物的搬运。

3．保持生物安全

为保持生物安全，扑杀过程必须最大限度地采用合理的步骤，包括：必要时优先采用非创伤性扑杀方式，个人防护装备和消毒剂。先扑杀发病动物，再扑杀接触动物，最后扑杀其余动物。

4．尽快扑杀动物

疫情暴发后，一旦决定要扑杀动物，就要尽快执行；从诊断到扑杀的时间间

隔，是疫病扑灭工作效率的重要指标。扑杀结束前，应照常饲养动物。

5. 以人道方式扑杀动物

扑杀动物的方式要可行、高效和人道。让动物在无意识中死去，而没有疼痛、痛苦、焦虑和恐惧。先扑杀幼龄动物，再扑杀老龄动物。

6. 雇用熟练人员

为确保人道扑杀并保护操作者的自身安全，所有参与动物扑杀的人员，都应经过培训、技术娴熟并能胜任扑杀工作。

7. 保证人员的健康和安全

扑杀过程中，应确保工作人员免受危害，例如来自动物、环境、人畜共患病原以及动物扑杀方式等的危害。对暴露在人畜共患病感染环境下的工作人员，应给予预防药物，包括抗生素和相应疫苗。此外，应保证操作人员能得到充分休息和精神鼓励，而且扑杀工作结束后应对他们的健康状况进行监测。

以符合环保要求和疫病特点的方式安全处理尸体

参见下一章：尸体管理。

大规模扑杀方式

所有的安乐致死法均应首先使意识丧失，紧接着心跳和/或呼吸停止，最终导致大脑功能的彻底丧失。基本原理包括：缺氧、生命必需神经元抑制以及大脑的物理性破坏。下面列举了为扑灭外来动物疫病暴发所采用的主要安乐死方法，每种方法都有其特殊要求和优缺点。

1. 自由射杀

a. 方法

自由射杀适合于牛、绵羊、山羊、马和猪等。建议对难以操控和保定的动物使用。最佳射入点因动物种类而异。效果取决于子弹对脑部的损伤程度。理论上，子弹应直接射入颅骨，破坏控制呼吸和心血管系统的脑干部位，从而导致动物死亡。不彻底的脑损伤，可能会引起痛苦，并有可能恢复。

每种动物都有特定的最佳靶位。射击时，贴近这些部位很重要，可避免射杀不彻底和动物痛苦，并降低人员安全风险。

b. 设备

专业持证人员应使用恰当的枪支弹药，在室外软地上射杀动物，以防子弹弹射。步枪、猎枪、手枪、单发麻醉枪都可用于这种方式。扑杀每一种动物都要使用与之相匹配的弹壳、口径和弹头类型。

c. 优点

自由射杀能很好地对付焦躁不安或难以控制的动物（如在开阔地上的动物）。

d. 缺点

自由射杀对人员安全有很大危险，有时不能杀死动物，还会导致动物体液外泄，引发生物安全风险。另外，子弹对脑部的破坏也会妨碍大脑检查。

2. 穿透性击晕枪

a. 方法

击晕枪是用火药或压缩空气作动力，可以用来击杀牛、马、猪和羊等动物。击晕枪的冲击力可导致脑震荡，以及大脑半球和脑干损伤。使用击晕枪时应对准脑壳，垂直于额骨，放在可穿透动物大脑皮层和中脑的位置。尽管击晕枪的穿透力能引起脑部的物理损伤，导致动物死亡，但击晕后仍需尽快进行穿刺和放血，以确保动物死亡。为保证击晕效果，对动物进行适当保定非常重要。因此，使用镇静剂有望提高这一过程的准确性并降低动物应激。

b. 设备

不同种类动物应使用不同规格的击晕枪。

c. 优点

与自由射杀相比，该方法对操作者更安全，而且可减少对动物的移动。

d. 缺点

由于老龄猪的颅骨较厚，击晕枪可能难以透过大脑。击晕枪必须定期保养、清洁，而且要有几支轮流使用，以防击晕枪过热。击晕枪维护不当、哑火、定位及定向不准，都会有损动物福利。另外，脑组织的破坏，会妨碍某些疫病的诊断。

3. 电击

a. 方法

电击就是通过运用交流电，抑制脑部神经元活动或者心室的颤动，使动物意识瞬间丧失。有效电击表现为：四肢伸展、角弓反张、眼球下翻，由强直性痉挛转变为阵发性痉挛，最终出现肌肉松弛。

使用电流的方法很多，可根据具体情况及动物的种类和年龄加以选择。一次电击适用于小型家畜，如犊牛、猪、绵羊、山羊等，电极安放可从头到背或从头到躯干，要跨过大脑和心脏。

使用电击法扑杀大型动物，需要有两个步骤：①在头部使用交流电，使意识丧失；②使电流横跨胸部，使心脏停止跳动。这种方法需要恰当的动物保定、相应的操作培训和技能，以及安全防备措施。

对于家禽，头部的一次电击可导致意识丧失，但必须立即放血、颈部脱臼或断头处死。另外一种电击法是水浴通电致晕。将绑好的家禽拖过有足够电流的水浴。水浴的长度应足以保证家禽经受10s的电击。

b. 设备

需要电源、电极输送电流。用于扑杀禽类的便携式水浴电击器。

c. 优点

使用恰当的话，电击法是一种不会产生组织和体液暴露的安乐死方法。

d. 缺点

电击安乐死需要具备相当的操作知识。电极放置不当会导致不完全电晕和严重疼痛，也会给现场人员带来危险。有必要进行动物保定，对两步法尤为重要。对动物逐个进行电击需要很大体力，操作者可能会感到劳累。各种意识活动都可能被电麻所掩盖，因此，检查确认动物是否死亡十分重要。对仔猪、羔羊，不建议使用电击法，因为电流需要更长的时间才能通过它们的心脏。

4. 气体

a. 方法

用气体杀死动物是将动物暴露于混合气体中，导致意识丧失，并最终因缺氧而死亡。这种方法最适用于家禽、仔猪以及新生绵羊和山羊。下列气体和气体混合物可供使用：

- **高浓度二氧化碳（80%~90%）**能使动物在30s内失去意识，然而，这个浓度会刺激呼吸道黏膜，并使动物感到痛苦，表现为强力呼吸，躁动不安。

- **30%的二氧化碳**对动物无刺激性，如果与惰性气体（如氩气或氮气）混合，能在7min内杀死动物。

- **惰性气体**，如氩气、氦气或者氙气，都具有麻醉功能，可用于填充装有动物的密闭房间。

- **一氧化碳（CO）**与血红素结合，可导致缺氧。1%浓度的一氧化碳就足以致死。一氧化碳可通过商业途径获得。如果从内燃机得到一氧化碳，需要过滤去除杂质，因为这些杂质会导致动物呼吸困难。可将气体充入一个密闭的房间，然后放入动物；也可以将气体直接充入动物所在的房舍（如禽舍）。禽舍应进行密封，直至所有动物死亡。

b. 设备

可根据实际情况选择设备，但适当的密闭房间总是需要的，或者要对整个房舍填充气体，就需要密封房舍的方法。最好使用压缩气体。

c. 优点

气体不会产生创伤，不需要保定动物，因此可减少应激。组织和血液也不会暴露。

d. 缺点

多数气体对人类有某些危害，一氧化碳尤其危险。需要有好的排风系统以便在扑杀结束后通风换气。某些气体和气体混合物可能价格昂贵或难以获得。

5. 注射化学药品

a. 方法

静脉注射化学药品，可抑制中枢神经系统，导致动物死亡。巴比妥酸衍生物是小动物和大动物安乐死最常用的药物。巴比妥类药物首先作用于大脑皮层，通过下行方式抑制中枢神经系统，使动物意识丧失进而深度昏迷。过量使用巴比妥类药物会抑制呼吸中枢，使动物由深度昏迷转为窒息，进而心跳停止。如果采用静脉注射的方法，所有巴比妥酸类麻醉剂都可用于安乐死。这种方法适用于包括大型动物在内的所有动物种类，但扑杀少量动物时最有用。巴比妥酸盐可通过胎盘屏障，可作为扑杀妊娠动物的好方法。

实施静脉注射前，必须对动物进行适当保定。其他"设备"包括：针管、针头和注射药品。

b. 优点

静脉注射麻醉剂的方法历经检验，是一种快速、人道的动物扑杀方法。

c. 缺点

这一技术必须经过培训才能实施。因为用于静脉注射的安乐死药品属于管制品，其供应和使用只限于持证人员或在其直接监督下的人员。

6. 颈椎脱臼

a. 方法

拉伸颈部使颈椎脱臼，或者用钳子、去势钳机械性粉碎颈部，可导致动物因窒息或大脑缺氧而死亡。

b. 设备

手工进行颈椎脱臼，不需要工具。最好准备好桶或盒子，以便存放刚完成颈椎脱臼的禽类，因为动物可能会有几秒到1min的挣扎。颈部粉碎则需要钳子或去势钳。

c. 优点

颈椎脱臼是最经济的禽类安乐死方法，对数量不大的禽群非常实用。

d. 缺点

由大脑缺氧引起的死亡需要几秒钟时间，在这个过程中，动物会遭受疼痛和痛苦，在大型禽舍采用这种方式会非常耗时。颈椎脱臼是否能让动物立即丧失意识尚不清楚。

🔘 结论

本部分简要概括了外来动物疫病暴发时动物安乐死的主要方法。为扑灭疫情，需对大量动物实施安乐死时，应考虑经济、社会、伦理、政治问题、动物福利、人类安全和生物安全。在外来动物疫病暴发时，应根据动物种类和感染因子采用最适合的安乐死方法，了解这些方法将有助于外来病的防备、应对和扑灭。本主题相关的其他信息可从下列参考资料中获得。

■ 参考文献

[1] Opinion of the Scientific Panel on Animal Health and welfare on a request from the Commission related to welfare aspects of the main systems of stunning and killing the main commercial species of animals, 2004. The EFSA Journal 45: 1-29.nn

[2] GALVIN, J.W., BLOKHUIS, H., CHIMBOMBI, M.C., JONG, D. and WOTTON, S. 2005. Killing of animals for disease control purposes. Rev. Sci. tech. Off. Int. epiz., 24 (2) : 711-722.

[3] AVMA Guidelines on Euthanasia. JAVMA News. JAVMA. September 15, 2007. http: //www.avma.org/issues/animal_welfare/euthanasia.pdf.

[4] Guidelines for the killing of animals for Disease Control Purposes. Appendix 3.7.6. Article 3.7.6.1. In Terrestrial Animal Health Code. 2007. http: //www.oie.int/eng/normes/mcode/en_chapitre_3.7.6.htm

Moshe Shalev, MSc, VMD, DACLAM, Department of Homeland Security, PlumIsland Animal Disease Center, Greenport NY 11944-0848, mshalev@gmail.com

Eoin Ryan, BVSc, IAH Pirbright Laboratory, Surrey, UK, eoin.ryan@bbsrc.ac.uk

Corrie Brown, DVM, PhD, College of Veterinary Medicine, University of Georgia Athens, GA, 30602-7388, corbrown@vet.uga.edu

七、尸体管理

尸体管理通常是动物疫病和死亡管理活动中必不可少的环节。动物尸体可能是疫病作用家畜的直接后果（动物死亡），也可能是依法应对外来动物疫病（FAD）入侵的产物。

无论是日常疫病管理，还是应对外来病，尸体管理的目的都是以经济有效的手段处理尸体，确保动物、人类和环境健康。尸体处理涉及监管与非监管方面的多个利益相关者，最近几年，这一话题变得更加复杂而有争议，成为融科学、公共政策和公共关系于一体的重要议题。

动物尸体管理无万全之策。某些情况下，即使仅有一具尸体，处理起来也很有挑战性，如处理一头感染了牛海绵状脑病的牛。而另一些情况下，即使动物尸体和相关物品的数量较多，也很容易用现有的方式进行处理。在动物发病和死亡事件处理过程中，要考虑许多因素，下面列举了部分但并非全部因素：

- 尸体数量与地理分布
- 死亡动物的相关物品的数量（垫料、粪便、奶、蛋，等等）
- 预期事件预期持续时间及尸体产生速度
- 区域性农业、人口及地理格局
- 气候天气状况—短期及长期预报
- 不同尸体处理方法的可行性
- 尸体处理方法是否能满足生物安全要求
- 进行尸体处理的可用资源
- 不同尸体处理方法的直接和长期费用
- 公众和政治方面的关注、意识和接受程度
- 媒体关注或可能关注的问题
- 尸体处理活动可能带来的公共卫生风险
- 可预见处理方法所能产生的短期和长期经济影响
- 环境和其他法规问题（地方、州及联邦）

本部分专门介绍外来病的尸体管理问题。在发生外来病时，除要考虑上述因素

外，还应结合疫病特点考虑以下因素：

- 疫病的传播模式（空气传播、虫媒传播等）
- 疫病的传播能力（低、高）
- 人畜共患的可能性（感知的、真的）
- 病原对灭活方式的抵抗力
- 病原在尸体和环境中的存活能力
- 疫病对经济和贸易的影响

发生外来病时，考虑到要进行现场和区划处理，应尽早作出决定。从生物安全风险管理的角度，任何处理活动都要尽可能靠近发病地点。下面讨论的许多处理方法，在特定地点或区域内不能完全照搬，也不会完全适用，需因地制宜，灵活运用。

在控制外来病的整个过程中，应尽可能采用同一种恰当的处理方法，这利于标准操作程序的建立和应用。不过，在涉及大量哺乳动物时，可能会需要多种方法，以应对动物尸体数量的急剧增加，地理分布的扩大或不均，以及当地和区域内运输和处置资源的不足等情况。

本部分探讨了七类不同处理方法，某些方法可以有一定的变动。七类方法分别是：掩埋、垃圾填埋、焚毁、化制、堆肥、碱解和屠宰。每种方法都有适合的病种和相应的优缺点。

1. 掩埋法

定义：将一至数千只动物尸体埋葬在未处理和半处理的坑中。

病原灭活：不采用主动方式，而是经长时间作用使多数病原体被动灭活。

类型：就地掩埋、离场掩埋（通常在处理1个以上牧场的动物尸体时使用）、简单的壕沟式掩埋或者有一定环保措施的掩埋。

优点：初始费用低。充分利用当地资源，可在短时间内处理中小量的动物尸体。就地掩埋能有效避免尸体运输，最大程度降低生物安全风险。

缺点：许多环境因素，例如：地下水位高、土壤疏松、存在岩床，以及靠近敏感水体、居民区和地下水源等，都会影响监管机构和公众对该方法的接受程度。此外，土地所有人（可能不是畜主）可能不愿接受这一处理方法。掩埋可能会面临很大的监管障碍和延期问题，以及发生外来病后恢复生产所需的高额补助问题。在尸体总量急速增加的情况下，采用掩埋法在技术上难以确保环境安全。

最佳用途：在对动物、人类或环境健康不会构成明显威胁的地点，掩埋中小量的动物尸体。

不推荐使用：掩埋地点靠近敏感区域，或者毒素、病原体能在环境中持续存在，会对动物、人类或环境健康构成明显威胁。这种情况下，一般不采用该方法。

其他：掩埋之后可能需要采取补救措施，解决地下水污染等问题。

2. 垃圾填埋法

定义：将尸体封闭在批准使用的具有防渗漏衬垫、气体捕获装置和沥出液处理系统（LMS）的专设场所。LMS是设在防渗漏衬垫内的排水网络，可收集垃圾分解所产生的废水，并导入当地污水处理系统。

病原灭活处理：不采用主动灭活方式，填埋状态下苛刻的生化环境对多数病原体具有长期被动灭活效应。

类型：一般委托现有的城市固体废弃物处理场或专门为处理尸体而建造的现代化填埋场来完成这项工作。

优点：初始费用不高，短时间内可处理中小量的动物尸体。如果当地有垃圾掩埋场，就可将动物尸体限制在外来病发病区内，从而降低生物安全风险。在现场有可能对处理过程实施有效控制。历史上，垃圾填埋法一直是被普遍接受的动物尸体处理方法。

缺点：需要运输动物尸体，会增加处理工作的复杂性。无论公有还是私有，多数垃圾掩埋场都可能拒收疫病控制所产生的动物尸体。事先至少要进行专门约定并取得批准。约定的内容可包含超出正常吨位费的其他费用。垃圾掩埋场考虑的重要因素之一是大量尸体所能产生沥出液的数量。沥出液的体积可能超出LMS的处理能力。最后，当地可能会对尸体运输、臭气以及扰民问题（如工时延长等）有所抵触。处理FAD动物尸体要有专门设施，设计和建设耗时较长。此外，天气因素可能会影响成本，地方抵触时有发生。对许多病原体来说，害虫控制是垃圾填埋场的重要问题。

最佳用途：用于处理中小量的动物尸体。

不推荐使用：动物尸体被能在环境中持续存在的病原体或化学物质严重污染；动物尸体的数量超过了垃圾掩埋场的承载能力和对沥出液的处理能力。

其他：根据尸体和病原类型，采取有针对性的害虫控制措施。

许多垃圾掩埋场都会将部分或全部沥出液输送至污水处理厂。这些工厂将沥出液与其他废水一起处理，固体残渣通常作为肥料就地使用。任何潜在或已知风险都会导致污水处理厂拒收掩埋场的沥出液。垃圾掩埋场担心的主要问题是沥出液的潜在处理能力不足，这会使市政当局不愿接收更多的动物尸体。

3. 焚毁法

定义：通过高温将动物尸体烧成灰烬，包括从粗放到严格控制的多种方法。

病原灭活处理：彻底焚毁处理（即无任何未燃烧的残留物）能持续可靠地销毁除传染性海绵状脑病以外的所有外来病病原。

类型：开放式柴堆、风幕焚毁炉（ACDs）、固定的具有助燃系统的医疗废物或动物专用焚烧炉。

优点：病原体灭活彻底。柴堆和ACDs可处理少量的动物尸体，而且一般都能在现场进行。各种固定焚烧炉均能提供可控的高温焚毁，灰烬处理比较容易。

缺点：柴堆和ACDs需要大量燃料才能将动物尸体完全焚毁（尤其是牛）。动物焚毁通常需要得到当地和州政府主管部门的许可。柴堆和ACDs均易受天气和尸体类型的影响。柴堆和ACDs处理过程中，大量尸体和燃料会产生大量的灰烬，必须进行处理。此外，柴堆和ACDs处理现场格外引人关注（尸体燃烧及产生的黑烟），可能会导致公众对疫病消灭工作的反对。大部分固定焚烧炉容量有限，需进行尸体运输，费用较高，通常最适用于处理对销毁温度有严格要求的少量动物尸体。

最佳用途：柴堆和ACDs，适用于焚烧中小量完整的需严格就地处理的动物尸体（如炭疽）。固定焚烧炉，适用于处理对销毁温度有严格要求的动物尸体。

不推荐使用：动物尸体数量太多或体积太大时，不建议使用，尤其是牛这类含水量高的动物。

其他：柴堆焚烧大量家畜，需要有大量空间和燃料，施工和人力投入也很大。选择柴堆焚烧方式时，还应考虑与居民区的距离、风向及地下和地表水等情况。此外，还应对焚烧点的交通及重型设备适应性进行评估。

4. 化制法

定义：化制是指将动物尸体或部位加热到一定温度使其分解为脂肪、蛋白和水的过程。

病原灭活处理：热处理可灭活所有病原，TSE和耐热芽孢（例如炭疽杆菌）除外。

类型：连续分批处理法。

优点：可快速处理大量尸体；多数设施吞吐量大；终产物有潜在利用价值（脂肪和蛋白如果不能通过常规渠道销售，则可用作燃料提供能量）；有现成的运输和处理能力。

缺点：化制厂通常只能处理特定类型的原料，如家禽、肉类包装副产品或死亡家畜等。某一类型的化制厂可能不具备处理其他原料类型的设备。此外，化制厂一般不会接收来自绵羊、山羊和鹿科动物的原料。动物尸体管理活动所形成的化制产物可能无法通过渠道正规销售，可能还要用其他方法处理，如垃圾掩埋法或焚毁法。

最佳用途：可用于多种情况下的尸体处理，包括发病死亡、非发病死亡以及依法扑杀的动物。

不推荐使用：任何含有和可能污染了TSE或毒素的动物尸体和材料，以及任何会残留有害物质的材料。

其他：化制有两个要素：运输和处理。无论是化制还是用异地堆肥或垃圾掩埋等其他方法进行处理，化制行业所管辖的车队都是运输动物尸体的优良工具。

5. 堆肥法

定义：动物源性产品在有氧条件下发生生物学降解的过程。

病原灭活处理：处置得当，堆肥温度持续高达54.4~60℃（130~140℉）或更高。这一温度持续1~2d，一般可杀灭活病毒和大部分病原菌。炭疽杆菌、结核分支杆菌和TSEs例外。

优点：与其他用固定设施处理尸体的方法不同，堆肥可就地或就近进行。一般能就地取材，终产物也可用于土壤改良。

缺点：大规模堆肥处理要求管理人员具备相当的知识和技能，开始和维护阶段可能需要大量人力。在某些情况下，终产物可能被拒绝用于土壤改良，需用其他方法进行处理。

最佳用途：堆肥法可单独用于许多动物疫病或死亡事件的处理。堆肥处理最好在同一个或少数几个能有效监管的地点进行。

不推荐使用：任何含有和可能污染了TSE或毒素的动物尸体和材料，以及任何会残留有害物质的材料。

6. 碱解法

定义：在高温、高压条件下，用氢氧化钠或氢氧化钾处理，使有机物裂解为肽、氨基酸类化合物和脂肪酸盐的过程。碱解所用的装置是大家所熟知的"组织消化器"。

病原灭活处理：高温、高压和高pH相结合，能杀灭包括TSEs在内的所有病原体。

优点：过程高度可控，终产物无菌。

缺点：成本高，容量有限，终产物处理有时比较困难。在北美洲，用碱解法处理BSE阳性尸体可能难以实施，因当地居民和社区拒绝接收其终产物。

最佳用途：适用于对少量动物尸体或组织的处理，包括TSE阳性材料。

不推荐使用：大规模动物尸体的处理。

其他：在北美洲，碱解设备数量有限。

7. 屠宰法

与其他方法不同，屠宰在本质上是一种安乐死或预处理方法。屠宰的动物有三种处理方式：人类消费、非人类消费和其他方式（如化制）。

定义：杀死或宰杀家畜，一般供食用。

病原灭活处理：屠宰不会灭活病原体，除非宰后发生自然变化。

优点：大型屠宰场可屠宰大批量动物，并能对尸体进行适当的加工以便立即或延后处理。特别是当群体扑杀速度超过处理能力时，这一点尤为重要。屠宰场具备现成的卫生和生物安全保障系统，其操作程序可根据具体情形进行修改。

缺点：如果屠宰场担心正常生意被打断或受到不利影响，就可能不愿意参与。

最佳用途：大规模的安乐死和预处理。

不推荐使用：当活体运输存在疫病传播风险时。

其他：可在发病区建造临时屠宰场。

总结

FADs疫情发生时会有很多变数，因此动物尸体管理方式不能一成不变。动物尸体管理涉及许多政府与非政府利益相关者和一系列专业技术人员，其目的是以生物安全方式处理动物尸体，确保动物、人类和环境健康，并能有效节约成本。动物尸体管理必须综合运用多种专业技术和管理手段，需要一个由大量专家组成的团队协作完成。

Doris Olander, DVM, MS, USDA-VS-APHIS, 6510 Schroeder Road, Suite 2, Madison, WI 53711, doris.olander@aphis.usda.gov

第三部分

疫　病

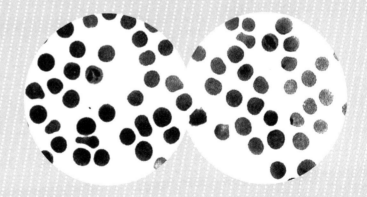

 一、非洲马瘟

1. 名称

非洲马瘟（African horse sickness，AHS）、马疫（Pestis equorum）、Perdesiekte、La Peste Equina。

2. 定义

非洲马瘟是一种由虫媒传播的非接触性病毒性传染病，马和骡病死率极高。临床表现为发热、食欲不振，伴随有呼吸系统病变、血液循环功能障碍。临床症状表现为皮下、肌肉间质和肺组织水肿；体腔有渗出液；出血，尤以浆膜表面出血为主。

3. 病原学

非洲马瘟病毒（AHSV）属呼肠孤病毒科（*Reoviridae*）环状病毒属（*Orbivirus*）。形态及部分特性与其他环状病毒属成员，如蓝舌病病毒（Bluetongue virus，BTV）和马脑炎病毒（Equine encephalitis virus，EEV）相似。病毒粒子直径约70 nm，呈20面体对称，基因组为10个双链RNA片段，由32个壳粒组成的双层衣壳包裹，每一层由7个结构蛋白组成。

目前已知有9个血清型，最后一个于1960年分离到。各血清型间存在部分交叉反应。

病毒对热相对稳定，含AHSV的枸橼酸钠全血55~75℃加热10min，不能使其灭活。细胞培养的毒株（来源于含有犊牛血清的细胞培养基中的病毒），4℃可稳定存活3个月。在含有10%血清的盐溶液中，4℃条件下可存活6个月以上。对腐败耐受，腐败血液中其传染性可保持2年以上。从被感染红细胞上洗脱下来的病毒在4℃可存活12个月。病毒存活最适pH是7.0~8.5。病毒对酸敏感，对碱较能耐受。可耐受乙醚和其他脂溶剂。

4. 宿主范围

a. 家畜

AHS主要感染马科动物。马最易感，骡次之。驴和斑马对该病的抵抗力很强，大部分感染呈亚临床症状。

犬是其他物种中唯一感染该病后有很高致死率的动物，通过食入感染AHSV的马肉而感染，犬在AHS流行中的作用还不明确，因为库蠓不叮咬犬。曾报道骆驼隐

性感染AHSV，但是骆驼在该病流行中的作用还不清楚。

b. 野生动物

斑马对AHSV极不易感，人工感染后只引起轻微发热。尽管从采集的非洲大象和黑白犀牛的血清中检测到了AHSV的抗体，但这些动物在该病的流行中不起什么作用。

c. 人

人不论是接触感染动物，还是在含AHSV的实验室中工作，对AHSV野毒株都不感染。但曾有报道，特殊情况下鼻腔接种某些嗜神经疫苗株可导致人的脑炎和视网膜炎。

5. 流行病学

a. 传播

AHSV通过库蠓（*Culicoides* spp.）传播。最重要的传播媒介是拟蠓库蚊（*Culicoides imicola*）和*C.bolitinos*。其他物种如变翅库蠓（*C.variipennis*）在美国许多地区普遍存在，还有短跗库蠓（*C.brevitarsis*）在澳大利亚普遍存在，也被认为是潜在的传播媒介。病毒在生物学上通过库蠓传播，这类昆虫在日落后和日出时非常活跃。

叮咬蝇（如次蝇属的牛虻）可机械性传播该病。蚊子也是生物传播媒介。但一般认为，与库蠓相比，这些昆虫在该病流行中的作用要小的多。

b. 潜伏期

自然感染潜伏期3~9d。试验感染的潜伏期通常5~7d，但短的可能3d。

c. 发病率

马的发病率和病死率为70%~95%。骡和驴的发病率较低。

d. 病死率

骡的病死率约为50%，欧洲和亚洲驴病死率为5%~10%，但是非洲驴和斑马未发现死亡。

6. 临床症状

临床表现形式有4种。

a. 超急性型或肺型

为该病最急性的表现形式，从此型转归的极为少见。本型的临床特征非常明显，迅速发展为呼吸衰竭，呼吸频率每分钟超过50次。动物前腿分叉站立，头伸长，鼻孔扩张。出现强烈的腹式呼吸。常见大量出汗，后期可见阵发性咳嗽并常伴有从鼻孔流出大量纤维泡沫状液体，通常突然出现呼吸困难，之后30min至几个小时内死亡。

b. 亚急性型或心型

起初眶上窝皮下水肿，发生水肿处皮肤隆起而高于颧弓。之后水肿发生于眼睑、唇、面颊、舌头、下颌和喉部。皮下水肿可延伸至各处，从颈部到胸部，常常堵住喉咙。未见腹部水肿和下肢水肿。偶尔可见腹绞痛。到末期，结膜和舌腹侧面呈点状出血。

c. 混合型

为心型和肺型的混合型。可见于大部分马和骡致死性病例的尸体剖检中。最初肺部出现轻微症状，不出现水肿和渗出，死于心力衰竭。然而，在大多数病例中，多数是从临床表现不明显的心型突然转为表现出明显呼吸困难和其他典型症状的肺型特征。

d. 马瘟热型

为最温和的表现形式，在自然暴发时通常被忽略。除了发热之外，其他临床症状极少而且不明显。病畜结膜轻度充血、脉搏增加、出现一定程度的食欲减退和精神沉郁。本型通常见于驴和斑马，或者免疫马感染了其他血清型的AHSV。

7. 病理变化

a. 眼观病变

剖检看到的病变取决于该病的临床表现类型。肺型的特征性病变是肺水肿或胸腔积水。最急性型病例，可见肺泡广泛水肿和出血斑，有些病例病程延长后出现广泛的肺间质水肿，但是充血不明显。

肺偶尔看起来比较正常，但是胸腔积液最多可达到8l。其他不太常见的病变有：主动脉和气管周围出现水肿性浸润和纵隔结节水肿；胃基底部呈弥漫性或斑点状出血；大肠小肠的黏膜和绒毛膜充血或点状出血；脾被膜下出血和肾皮质充血。大部分淋巴结肿大，尤其是胸腔和腹腔。心脏病变通常不明显，但是有时候心外膜和心内膜点状出血比较明显。

心型的主要病变是头部、颈部和肩部的皮下和肌肉间质筋膜出现黄色胶样侵润，偶尔也包括胸部、腹部和臀部。中度至重度心包积水是常见特征，心外膜和心内膜有广泛的出血点和出血斑，尤其是左心室。肺或有轻度水肿，胸腔积液很少。胃肠道病变与肺型的病变相似，而且盲肠、结肠和直肠的黏膜下层水肿更为明显。

混合型的病变混合了肺型和心型病变。

b. 主要显微病变

血管外膜水肿的显微病变很轻且不容易发现，因此不是十分确定的AHS病例，不能通过组织病理学进行诊断。

8. 免疫应答

a. 自然感染

自然感染AHSV的动物转归后会产生同种血清型的终身免疫和异种血清型的部分免疫。免疫母马所生的马驹通过初乳被动免疫可以产生3~6个月的保护。

b. 免疫

Alexander和duToit研制的鼠脑减毒活疫苗已经成功的应用了几十年。但是成年鼠产生的病毒具有嗜神经性，偶尔会引起马、骡尤其是驴的脑炎。通过Vero细胞培养进行蚀斑筛选获得减毒苗，是一种更为安全的替代方法。

目前南非使用多价苗，包括三价苗和四价苗，无论使用哪种疫苗，都需免疫两次，间隔时间为3个月。

在地方性流行地区，病死率因马群接种过疫苗或曾自然感染过该病而不同，对于目前改良的活毒苗，灭活苗或重组苗有可能是较好的替代疫苗。

9. 诊断

a. 现场诊断

在发病早期的发热阶段进行临床诊断是不可能的，然而一旦病情发展，出现临床症状就应作出疑似诊断。通过典型的尸体剖检病变可作出疑似诊断。

b. 实验室诊断

i. 样品（是该病实验室诊断的基础）

活动物：肝素抗凝血。

死亡动物：脾脏、肺和淋巴结。用于病毒分离的样品在运送至实验室的过程中应当保存于冰上。

ii. 实验室检测　病毒分离和血清型鉴定是确诊该病的金标准；可用PCR检测；用急性期和恢复期的血清进行整体或分型检测在血清学监测中非常有用。

10. 预防与控制

引进处于潜伏期的马是将该病引入的最主要方式。斑马和非洲驴不表现临床症状，尤其危险。从感染国家进口马，应当在出口前或进口国边境处，在没有昆虫的房间里进行隔离检疫。目前，美国从发病国家引进马要在无该病传播媒介条件下隔离检疫至少60d。

一旦怀疑AHS疫情暴发，必须立即采取控制措施。暴发地区周边需设立监管区，禁止区内所有马科动物的移动及进出，移动控制必须严格执行。至少在黄昏至日出的时候应把马赶入马厩并且用驱虫剂或杀虫剂喷雾。如果没有足够的马厩，可用牲口棚。即使这类房屋不能防止传播媒介，也能减少传染的风险。此外，该地区的马应经常测直肠温度。发病前通常发热3d，这样可以对感染动物进行早期检测。发热动物必须在防传播媒介的马厩待着，直到引起发热的病原被确定。

一旦确诊，就应当考虑给所有易感动物接种相应血清型的AHSV疫苗。这一决策很大程度上要根据以往成功的经验做出。

■ 参考文献

[1] COETZER, J.A.W. and GUTHRIE, A.J. 2004. African horse sickness. In: Infectious Diseases of Livestock, JAW Coetzer, RC Tustin, eds., Cape Town: Oxford University Press Southern Africa, pp. 1231-1246.

[2] MELLOR, P.S. and HAMBLIN, C. 2004. African horse sickness. Vet. Res. 35: 445-466.

[3] OELLERMANN, R.A., ELS, H.J. and ERASMUS, B.J. 1970. Characterization of African horsesickness virus. Arch. Gesamte Virusforsch, 29: 163-174.

[4] SWANEPOEL, R., ERASMUS, B.J., WILLIAMS, B. 1992. Encephalitis and chorioretinitis associated with neurotropic African horsesickness virus infection in laboratory workers: Part III. Virological and serological investigations. S. Afr. Med. J. 81: 458-461.

图片请参阅第四部分

Alan J. Guthrie, BVSc, MMedVet, PhD, Equine Research Centre, Faculty of Veterinary Science, University of Pretoria, Onderstepoort, 0110, Republic of South Africa, alan.guthrie@up.ac.za

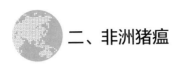

二、非洲猪瘟

1. 名称

非洲猪瘟（African swine fever，ASF）。

2. 定义

非洲猪瘟是家猪的一种高度接触性、致死性传染病，可表现为最急性、急性、亚急性和慢性四种形式。家猪感染后以发热、病毒血症和出血性病变为典型特征。发病率高，病死率依感染毒株不同而有差异。

3. 病原学

非洲猪瘟是由非洲猪瘟病毒（ASFV）引起的。ASFV在分类地位上属于最新命名的非洲猪瘟病毒科（Asfarviridae）非洲猪瘟病毒属（Asfivirus），是该属的唯一成员。"Asfar"是"African swine fever and related"的缩写。ASFV是一种有囊膜的病毒，直径为200nm，中心是直径为80nm的病毒核心，具有典型的病毒形态。病毒的核心由基因组和衣壳组成，呈二十面体对称结构，衣壳外有含类脂囊膜。成熟病毒的囊膜是从细胞膜出芽时获得的。ASFV的基因组为双链DNA，基因组大且复杂。目前无法确定明显不同的ASFV毒株的数量。

ASFV非常稳定，对热、腐败和酸碱具有一定的耐受性。56℃经70min或60℃经20min才能将其灭活。在无血清时灭活需要pH低于3.9或高于11.5。由于ASFV是有囊膜的病毒，因此乙醚和氯仿可使其失去传染性。

4. 宿主范围

a. 家畜

在家畜中，ASF的宿主范围仅仅局限于猪，所有品种和日龄的猪（Suss scrofa）都可感染。

b. 野生动物

多种野猪对ASFV易感。在非洲，ASFV可感染疣猪（Phacochoerus aethiopicus）、丛林野猪（Potamochoerus spp.）、大森林野猪（Hylochoerus meinerizhageni）。这些野猪虽然对ASFV易感，但不表现出明显的临床症状。欧洲和北美洲的野猪也对ASFV易感却表现临床症状，病死率与家猪相似。但美国花斑野猪（Javelina）例外，对ASFV不易感。

钝缘蜱（*O.porcinus porcinus*，*O.porcinus domesticus*）是ASFV的自然宿主，分布在非洲撒哈拉沙漠以南，通常栖居于疣猪的洞穴中。ASFV在这种蜱的体内可复制至很高的滴度，并经期、经卵和交配传播（雄性到雌性）。在伊比利亚半岛发现的钝缘蜱属（*Ornithodoros marocanus*）（旧称*O.erraticus*）被认为是ASFV的生物媒介，这使得在这个地区根除ASFV的变得更为复杂。此外，有迹象表明加勒比海和美国的钝缘蜱属（*O. coriaceus*，*O. turicata*，*O. puertoricensis*和*O. parkeri*）是ASFV潜在的生物媒介并可能成为其长期宿主。

c. 人

目前还没有证据表明ASFV能感染人，因此ASFV不属于人畜共患病病原。

5. 流行病学

a. 传播

对以前无ASFV的国家，疫情传入主要是由于给家猪饲喂了未煮过或未煮熟的含有ASFV的猪肉制品泔水。ASFV在未煮熟的食品，如香肠、腊肠、肉片和干火腿中3~6个月仍具有感染性。ASFV一旦被传到猪群中，就可通过直接或间接接触进行传播。发病猪的血液和分泌物中含有大量的病毒。

在非洲撒哈拉沙漠以南的地区，ASF通过同时感染野猪群（如疣猪和薮猪）和软蜱（如钝缘蜱）而维持着森林循环。ASFV很有可能是一种昆虫病毒，而哺乳动物尤其是家猪，属于"偶遇宿主"。

b. 潜伏期

通过与带毒猪群的直接接触而感染ASFV的潜伏期为5~15d，通过蜱叮咬感染ASFV的潜伏期在5d之内。

c. 发病率

在ASF的所有表现形式中，通过接触造成的发病率很高。这是因为病毒本身具有高度传染性，特别是含有血液的分泌物或排泄物能够散播大量病毒。

d. 病死率

病死率差异较大，为5%~100%。在流行早期，病死率可达到100%。但是如果疾病已经变成地方流行性，更多表现为亚急性和慢性病例，病死率也会降低。

6. 临床症状

根据感染毒株的毒力、感染途径和感染剂量的不同，ASF的表现形式可从超急性型到亚临床型、慢性型或隐性型。在非洲大陆，急性型ASF病例最为常见。然而近十年以来，在非洲以外的地区，发病形式以亚急性型和慢性型为主。

超急性型和急性型是由高毒力毒株引起的。超急性型病例很少能出现临床症状，最初特征是感染猪的典型死亡。急性型病猪的临床特征包括高热（40.5~42℃），心跳和呼吸加快，早期白细胞和血小板减少（48~72h）。可见呕吐、腹泻（有时含有血液）、眼部有分泌物，白猪常见皮肤发红，尤其是耳尖、尾部、四肢末梢、胸腹部皮肤呈红色。病猪在死亡前24~48h内常见食欲废绝、精神沉郁、皮肤发绀和共济失调，这些临床症状多发生在感染后的第6~13d。妊娠母猪出现流产。康复猪可终生带毒。

亚急性型ASF是由中等毒力毒株引起的，临床症状类似于急性型但发病较缓。发病可持续5~30d，病死率虽然差异较大但相对较低（如30%~70%）。典型病例在感染15~45d后死亡。母猪可出现流产。

慢性型ASF是由低毒力毒株引起的，临床症状多样，主要包括体重减轻、无规律发热、呼吸道症状，皮肤出现坏疽，慢性皮肤溃疡和/或关节炎。也可出现心包炎、肺部粘连、关节肿胀等临床症状。这些症状可持续2~15月以上，感染猪的病死率低。慢性ASF感染的猪偶尔可复发成更急性病例，最终导致死亡。

7. 病理变化

a. 眼观病变

急性型ASF的主要病变是出血，多见于脾脏、淋巴结、肾脏和心脏。在急性ASF病猪中可见由于弥散性血管内凝血和血小板减少导致的出血性症状。脾脏坏死、充血、易脆，肿大至正常的3倍。淋巴结肿大、出血、易脆，这些症状在胃、肝淋巴结和肾脏淋巴结更加明显。在肾脏皮质层、切面以及肾盂有典型的瘀血。部分病例可见出血性肾周水肿和心包积水。急性ASF的其他病变包括肝脏充血、胆囊阻塞，膀胱黏膜有瘀血斑，胸膜积液、有出血斑。肺脏水肿，胆囊充盈。脑膜和脉络丛急性充血。

亚急性ASF病变类似于急性型，但程度相对较轻，脾脏肿大至正常的1.5倍，淋巴结轻度充血、肿大。慢性型ASF有呼吸道病变，并伴有血纤维蛋白胸膜炎，胸膜粘连，干酪样肺炎，淋巴结肿大。非脓性血纤维蛋白性心包炎和坏死性皮肤病变也常有发生。

b. 主要显微病变

急性ASF显微病变：在内皮下膜中有坏死的内皮细胞和死亡细胞沉积物形成的小血栓。淋巴组织的破坏主要是指产生T细胞的器官。亚急性ASF病例，出现肺部病变（胸膜炎、肺炎）和淋巴网状内皮细胞增生。

8. 免疫应答

a. 自然感染

感染ASFV强毒株的猪往往在能检测到体液免疫应答之前就已经死亡。没有发生超急性或急性死亡的猪可出现典型的抗体应答，特异性细胞毒性T淋巴细胞水平显著升高。耐过ASFV的猪对同源病毒的攻击也可产生较强保护力，但不能保护异源病毒的攻击。反复暴露于病毒中可对异源病毒的攻击产生一定水平的保护，但不能完全保护。

b. 免疫

目前还没有ASFV疫苗。

9. 诊断

a. 现场诊断

ASFV强毒株引起的疾病以发病率极高，病死率近100%为特征。从尸检的特征病变可作出ASF的初步诊断。病原高度传染性的特点导致疫情在发病地区迅速蔓延。与强毒株引起的病例相比，很难对中等毒力或低毒力毒株引起的感染作出临床诊断。这些毒株引起的临床特征存在差异，与很多常见病原引起的临床特征十分相似。

b. 实验室诊断

i. 样品　发病组织的标准剖检样品应与足够量的脾、肾和回肠末端一起检测。脑组织也必须提交。此外，上颌淋巴结、肠系膜淋巴结，以及胃肝和肾的淋巴结都应提交。还应该采集EDTA全血，如果可能的话，应采集急性期和恢复期或恢复中的血清样品。

ii. 实验室检测　荧光抗体检测试验和聚合酶链式反应（PCR）均适用于ASFV的特异性诊断。病毒分离则必须使用分离于猪血和骨髓的新鲜单核细胞。ELISA可用于血清学检测。

10. 预防与控制

目前，ASF还没有有效的疫苗或治疗方法。预防该病需要有效的贸易规则和良好的生物安全管理。一旦该病在某一地区开始流行，对蜱的控制是成功根除该病的关键。对ASFV进行消毒和灭活可用氢氧化钠（0.8%，30min）、次氯酸盐（2.3%氯，30 min）、福尔马林（0.3%，30 min）、邻苯基苯酚（3%，30 min）、碘化合物等。

■ 参考文献

[1] KING D.P., REID S.M., HUTCHINGS G.H., GRIERSON S.S., WILKINSON

P.J., DIXON L.K., BASTOS A.D.S. and DREW T.W. 2003. Development of a TaqMan○R PCR assay with internal amplification control for the detection of African swine fever virus. J. Virol. Methods, 107: 53-61.

[2] LUBISI, B.A., BASTOS, A.D., DWARKA, R.M. and VOSLOO, W. 2005. Molecular epidemiology of African swine fever in East Africa. Arch. Virol. 150: 2439-2452.

[3] KLEIBOEKER, S.B. and SCOLES, G.A. 2001. Pathogenesis of African Swine Fever Virus in Ornithodoros ticks. Animal Health Research Reviews. 2: 121-128.

[4] KLEIBOEKER, S.B. 2002. Swine Fever: Classical Swine Fever and African Swine Fever. Vet Clin. of North Am. Food Animal Pract. 18: 431-451.

[5] MEBUS, C.A. 1988. African swine fever. Adv. Virus Res. 35: 251-269.

[6] PENRITH, M.L., THOMSON, G.R., BASTOS, A.D., PHIRI, O.C., LUBISI, B.A., DU PLESSIS, E.C., MACOME, F., PINTO, F., BOTHA, B. and ESTERHUYSEN, J. 2004. An investigation into natural resistance to African swine fever in domestic pigs from and endemic area in southern Africa. Rev. Sci. Tech. 23: 965-977.

图片参见第四部分。

Steven B. Kleiboeker, DVM, PhD, DACVM, Director, Molecular Science and Technology, ViraCor laboratories, 1210 NE Windsor Drive, Lee's Summit, MO64086, skleiboeker@viracor.com

三、赤 羽 病

1. 名称

赤羽病（Akabane disease）、先天性关节弯曲–积水性无脑综合征［Congenital arthrogryposis–hydranencephaly（AG/HE）syndrome］、小牛卷曲病（Curly calf disease）、小牛痴呆症（Dummy calf disease）。

2. 定义

先天性AG/HE综合征是由赤羽病病毒（Akabane virus，AKV）和相关虫媒病毒（偶见）引起的牛、山羊、绵羊胎畜感染的传染病。吸血蠓或蚊子将病毒传播给易感母畜可引发该病。对发育胎畜的影响取决于感染时所处的妊娠期。临床症状包括流产、死胎、早产、关节弯曲和积水性无脑等新生胎畜畸形。出生前后感染的某些动物可出现脑炎症状。成年动物感染无临床症状。

3. 病原学

先天性AG/HE综合征的病原是布尼亚病毒科（*Bunyaviridae*）正布尼亚病毒属（*Orthobunyavirus*）的虫媒病毒。AKV是最常引发关节弯曲和积水性无脑综合征的病原。一些相关病毒在实验室感染条件下能引发该病，但是在自然感染条件下很少。

4. 宿主范围

a. 家畜

由AKV引起的先天性AG/HE综合征仅见于牛、绵羊和山羊。虽然在马检测到抗体，但没有胎畜感染的临床证据报道。

b. 野生动物

野生反刍动物可感染，并可导致胎畜发病，但未见相关报道。

c. 人

没有证据表明AKV能感染人。

5. 流行病学

a. 传播

AG/HE病例的发生和分布取决于传播赤羽病和相关病毒的媒介昆虫。疫病的发生有明显的季节性。这些病毒主要通过吸血昆虫尤其是库蠓属的蠓传播。在非洲的媒介是梅尔库蠓（*Culicoides milnei*）和残肢库蠓（*C. Imicola*）传播，在日本的媒介是尖喙库蠓（*C. oxystoma*），在澳大利亚，尽管拟蚊库蠓（*C. wadei*）可能在某些地区也有一定作用，但是认为短跗库蠓（*C. brevitarsis*）是主要媒介。从肯尼亚催命按蚊（*Anopheles funestus*）、日本骚扰伊蚊（*Aedes vexans*）和三带喙库蚊（*Culex tritaeniorhynchus*）中分离到AKV。虽然还无法证实上述许多昆虫的生物传播作用，但是流行病学证据表明就是它们。目前没有证据表明这些致畸虫媒病毒除由昆虫媒介传播外还有其他传播方式。

b. 潜伏期

病毒血症一般发生在AKV感染后的1~6d，在检测到病毒抗体之前可持续4~6d。病毒也可在发育的胎畜中持续存在较长时间，长达数月看不到临床症状，直至感染胎畜流产或出生。

c. 发病率

发病率受两个因素影响：胎畜感染时的妊娠阶段和感染毒株。

从妊娠期第3个月一直到足月胎牛都可受到感染。AG/HE的发生率相当高（分别是妊娠期3~4个月和5~6个月时感染的结果）。妊娠3~6个月感染赤羽病的牛群损失一般在25%~30%，偶尔也有高达50%的报告。相比之下，脑炎的发生率（快足月时感染）非常低（<5%）。

绵羊和山羊受感染的胎龄范围较窄（主要是28~50d），其中妊娠28~36d感染损失最高。小反刍动物病例往往出现多种严重缺陷。通过绵羊接种试验已经证实病毒毒力的差异。某些AKV毒株只能引发15%的胎羊缺陷，而其他毒株可以引起80%的感染动物发病。

d. 病死率

相当比例的AKV感染动物为死胎，特别是积水性无脑（HE）病例。然而，因为高风险的产科并发症，关节弯曲（AG）病例的围产期病死率也很高。出生时存活的感染的犊牛、羔羊和小山羊多数出生后很快死亡，或出于人道原因，必须被实施安乐死。少数轻微感染的犊牛如果所处的环境意外死亡风险较低或者把它们集中管理，能存活很长时间。

AKV通常对母畜没有直接影响。然而，怀有感染AG/HE胎畜的母畜在生产过程中如果不密切监视，可能出现母畜死亡（3%~5%）或永久性损伤，尤其是在分娩严重AG感染的胎畜时。

6. 临床症状

a. 牛

在一个地区，如果牛在妊娠期的所有阶段被感染，往往在秋末发现第一例病例（脑炎病例）。这些动物出现从迟缓性麻痹到夸张动作和过度兴奋等一系列神经症状。冬季的中期和晚期，会出现关节弯曲病例，在冬末和春天会分娩出患积水性无脑病的死胎或活胎。轻微关节弯曲的动物可以活动，但一条腿不能用。受影响的关节通常固定在弯曲状态。更严重的病例多个关节和腿部弯曲，胎畜在生产过程中不能活动，导致致命难产。脑穿通和积水性无脑胎畜可观察到各种中枢神经系统畸形。常见严重的积水性无脑，在分娩中存活的患病动物表现为"特笨犊牛"（呆滞、吸吮母乳意识差、瘫痪和动作失调）。多数能站立，有些需要帮助，通常瞎眼、耳聋、对周围环境无知觉。如果不密切监视，意外死亡比例很高。这些病例通常被实施安乐死。许多病例由于胎畜中枢神经系统严重受损而致孕期延长。

成年动物感染该病通常没有明显的临床症状，但是，有零星脑炎病例，见于新生牛犊或偶尔较大的动物感染某些AKV毒株。先天畸形胎牛（特别是严重AG病例）出生时，常发生难产。可造成母畜死亡或永久性伤害和不育。

b. 绵羊

小反刍动物出现同等程度的缺陷，但是由于妊娠期和易感期更短，各种缺陷叠加现象更多。羔羊和小山羊死产的比例更高。

7. 病理变化

a. 眼观病变

牛：AKV感染的动物可能会流产、死产或活着出生。胎畜或新生畜可能出现关节弯曲或积水性无脑症状或两种症状都有。流产和死产的胎畜，即使病变严重，但乍看起来是正常的，除非仔细检查中枢神经系统。病变主要与中枢神经系统损伤有关。关节弯曲是很容易观察到的变化，不需打开颅骨。即使用外力也不能把感染关节弄直，因为软组织损伤导致关节固定，最常见于弯曲部位。发病肢常发生骨骼肌萎缩。

当疫情涉及大量动物时，AG和HE的范围和严重程度都将逐级递增。最初犊牛可能是单肢的一两个关节弯曲，但是，后来的病例可能四肢多关节严重弯曲，也可能脊椎畸形。一些最后的AG病例也可能发生HE轻微损害（常在大脑皮层出现小胞囊气泡）。同样，在疫情发展过程中，HE严重程度也增加，轻的脑穿通畸形，严重的脑半球完全缺失。疫情的最后4~6周出生的大部分犊牛会有严重的HE。脑干看起来基本正常，即使大脑半球完全缺失。

小反刍动物：斜颈、脊柱侧凸和短颌更为常见。也可见肺、胸腺、脊髓发育不良。由赤羽病引起的中枢神经系统损害往往是对称的。

b. 主要显微病变

严重HE赤羽病病例的组织病理学意义不大，诊断价值小。可发生大面积的大脑缺失，而周围组织结构基本正常。

对于临床上仅出现AG症状的动物，脊髓显微镜检非常有用。由致畸虫媒病毒如AKV引起的病例具有典型变化，包括髓鞘消失、脊髓腹角运动神经元缺失。这些损害在某些情况下仅发生于局部。找到这些变化有助于排除非传染性骨骼肌畸形。肌肉会严重萎缩，常见肌肉纤维化，但是这些病变不是特征性的。

8. 免疫应答

a. 自然感染

出生后感染AKV的动物迅速产生针对病毒的抗体并能持续很长时间。经过短时间（5~7d）的病毒血症，产生中和抗体，病毒被清除。感染后14d即可用血清学检测到抗体。一个重要的诊断依据是胎畜产生免疫应答，特别是牛，通常绵羊和山羊也是如此。感染胎畜足月后，在喂初乳前的血清和体液中均能检测到抗体。

b. 免疫

灭活疫苗和减毒活疫苗都可以抵抗AKV的攻击。减毒活疫苗能诱导机体产生针对所有病毒蛋白的免疫，预期单剂量疫苗免疫3周内可以抵抗病毒感染。相比之下，要求间隔3~4周进行2次灭活疫苗免疫以达到最佳的免疫效果。能产生中和抗体，在第一次免疫后5~6周能产生高水平的保护。

9. 诊断

a. 现场诊断

可根据临床症状、病理损害和流行病学，对致畸病毒引发的先天性AG/HE作出疑似现场诊断。突然发生流产、木乃伊胎、早产、死产、新生犊牛关节弯曲和积水性无脑畸形时，应当考虑该病。母畜没有发病史。回顾性研究表明，母畜妊娠3~6个月可能有叮咬昆虫活动。

b. 实验室诊断

i. 样品　确诊AKV感染最重要的样品是血清学样品。胎畜或初乳前血清和体液（心包液、胸腔或腹腔液，按优先顺序排列）应和母畜血清样品同时采集。虽然母畜血清学检测结果不能作为诊断依据，但若是阴性结果可以不用进行病原学检测。相反，在病原不经常检测到的地区，阳性结果有参考价值。应采集妊娠不足5个月流产胎畜的胎盘、胎畜肌肉、脑脊液、脑和脊髓的新鲜冷藏样品。脑、脊髓、感染骨骼肌、脾、肺、肾、心、淋巴结组织块用10%福尔马林溶液固定，用于组织病理学检测。

新鲜样品如果能在24~48h送抵实验室，应保持冷藏。如果运送所需时间较长，需将样品进行低温（-70℃或低于-70℃）速冻，在运送过程中保持低温，防止解冻。

ii. 实验室检测 确诊AKV感染最主要的方法是血清学试验检测抗体。病毒中和试验和酶联免疫吸附试验（ELISA）都可用来检测抗体。初乳前乳牛或胎牛血清样品检测阳性可以确诊，在通常无AKV感染的地区，成年动物阳性结果可供参考，但不能确诊。

对孕早期（通常为孕期4个月末前和胎牛感染后不久）流产胎畜的胎盘、胎畜肌肉、中枢神经组织病料，应该用细胞培养进行病毒分离。聚合酶链式反应（PCR）也被用来检测流产胎畜样本中的病毒RNA，而且能给出阳性结果的时间跨度比病毒分离要长。

10. 预防与控制

日本和澳大利亚使用减毒活疫苗或灭活疫苗对虫媒滋生周边地区的动物进行免疫。灭活疫苗也可用于即将输入虫媒活动区的妊娠动物的免疫。活疫苗的缺点是仅适用于非妊娠动物的免疫。必须在计划输入的时间之前做好免疫，以便产生免疫力。

短期内，虫媒控制措施可能有效。这些措施包括使用驱虫剂、覆盖或处理虫媒滋生地。但是，若天数较多，这些措施在预防胎畜感染中通常无效。将新动物调入已知的虫媒活动区，唯一其他选择是将非妊娠或妊娠动物在虫媒非活动期调入。

■ **参考文献**

[1] HARTLEY, W. J., de SARAM, W. G., DELLA-PORTA, A. J., SNOWDON, W. A., and SHEPHERD, N. C. 1977. Pathology of congenital bovine epizootic arthrogryposis and hydranencephaly and its relationship to Akabane virus. Aust. Vet. J. 53: 319-325.2.

[2] JAGOE, S., KIRKLAND, P.D. and HARPER, P.A.W. 1993. An outbreak of Akabane virus induced abnormalities in calves following agistment in an endemic region. Aust. Vet. J. 70: 56-58.3.

[3] KIRKLAND, P.D., BARRY, R.D., HARPER, P.A.W. and ZELSKI, R.Z. 1988. The development of Akabane virus-induced congenital abnormalities in cattle. Vet. Rec. 122: 582-586.4.

[4] PARSONSON, I.M., DELLA-PORTA, A.J. and SNOWDON, W.A. 1981. Akabane virus infection in the pregnant ewe. 2. Pathology of the foetus. Vet. Microbiol. 6: 209-224. 5.

[5] ST GEORGE, T.D. and KIRKLAND, P.D. 2004. Diseases caused by Akabane and related Simbu-group viruses. In: Infection Diseases of Livestock, 2nd ed., JAW Coetzer, RC Tustin, eds., Oxford University Press, Oxford, pp. 1029-1036.

图片参见第四部分。

Peter Kirkland PhD, Head, Virology Laboratory, Elizabeth Macarthur Agricultural Institute, Menangle, NSW, Australia, peter.kirkland@agric.nsw.gov.au

四、家畜的节肢动物害虫及媒介昆虫[①]

1. 名称

家畜的节肢动物害虫和媒介昆虫（Arthropod Livestock Pests and Disease Vectors）

2. 定义

昆虫和螨类（蜱和螨）以叮咬或其他方式危害动物健康，许多这类节肢动物会传播传染病和寄生虫病，是美国畜牧业最大的威胁之一。在其发生地区，节肢动物直接引起或传播的疾病制约畜牧业生产，危害野生种群健康，在某些情况下，对人畜健康构成严重威胁。全世界寄生性节肢动物种类繁多，仅蜱类就有850多种，其中80多种具有医学重要性。以前传入北美洲的外来节肢动物早已经建立稳定的种群（表3-1），种群一旦形成，消灭并非不可能，但是非常难以实现，尤其是在存在大量野生动物和家畜宿主时。在入境口岸拦截外来节肢动物，对于保护美国家畜和野生动物健康至关重要。

表3-1　传入美国大陆并定居的外来节肢动物害虫和媒介昆虫的例子

俗　　　称	学　　　名	大约传入年份
厩螯蝇	厩螯蝇	1781
褐色犬蜱	血红扇头蜱	19世纪初
角蝇	扰血蝇	1887
鬣鳞蜥花蜱	*Amblyomma dissimile*	19世纪后期
青蛙剔花蜱	*Amblyomma rotundatum*	1930
红火蚁	红火蚁	20世纪30年代后期
秋家蝇	秋家蝇	1952
毛蛆丽蝇	红面金蝇	1980
亚洲虎斑蚊	白纹伊蚊	1985
蜜蜂螨	狄氏瓦螨	1987
东方灰腹厕蝇	大头金蝇	20世纪80年代

---

① 更多有关螺旋虫的内容见第40章

3. 病原学

家畜的节肢动物害虫和媒介昆虫，包括苍蝇、虱子、蜱和螨（表3-2）。其中，最常截获的节肢动物是蜱，这是因为蜱常被带入，其肉眼可见、易于识别、而且它们能附着体表上达数日之久，因此检疫时易于发现。目前已在入境口岸截获70多种节肢动物，包括所有受关注的主要节肢动物种类，其中许多是最近几年才遇到的。

表3-2 对美国有传入威胁的家畜节肢动物害虫和媒介昆虫

节肢动物		病因/传播
蝇类	嗜人锥蝇	螺旋蝇蛆病
	倍氏金蝇	螺旋蝇蛆病
	犬虱蝇	刺激性咬伤
螨类	羊痒螨*	羊痂、反刍兽疥癣
蜱类	希伯来钝眼蜱年引进	心水病
	彩饰钝眼蜱	心水病、嗜皮菌病、内罗毕羊病
	环形扇头蜱（牛蜱）	牛巴贝斯虫病、牛边缘无浆体病、良性牛泰勒虫病
	微小扇头蜱	牛巴贝斯虫病、牛边缘无浆体病、良性牛泰勒虫病、反刍动物和马螺旋体病
	具尾扇头蜱	东海岸热和相关病原、牛巴贝虫病、羊跳跃病、内罗毕羊病、金斯利内罗毕羊病
	蓖子硬蜱	牛巴贝斯虫病、牛边缘无浆体病、羊跳跃病、反刍动物蜱传热

* 20世纪70年代以来美国西部一些州偶尔有牛的报道，但没有羊的报道。

4. 宿主范围

虽然有些寄生性节肢动物，如螨，具有明显的宿主特异性，但是大部分昆虫和蜱叮咬多种宿主，可轻易地寄生于多种野生动物、家畜和人类。马科动物，特别是斑马，是引入外来节肢动物的常见宿主，有报告称占美国USDA隔离场拦截的节肢动物的69%。有人估计从墨西哥合法进口到美国的牛有大约5%由于感染蜱，包括扇头蜱属（牛蜱属）蜱，而被拒绝入境。尽管数量有变化，但是，这个比例表明如果不予拦截，每年能传入外来蜱种的牛的潜在数量为4万~5万头。外来节肢动物也可能通过野生动物如候鸟传入，而蝇类幼虫和其他自由生活期的节肢动物害虫则可能通过与畜牧业无关的货物运输传入。最后，从邻近地区通过气流自然传播，使蝇类易于侵入新的地区。事实上，这种大批潜在宿主和自由生活期节肢害虫的传入风险难以估量，对有效的拦截工作是严峻的挑战。而且，大多数节肢动物和媒介昆虫有着广泛的宿主范围，尤其是许多寄生性节肢动物具备在野生脊椎动物上生存的能力，也增加了外来节肢动物害虫和媒介昆虫定植的风险。

螺旋蝇是具有广泛宿主的节肢动物害虫的典型例子。例如，2000年兽医截获两起传入美国的新大陆螺旋蝇（嗜人锥蝇，Cochliomyia hominivorax）。第一起在佛罗里达州迈阿密的一个隔离场一匹来自阿根廷的马上发现，第二起由一名私人执业兽医从一只跟随主人从古巴军事基地回来的猫上发现。螺旋蝇在热带地区由于引发家畜严重的疾病而众所周知，该蝇幼虫期是专性寄生的，曾在美国南方普遍流行，直到由美国USDA协调的系统释放不育雄性蝇项目才根除。目前，螺旋蝇在北美洲和南至巴拿马的中美洲地区已经被根除，但是，螺旋蝇在南美仍然活跃，从疫区进入美国的任何感染动物会产生再次传入的风险。

野生动物也携带节肢动物害虫，能通过自然迁徙路线将其带进美国，如候鸟，或通过用于动物收藏或商业贸易的感染野生动物传入。在加勒比地区带上标记环的牛背鹭在佛罗里达群岛被发现，证明这些鸟及其携带的蜱能轻易地进入美国。牛背鹭之所以至倍受关注，是因为已知加勒比地区种群可感染彩饰钝眼蜱（Amblyomma variegatum），是反刍动物心水病的病原——反刍动物埃利希体[Ehrlichia ruminantium，过去称为考德里体（Cowdria）]的传播媒介，还因为心水病和彩饰钝眼蜱都已经在加勒比地区的几个地方定植。节肢动物还可通过商业进口的野生动物被引进。在一篇关于1961—1993年通过动物引进节肢动物的报告中，拦截的14%来自于各种进口的羚羊。最近几年，野生爬行动物尤其是海龟的商业贸易，作为外来宠物贸易进口的一部分，已成为蜱进入美国的一个重要途径，已知使至少29种外来蜱进入，主要进入佛罗里达州。1997年，发现龟形钝眼蜱（Amblyomma marmoreum）的繁育种群在佛罗里达的一个农场定植，这也是一种能传播反刍动物埃利希体的蜱；在随后的佛罗里达州爬行动物场调查中，在29个不同地点发现外来蜱种。鉴于大多数节肢动物的广泛宿主范围，外来节肢动物通过被感染的人进入美国就不足为奇。希伯来钝眼蜱（A. hebraeum），一种反刍动物埃利希体和人类非洲蜱热病的媒介，曾两次从非洲旅游归来的人身上发现。

5. 流行病学

节肢动物害虫和媒介昆虫的流行病学因品种而异，有时因种株而异。通常，在环境中或直接接触感染动物可沾染节肢动物。所有的寄生性节肢动物都需要一定的时间在动物体上或在环境中进行发育。羊痒螨（Psoroptes ovis）即绵羊痒螨，在世界各国感染羊和牛，但在美国感染最常见于中西部各州的肉牛。螨通常通过动物间的直接接触传播，但是，污染物也可传播。据报道这类螨可在环境中存活数天。暴发时，发病率很高，可发生死亡病例，尤其是小牛。但是，多达30%的动物呈隐性感染。在疫情暴发时，无任何临床症状的感染动物被认为是螨的重要来源。

成年雌蝇将卵产在动物伤口的表面引起螺旋蝇蛆病；在一些病例中，卵产在未受损伤的皮肤上。然后幼虫从卵中孵化出来钻入皮肤，摄食宿主组织并不断长大，使伤口逐步扩大。经过5~7d的摄食之后，幼虫离开伤口落地，在土壤里化蛹。蛹化成蝇后，成蝇间歇性地吸食动物伤口的浆液，然后交配，存活2~4周。发病率随特定区域里繁殖蝇的密度而异，在螺旋蝇蛆病流行地区，新生仔畜的感染率接近100%并不少见。对单一感染的个体动物很容易治疗，但是，没有治疗的动物往往死亡，特别是那些严重感染的幼畜。如果发生死亡，经常是在最初感染后的1~2周内由于脓毒症和毒血症而死亡。

犬虱蝇（*Hippobosca longipennis*）通常称为犬蝇，在蛹化成飞蝇并叮咬宿主（通常是肉食动物）时，发生感染。这些飞蝇摄食数天后，在宿主体上交配，随后雌蝇把成熟的幼虫产在环境中的自然裂缝里。接着雌蝇再回到宿主体上继续摄食和交配，间歇地离开到环境中产下更多的幼虫。个别蝇可存活并感染动物长达数月。从蛹期到成蝇的发育时间差异很大，因环境条件而异，完成蛹期大约需数周或数月。犬虱蝇一旦发育至蛹期阶段即可在环境中存活，即使感染动物经过了成蝇处理。因此，必须对感染宿主进行反复持久的治疗，在可能的情况下，努力清洁环境，以消灭犬虱蝇。蝇害发生时，大多数同舍动物都被感染，虽然感染的强度各自不同。尽管犬虱蝇有刺激作用，叮咬后疼痛，能引起贫血，但很少造成死亡。

最受关注的传入的外来蜱是硬蜱属、钝眼蜱属、扇头蜱属和牛蜱属蜱，都是属于硬蜱科的硬蜱。硬蜱感染主要发生在环境中，虽然蜱偶尔可能在密切接触的动物之间直接传播。外来蜱种由于其传播的病原体备受关注（表3-2）。蜱传病的发病率和病死率因病原体不同而有所差异。但是，硬蜱叮咬也能引起疼痛的咬伤，可引起继发性感染，蜱吸食血液，可导致贫血，严重的可导致动物死亡，尤其当其严重侵扰营养不良或合并感染的幼畜时。在蜱侵袭过的畜舍里，多数动物可能带蜱，但某些动物感染蜱的数量可能过多。在蜱种群数量特别大的地区，由于蜱侵袭导致幼畜死亡并不少见。

6. 临床症状

a. 节肢动物害虫

羊痒螨寄生于牛羊，引起严重瘙痒，形成大面积角质化结痂，被黏稠的浆液松散地黏附在皮肤上。病变可能包括脱毛、继发性表皮脱落和苔藓样硬化斑，最初常出现在感染动物的背侧肩胛和颈部，但很快蔓延至大面积的皮肤。对于慢性的普遍感染，可出现贫血、体重减轻、消瘦和继发感染。

新大陆螺旋蝇和旧大陆螺旋蝇（*Chrysomyia bezziana*，倍氏金蝇）通常寄生于轻微的皮肤伤口，如新生动物的肚脐或蜱叮咬所致的皮肤破损处、小撕裂伤口、动物断角或烙印伤口。早期感染阶段幼虫可能很难被发现。不过，随着幼虫生长和伤口扩大，仔细地目检就能发现垂直于皮肤表面的蝇幼虫。常有散发着恶臭味的浆液流出。幼虫可挖洞而钻入皮下袋囊或进入鼻腔、肛门或阴道腔，使检查更加困难。

大虱蝇，食肉动物的一种虱蝇，相关的临床症状常见于犬，还没有详细的资料。但是，认为该蝇由于吸血而引起贫血，有记载因疼痛性叮咬而引起发炎。

b. 媒介昆虫

由节肢动物媒介传播的病原（表3-2）更可能引起明显的临床疾病，因此，焦点是疾病的描述而不是媒介本身。由各种媒介传播病原引起的临床症状在各自的章节里予以概述。然而，疾病的节肢动物媒介，如蜱、蚊虫、螯蝇，本身也能致病，如贫血、瘙痒、产量下降、皮炎、脓皮病和脓毒症。蜱、蚊子和螯蝇等能导致失血，在蜱严重侵袭时或大量的吸血蝇同时在畜体吸血时，可能导致贫血和缺血。侵袭较温和时，蜱、蚊子和螯蝇的摄食活动可能引起皮肤过敏性反应从而导致瘙痒症。这些节肢动物吸血行为的刺激可导致减产，因为动物花更多时间理毛，或者躲避大的具有攻击性的螯蝇如马蝇、斑虻、厩螯蝇或角蝇。叮咬伤也增加了继发性感染的机会，引起皮炎，伴有局部脓皮病，严重病例可引起脓毒症。蜱咬伤口也是螺旋蝇蛆的常见侵袭点。

7. 病理变化

由于导致表面皮肤感染，节肢动物害虫及其造成的损伤可用与死前检验相同的方法作死后检验，主要是对皮肤损伤作仔细检查。某些情况下，如螺旋蝇蛆病，死后更容易进行更详细的检查如皮下解剖，因此，对皮肤伤口进行剖检更容易作出诊断。蜱感染以及相关的病变在死前和死后都很明显。在一些病例中，由于快速吸血昆虫如犬虱蝇、蚊子或其螯蝇的叮咬而引起贫血甚至缺血，剖检病变包括吸血昆虫的叮咬引起的皮肤过敏性反应和失血性贫血。对于这些病例，需要对特定地区吸血节肢动物的活动水平进行彻底了解，以作出准确诊断。

8. 免疫应答

虽然宿主对节肢动物产生免疫应答，在某些情况下，在接下来的侵袭中限制节肢动物的负载量，但是这种免疫应答通常不是保护性的，动物仍然终生易感。已经研制疫苗用于在世界某些地区帮助控制扇头蜱（牛蜱属）。对节肢动物疫苗的深入研究还在继续进行，特别是那些针对硬蜱和羊痒螨的疫苗。但是，节肢动物的免疫接种尚未广泛普及。目前，美国还没有市售节肢动物疫苗。

9. 诊断

a. 现场诊断

由节肢动物害虫或媒介昆虫引起的寄生虫病的现场诊断，依赖于在动物体上或在环境中发现和直接鉴定昆虫或螨。有些节肢动物有显著的特征，可在现场被有经验的工作人员轻易识别，而其他则需要由具有国际寄生性节肢动物形态学鉴定经验的昆虫学家进行检验。即使在现场做出了初步鉴别，仍应将有代表性的样品提交到专业实验室进行确诊。

b. 实验室诊断

对节肢动物害虫和媒介昆虫作出准确的实验室鉴别，需要由精通某一分类群独有的特征并能正确查阅相关检索表的昆虫学专家对样本作仔细的分析检查。在理想的情况下，当得到罕见的诊断结果时，应当将有代表性的样本存放到博物馆收藏，以便其他人可以检索到这些标本并对标本进行分析研究，最终确认鉴别结果。

i. 样品　提交实验室鉴别的节肢动物样品应从动物体上或从环境中采集，采集后立即放入70%的酒精中，然后运往诊断实验室。有可能时应当提交多个发育阶段的样品。例如，一只动物感染了很多蜱，这些蜱被怀疑是外来蜱种，采集样品时不能只采集1~2只饱血雌蜱，而应将该动物仔细检查，并采集雄蜱和雌蜱以及任何未成熟阶段的卵、幼虫和若虫样品，提交实验室。

有着与侵袭相关的肉眼损害的照片对诊断也有所帮助，如有可能应当拍摄并与样品一起提交。

ii. 实验室检测　由有经验的昆虫学家通过仔细的形态学检查、并对照出版物上的检索表和博物馆里的标本对节肢动物进行鉴别。当获得的样品数量较少或者样品破碎或损毁时，不可能进行形态鉴定，可运用PCR和特征性基因定向测序的方法进行分子鉴定。可将样品保存在70%的酒精中，以便进行形态学检查和随后的分子分析。

10. 预防与控制

a. 预防传入

通过各方协调和不懈努力，可防止节肢动物害虫及媒介昆虫随感染动物进入美国。事实上，大多数受关注的节肢动物害虫和媒介昆虫是肉眼可见的，并且它们所造成的皮肤损伤也十分明显，因此通常容易拦截。尽管如此，当动物从流行区抵达时，必须继续保持警觉，包括仔细检查是否有体外寄生虫，保证足够长的隔离期，以便使任何相关的病变得以显现出来，以及用有害生物杀灭剂和/或杀螨剂对动物进行常规预防治疗等。另外，还需加强流行地区节肢动物害虫控制的国际合作，以防止传入。例如，螺旋蝇从美国南方成功根除之后，各方继续努力合作，向南扩大根除范围，穿越墨西哥一直到巴拿马现在的分界线。虽然目前尚未取得成功，但通过国际合作根除加勒比海国家彩饰钝眼蜱的工作业已开展。

b. 应对传入

对外来家畜害虫和媒介昆虫作出初步确认或疑似诊断后，应立即通知州和联邦兽医官员。野生动物宿主为许多节肢动物提供了生存条件，其中有些种类可在这种环境中存活数月；必须迅速行动予以遏制。联邦动物卫生官员对已确认感染的厩（圈）舍环境进行适当隔离检疫。所有现存动物都应接受检查，查明是否有病，并观察临床疾病的发展变化。为了确定接触过的动物和感染动物可能去过的其他地方，应仔细查阅记录，并走访相关当事人，以防止节肢动物传播。所有感染动物和厩（圈）舍都要用有效的杀虫剂或杀螨剂处理以消灭节肢动物，然后再重新评估是否还存在感染的迹象。有必要对动物和环境进行连续数次的处理，以彻底根除传入的节肢动物。几乎所有的节肢动物害虫都有着建立固定种群的潜在可能性，应引起人们的高度关注。但是，一般而言，那些有固定宿主的体外寄生虫的存活和传播与其宿主的存活密切相连，更容易成功根除（例如，螨、虱蝇、螺旋蝇幼虫和首次传入的蜱）。对于那些非寄生性的节肢动物，如蚊子、其他一些吸血昆虫和螺旋蝇成虫，一旦传入，其种群较难控制，消灭它们更难。

c. 总结

外来节肢动物往往通过进口动物传入美国，很少通过野生动物从这些害虫的流行区迁徙而来。一旦传入，便容易形成可持续的繁殖种群，从而对家畜、野生动物和人类构成长期威胁。因此，对进入美国的所有动物进行隔离检疫，并对野生动物和家畜是否存在外来节肢动物害虫和媒介昆虫进行持续监测，是防止它们传入、定居并导致兽医和公共卫生不良后果的关键所在。外来节肢动物还会继续传入美国，这就需要联邦和州动物卫生官员和兽医界全体同行共同持续努力，禁止这些节肢动物进入美国，并与国际社会一道做出坚持不懈的努力，在流行地区控制或消灭它们。

■ 参考文献

[1] BRAM, R.A. and GEORGE, J.E. 2000. Introduction of nonindigenous arthropod pests of animals. J Med Entomol, 37: 1-8.

[2] GEORGE, J.E., DAVEY, R.B. and POUND, J.M. 2002. Introduced ticks and tick-borne diseases: the threat and approaches to eradication. Vet Clin North Am Food Anim Pract, 18: 401-16.

[3] MULLEN, G.R. and DURDEN L.A. 2002. Medical and Veterinary Entomology. Academic Press, Elsevier Science, London, 597p.

[4] BURRIDGE, M.J. and SIMMONS, L.A. 2003. Exotic ticks introduced into the United States on imported reptiles from 1962 to 2001 and their potential roles in international dissemination of diseases. Vet Parasitol, 113: 289-320.

[5] JULIANO, S.A. and LOUNIBOS, L.P. 2005. Ecology of invasive mosquitoes: effects on resident species and on human health. Ecology Letters, 8: 558-574.

[6] BOWMAN, D.D. 2006. Successful and currently ongoing parasite eradication programs. Vet Parasitol, 139: 293-307.

Susan Little, DVM, PhD, Department of Pathobiology, Oklahoma State University, Stillwater, OK,

74078-2007, susan.little@okstate.edu

五、禽流感

1. 名称

禽流感（Avian influenza，AI）、真性鸡瘟（Fowl plague）。

2. 定义

禽流感（AI）是禽类的一种病毒性传染病，可感染鸡、火鸡、珍珠鸡及其他禽类。临床症状变化很大，从无症状感染到温和的呼吸道症状和生殖系统疾病乃至严重的急性高致死性症状都可以看到。通过试验研究，根据对鸡的致病性可将禽流感病毒分为两个致病型，即低致病性（LP）和高致病性（HP）。本章只讨论由OIE规定的必须通报禽流感病毒（NAI）：

a. 高致病性禽流感或高致病性须通报禽流感（HPNAI）

病毒在6周龄鸡上的静脉接种致病指数（IVPI）大于1.2，或者静脉接种4~8周龄鸡后引起至少75%的病死率。H5和H7病毒株IVPI小于1.2，或者在4~8周龄鸡静脉接种引起的病死率低于75%，那么应对其进行序列测定。看其血凝素蛋白（HAO）裂解位点上是否存在多个碱性氨基酸，如果氨基酸序列和已知的其他HPNAI分离株相似，应该认定此分离株为HPNAI。

b. 低致病性须通报禽流感（LPNAI）

是除了HPNAI以外所有A型H5或H7亚型禽流感病毒。

术语"高致病性禽流感（HPAI）"和"高致病性必须通报禽流感（HPNAI）"具有相同的意义，但是"低致病性须通报禽流感（LPNAI）"包含在"低致病性禽流感（LPAI）"中。HPNAI病毒是引起历史上禽类严重系统疾病——真性鸡瘟的病因。

3. 病原学

禽流感病毒是负股单链RNA病毒，属于正黏病毒科（*Orthomyxoviridae*）A型流感病毒属（*Influenzavirus A*），通常称之为"A型流感病毒"或"流感A型病毒"。根据血凝素和神经氨酸酶这两种表面糖蛋白的不同，AI病毒可以分为16种血凝素亚型（H1~16）和9种神经氨酸酶亚型（N1~9）。每一种AI病毒有一个特异的血凝素（H）和神经氨酸酶（N）亚型，如H5N1、H9N2等。LPAI病毒可以是任何16种H亚型（H1~16），而NAI病毒只是H5和H7亚型。然而，大部分H5和H7NAI病毒是低致病性的而不是高致病性的。

从生物学特性来说，除LPNAI（H5和H7）有潜在的发生突变而变成高致病性病毒外，LPAI和LPNAI是相似的。因此，LPNAI病毒（H5和H7）的及时控制比LPAI（H1~4、H6、H8~16亚型）引起更多关注。LPAI病毒可以感染家禽，通常引起呼吸道疾病或产蛋下降。LPAI病毒也会引起许多水鸟的隐性感染。

4. 宿主范围

大部分禽类对某些NAI病毒易感。一个特定分离株可引起火鸡的严重疾病，但鸡或其他禽类则可能不发病。由于不同分离株的宿主可能存在差异，因此概括NAI的宿主范围不太切合实际。下面的报道证实了这种假设：在养殖多种禽类的农场中，只有其中的一种禽类感染禽流感。哺乳动物和NAI的流行病学没有相关性，而且感染NAI的病例很少。然而，从1997年，人、老虎、豹子、灵猫、石貂、家猫、犬和猪（亚洲、欧洲、非洲）中曾零星发生H5N1 HPNAI病毒感染。食肉动物感染可能和饲喂了感染的家禽或野鸟有关；人和猪感染可能与感染家禽的密切接触有关。

从1997年起，在几个亚洲和非洲国家，H5N1 HPNAI已经引起了零星的人感染，主要是严重的呼吸道感染。在荷兰，2003年H7N7 HPNAI暴发时，一些扑杀人员和农场主出现了自限性结膜炎。对于其他NAI病毒，人感染病例很少或者不存在。由欧亚谱系型H5N1（1998—2006年）HPNAI病毒引起的死亡病例局限在170例以内，还有1例是荷兰H7N7（2003年）HPNAI病毒引起的。由于AI病毒是A型禽流感病毒，存在通过基因重排方式形成新的可以感染人的哺乳动物A型流感病毒的可能。

5. 流行病学

a. 传播

生态学数据表明各种迁徙的水鸟、海鸟、滨鸟是各种NAI病毒的宿主。另外，流行病学和分子生物学证据支持以下假设：这些水鸟通常是造成LPNAI病毒向家禽传播的原因。LPNAI一旦传入家禽中，病毒在家禽体内适应，可通过感染禽、污染的设备、鞋子、衣服、蛋盘、饲料运输车以及服务人员的移动等人为因素造成禽流感病毒在群与群之间或村与村之间传播。

从感染禽类的粪便和呼吸道中可以分离到病毒。共用污染的饮用水可以传播该病。如果禽类接触密切并且有一定的空气流动，也可发生气溶胶传播。禽类很容易通过结膜、鼻孔、气管接种病毒的方式感染。在疾病高发期，HPNAI病毒可以从感染所母鸡产蛋的蛋黄、蛋白中分离到，但是不能从LPNAI病毒感染的母鸡产蛋中分离到。可能是因为HPNAI病毒非常容易造成鸡胚死亡，因此没有发现病毒可垂直传播的证据。然而，理论上LPNAI病毒可以通过污染蛋壳表面使病毒在孵育箱传播。从LPNAI感染鸡群而来的鸡胚的孵化存在一定的风险，除非这些鸡胚在孵化前进行消毒处理，并对孵出的雏鸡进行隔离和检测。

b. 潜伏期

对单个禽而言，潜伏期通常为1~7d，依据毒株、感染剂量、宿主及个体年龄而有不同。然而，OIE确定的潜伏期为21d，主要是考虑到在一个群体里病毒传播的动力学因素。对LPNAI和HPNAI而言，"传染期"也即感染禽类的排毒期，可能是对控制疫病来说更合适的概念。

c. 发病率

对于LPNAI，不同禽发病率不一样。鸡或火鸡感染HPNAI后很难治愈，在最初症状出现后的2~12d，发病率可近100%。

d. 病死率

LPNAI引起的病死率不同，但通常较低，除非继发细菌或病毒感染，或者禽舍的管理水平低下。在最初症状出现后的2~12d内，HPNAI的病死率可接近100%。

6. 临床症状

对于LPNAI病毒，家禽（包括家鸭）感染可能不表现临床症状，只有通过血清学检查才能检测到。蛋鸡可能会出现5%~30%的产蛋量下降，伴有薄壳蛋及畸形蛋，但随着病情康复，产蛋能力会恢复到接近正常水平。一般来说，对生殖系统的影响火鸡比鸡更严重。对于LPNAI，普遍存在采食量和饮水量下降。然而，在家鸭和鹅中最常见的临床症状是呼吸道疾病以及相应的症状，包括呼吸道噪声（包括切割声、滴答声、喘息声）、鼻窦肿胀、眼睑并结、流涕。禽类会靠近取暖器扎堆，成蜷缩的姿势且羽毛竖立。

对于HPNAI，鸡群中最常见的症状是猝死，多数无临床症状或肉眼病变，通常出现大批死亡。然而，感染HPNAI会产生明显的精神沉郁，伴有羽毛竖立、食欲不振、饮水量减少、产蛋终止及在病死率明显上升之前1~2d的水样腹泻。在HPNAI，呼吸道症状不如LPNAI明显，但依据侵入气管的程度不同会有相应的症状。积液量可能存在差异。正常情况下，笼养禽如蛋鸡在禽舍某个局部区域开始发病。在病毒传播到邻近笼子之前，可能只有一些笼子的禽出现严重感染。禽在疾病最初症状出现的24h内发生死亡；在鸡通常为48h；但对某些HPNAI毒株或者禽类已经有部分免疫力，死亡时间可以延迟到1周。一些严重感染的蛋鸡可能偶尔出现痊愈。

对肉仔鸡，HPNAI感染后通常不表现明显的严重精神沉郁、食欲不振，首先观察到的异常是明显的病死率增加。也可见斜颈、共济失调等神经症状。火鸡和其他鹑鸡类家禽感染禽流感的症状和蛋鸡相似，病情持续2~3d或更长，神经症状可能更常见。

家鸭和鹅很少感染HPNAI，许多试验证实其对AI感染有抵抗力或者呈隐性感染。然而，最近流行的H5N1 HPAI病毒造成鸭、鹅、天鹅、鸽和一些野生鸟类感染并诱发神经症状也可能比较普遍。

7. 病理变化

幼禽感染LPNAI，常见卡他性到脓性鼻窦炎和鼻炎，尤其在火鸡，出现眼眶下肿胀的鼻窦炎。也常见水样性到卡他性气管炎，有时伴有气囊炎和肺炎，但很少出现典型呼吸道症状，除非伴有继发的细菌感染。母鸡和火鸡蛋鸡，卵巢出血，伴有卵子退化和变性。体腔内充满由破裂的卵子形成的蛋黄，造成严重的气囊炎，并且炎症在禽类可持续7~10d。

对HPNAI，超急性病例死亡的禽以及幼禽可能没有明显的肉眼病变，没有严重的肌肉出血和脱水。成年禽的急性和亚急性病例，可以观察到明显的肉眼病变。成年鸡常见鸡冠肿胀，肉垂以及眼眶周围水肿。鸡冠冠尖发绀，在瘀血斑和坏死点表面暗区可能有血浆或血液囊泡。疫情发生后，由于钙离子沉积缺乏，后期经常产易碎的软壳蛋。腹泻开始是水样亮绿色粪便，逐渐发展为几乎全白色。如果出现头部水肿，常伴有颈部水肿。眼结膜充血，偶见出血造成红肿。腿部，跗关节到脚爪之间，可能有弥散的出血点和浮肿。

对HPNAI，眼结膜严重出血，偶尔有出血点。除了腔内含有大量黏性分泌物，气管表面相对正常；也有可能看到气管出血，症状和传染性支气管炎相似。打开病禽体腔，将龙骨向后弯时，经常可以在龙骨内侧观察到针尖大小的出血点。腹部脂肪、心囊膜、卵膜和腹膜可能覆盖有很小的出血点。肾脏肿胀，严重时有充血，肾小管偶尔出现白色尿酸盐沉积。肺部由于充血和出血呈深红色，当剖开时，内部有水肿液流出。黏膜表面、腺胃的腺体，尤其在与肌胃的连接处有出血。肌胃里层易于剥离，常见出血、糜烂和溃疡。

肠道黏膜有出血区，主要在淋巴聚集区，如盲肠扁桃体或小肠派伊尔氏淋巴集结。

蛋鸡感染HPNAI，卵巢可能出血或由于坏死退化，腹腔通常充满由破裂卵子形成的蛋黄，引起严重的气囊炎和持续感染。

8. 免疫应答

a. 自然感染

自然感染能引起细胞和体液免疫。保护性的体液免疫最早产生抗H蛋白抗体，可以用HI试验来检测，但不同H亚型的毒株没有交叉保护。感染7~10d后可以检测到抗H抗体，14d后可以在所有禽类中检测到此抗体。针对N蛋白的抗体也是亚型特异性的，可以通过NI试验来检测，但体液免疫保护力低于H蛋白。

检验内部蛋白（如核衣壳蛋白、基质蛋白）抗体可以通过琼脂扩散试验（AGID）或几种商业化ELISA试验来进行，但这些抗体不是保护性抗体。感染后5~7d可在部分禽检测到AGID抗体，10d后在所有禽均可检测到AGID抗体。这些抗体的存在证明了宿主受到A型禽流感病毒感染，不用考虑病毒H或N亚型。这种AGID反应在血清学筛查或是在AI感染监测中是非常有用的。AGID试验不能区分抗体是由病毒感染引起的还是由灭活全AI病毒疫苗免疫产生的。

b. 免疫

有几种可选的疫苗，均能产生好的免疫效果。请参照后述的"预防与控制"部分获取更多信息。

9. 诊断

a. 现场诊断

呼吸道病例或者产蛋下降病例应该进行LPNAI调查。结合典型的临床症状和肉眼病变，用商品化抗原捕获免疫试验对A型流感抗原进行检测，从而作出初步诊断。然而，这种初步诊断不能区分由H1~4、H6、H8~16等引起的LPAI，需要另外的实验室方法来区分LPNAI和LPAI。

当任何一个禽群出现突然死亡，并且伴有严重的精神沉郁、食欲不振以及急剧的产蛋量下降，那么就应当怀疑是否为HPNAI。面部水肿、浮肿和鸡冠、肉垂发绀、浆膜表面皮下出血增加了该病为HPNAI的可能性。然而，确诊要依靠致病病毒的检测和鉴定。高病死率、典型临床症状及肉眼病变和HPNAI一致，通过抗原捕获免疫试验从口腔和气管棉拭子中检测到A型流感抗原，在此情况下可以作出初步诊断。确诊LPNAI和HPNAI必须要进行更特异的试验来鉴别AI病毒，尤其是H亚型和致病型。

b. 实验室诊断

i. 样品　送到实验室的样品应该有相关背景信息，如临床症状和肉眼病变，包括禽群最近的相关信息。诊断依据：用荧光定量RT-PCR方法对口腔和气管棉拭子进行AI病毒核酸测定；用气管或泄殖腔棉拭子进行病毒分离和鉴定；或者用排泄物或内脏样品进行检测。应该收集多个禽只样品。许多送检样品分离不到病毒是正常的。

用棉拭子来运输疑似含AI病毒样品最方便，可将可疑禽类的组织或分泌物棉拭子放到脑心浸出物肉汤或其他细胞培养维持培养基（含有高浓度抗生素）中运输。干的棉拭子应当插入深些以确保获得足够量的上皮细胞组织。应采集口咽、气管、肺、脾、泄殖腔和脑。如果采集的死亡或活禽样品的数量很多，可将5份棉拭子混合放入到一个含肉汤管中，但是不要将来自不同部位和不同组织的棉拭子混合。为获得血清样品，可以从多个病禽采集血液，放置在标准的血清管中用于血清学检测。如果样品可在24h内送达实验室，样品应该放置在冰上或者冷藏包装。如果送达时间较长，用干冰或液氮来速冻样品，但不允许在运输过程中反复冻融。不推荐在标准的冷冻温度（-20℃）冻存样品。

ⅱ. 实验室检测　首选荧光定量RT-PCR用于NAI检测，可在3h内给出结果。在美国，从禽的口咽和气管棉拭子中提取RNA，首先使用A型流感M基因的引物和探针进行检测。阳性结果显示有AI病毒，进一步用H5和H7的引物和探针进行检测来确定是否有NAI病毒存在。为确定病毒是HPNAI还是LPNAI，需要把H基因从样品中克隆出来进行序列测定以确定H的裂解位点，或者进行病毒分离和病毒特性鉴定。

将棉拭子或者组织样品接种9~11日龄的鸡胚进行病毒分离。禽流感病毒通常在48~72h杀死鸡胚。如果通过AGID试验或抗原捕获ELISA试验将病毒分离株鉴定为A型，在参考实验室接着使用一系列特异抗原来鉴定它的亚型（H或N）。致病型是通过在鸡上进行体内致病力试验或者通过测定HA蛋白裂解位点序列并与其他LPNAI和HPNAI序列进行比较来确定的。

第一次检测到病毒5d后或者在出现临床症状的3~4d后，从感染鸡获得的血清AGID检测通常为阳性。监测LPAI最好的方法是AGID试验，确定NAI病毒感染时需要进行H5和H7特异性HI试验。用于检测AI病毒感染的鸭或鹅时，AGID试验不可靠。

10. 预防与控制

控制NAI的最好策略是根除。可通过采取以下五个方面的综合控制措施来达到根除目的：内部和外部的生物安全措施，诊断和监测，根除感染动物，增强宿主抵抗力，对实施AI控制人员进行培训。这五项措施的整合和实施水平将决定其在根除AI或防止传播中是否有效。

作为综合控制策略中的一种工具，使用疫苗可以增加宿主对AI病毒感染的抵抗力，减少环境污染，但其他的辅助措施对成功控制禽流感也是必不可少的。养禽过程中的环境卫生和生物安全措施至关重要。应当采用适当的生物安全措施，包括人员交通的控制和从未知疫病状态地区引入禽类前的检疫。清洁和消毒程序与速发型新城疫章节中推荐的相同。

尽管油乳剂灭活疫苗相当昂贵，但在以下方面证实有效：防止临床症状和死亡，增加对感染的抵抗力，减少感染，减少呼吸道和肠道排毒，阻止各种禽类间接触传播。另外，插入H5禽流感病毒HA基因的重组痘病毒疫苗在鸡上具有相似的保护性。然而，AI疫苗不可能对预防感染和环境污染提供完全保护，要成功控制AI感染，生物安全、监测和其他管理措施必须同时进行。

目前用于控制NAI的疫苗有3个缺点：①疫苗株和野毒株的HA亚型必须匹配才能获得保护；②疫苗必须进行注射；③需要特殊的方法鉴别感染禽和疫苗免疫禽。

几种新型疫苗技术有希望用于大批量低成本免疫，但目前还没有。所谓的DIVA策略，即在一个免疫的群体里检测并消灭感染动物，被认为是一种成功的控制程序。对许多免疫群体，没有免疫的哨兵动物可以用于感染的病毒学或血清学检测。或者，可以用检测针对非结构蛋白1（NS1）抗体的血清学方法来判定灭活AI疫苗免疫的禽类是否感染AI，或者使用特定的疫苗（它有不同于野外流行毒株的神经氨酸酶），可以有针对性地检测田间毒株的抗神经氨酸酶抗体。对于重组痘病毒载体H5疫苗，因为缺少AI核衣壳蛋白和基质蛋白，检测AGID抗体可以判定感染与否。可用抗原捕获免疫实验、RRT-PCR或病毒分离检测由AI病毒引起的日病死率，以完成AI的病毒学监测。

几种针对基质蛋白（金刚烷胺）或神经氨酸酶蛋白（达菲）的抗病毒药物，在人类是可用的。这些药物对降低人类的A型流感严重性是有效的。试验证明了金刚烷胺在禽类的有效性，通过饮水方式给药，可以减少疾病带来的损失，但耐药毒株很快产生，弱化了最初的有益效果。因此，禽类最好不用抗流感药物。

▓ 参考文献

[1] CAPUA, I. and MUTINELLI, F. 2001. A Color Atlas and Text on Avian Influenza, Bologna: Papi Editore.

[2] PERKINS, L.E.L. and SWAYNE, D.E. 2003. Comparative susceptibility of selected avian and mammalian species to a Hong Kong-origin H5N1 high-pathogenicity avian influenza virus. Avian Diseases, 47: 956-967.

[3] SPACKMAN, E., SENNE, D.A., MYSER, T.J., BULAGA, L.L., GARBER, L.P., PERDUE, M.L., LOHMAN, K., DAUM, L.T. and SUAREZ, D.L. 2002. Development of a real-time reverse transcriptase PCR assay for type A influenza virus and the avian H5 and H7 hemagglutinin subtypes. Journal of Clinical Microbiology, 40: 3256-3260.

[4] STALLKNECHT, D.E. 1998. Ecology and epidemiology of avian influenza viruses in wild bird populations: waterfowl, shorebirds, pelicans, cormorants, etc., In: Proceedings of the Fourth International Symposium on Avian Influenza, DE Swayne, RD Slemons, eds., U.S. Animal Health Association, Virginia, pp. 61-69.

[5] SWAYNE, D.E. and HALVORSON, D.A. 2003. Influenza. In: Diseases of Poultry, 11th ed., YM Saif, HJ Barnes, AM Fadly, JR Glisson, LR McDougald, DE Swayne, eds., Iowa State University Press, Ames, IA, pp. 135-160.

[6] SWAYNE, D.E. and PANTIN-JACKWOOD, M. 2006. Pathogenicity of avian influenza viruses in poultry. Developments in Biologicals, 124: 61-67.

[7] SWAYNE, D.E., SENNE, D.A. and BEARD, C.W. 1998. Influenza. In: Isolation and Identification of Avian Pathogens, 4th ed., DE Swayne, JR Glisson, MW Jackwood, JE Pearson, WM Reed, eds., American Asosication of Avian Pathologists, Kennett Square, Pennsylvania, pp. 150-155.

[8] SWAYNE D.E. and SUAREZ, D.L. 2000. Highly pathogenic avian influenza. Revue Scientifique et Technique Office International des Epizooties, 19: 463-482.

图片参见第四部分。

D.E. Swayne, DVM, PhD, USDA-ARS, Southeast Poultry Research Laboratory, 934 College Station Rd., Athens, GA., 30605, David.Swayne@ars.usda.gov

 # 六、巴贝斯虫病

1. 名称

巴贝斯虫病（Babesiosis）。

牛巴贝斯虫病又称梨形虫病（Piroplasmosis）、得克萨斯热（Texas fever）、红尿病（Redwater）和蜱热病（Tick fever）。

马巴贝斯虫病又称马梨形虫病（Equine piroplasmosis）和胆汁热（Biliary fever）。

2. 定义

巴贝斯虫病是由原虫-蜱传播的红细胞内寄生虫引起的一种传染病，可感染多种脊椎动物，导致溶血性贫血和其他临床症状及病变。从经济角度上讲，该病对牛的影响最大，所以本章将主要论述牛巴贝斯虫病，简要讨论马、绵羊、山羊和猪巴贝斯虫病。

3. 病原学

巴贝斯虫病是由巴贝斯虫属（Babesia）原虫引起的，该病最早被罗马尼亚的巴贝斯描述为牛红细胞（RBCs）寄生虫。迄今为止，基于其形态学、血清学测试和分子特征已鉴定70多种巴贝斯虫。在自然界，巴贝斯虫通过媒介蜱传播，仅在特殊情况下通过其他方式传播。在表1中列出了感染家畜的巴贝斯虫种、媒介蜱及其大小。

4. 宿主范围

虽然一种巴贝斯虫有可能感染一种以上脊椎动物宿主，如田鼠巴贝斯虫（B. microti）感染啮齿动物和人，分歧巴贝斯虫（B. divergens）和牛巴贝斯虫（B. bovis）感染牛和人，但是巴贝斯虫通常是宿主特异性的。

牛巴贝斯虫病是由至少7种巴贝斯虫中的一种引起的牛的发热性蜱传病。通常特征为大量的血管内溶血导致病牛精神沉郁、贫血、黄疸、血红蛋白尿，此外，如感染牛巴贝斯虫，还出现神经症状。认为是引发牛疾病的最主要的两个巴贝斯虫种是双芽巴贝斯虫（B. bigemina）和牛巴贝斯虫，主要由牛蜱（Boophilus）传播。牛巴贝斯虫、双芽巴贝斯虫及其媒介蜱曾在美国的大部分地区出现，现在仍在墨西哥以及整个西半球的热带和亚热带地区出现。

　　牛是主要宿主，但亚洲水牛（*Bubalus bubalis*）和非洲水牛（*Syncerus caffer*）也可被感染。据记载，在巴西北部的家养水牛中曾暴发双芽巴贝斯虫病和牛巴贝斯虫病，那里水牛是重要的家畜品种。其他有蹄类动物也可被感染，但从实际上看，这类宿主或许并不是作为感染贮存宿主那么重要。

　　双芽巴贝斯虫和牛巴贝斯虫在牛群中广泛分布，凡是有牛蜱的地方都会发生，包括北美洲和南美洲、南欧的部分地区、非洲、亚洲和澳大利亚。巴贝斯虫病也发生在加勒比海和南太平洋岛屿。牛和蜱宿主是主要的感染贮存宿主。

　　分歧巴贝斯虫在英国和北欧地区似乎是牛的严重病原体，在该地区由硬蜱（*Ixodes*）属蜱传播。美国存在硬蜱提示分歧巴贝斯虫可能在美国定植。杰克姆巴贝斯虫（*Babesia jakimovi*）引发牛的西伯利亚梨形虫病。在英国和北欧地区大巴贝斯虫（*Babesia major*）感染牛。该虫最初不致病，但在脾切除犊牛连续传代后可以诱导产生临床效应甚至死亡。在日本和非洲南部分别报道过牛的卵形巴贝斯虫（*Babesia ovata*）和隐藏巴贝斯虫（*B. occultans*）。后者由边缘麻点璃眼蜱（*Hyalomma marginatum rufipes*）传播。

　　马巴贝斯虫病，又称为马梨形虫病和胆汁热，由驽巴贝斯虫（*Babesia caballi*）或马巴贝斯虫（*B. equi*）或两者共同引起。目前一些专家主张马巴贝斯虫应该重新归类为马泰勒虫。马巴贝斯虫病广泛分布于所有热带和亚热带地区，发生于温带地区的报道较少。

　　据报道，莫他西氏巴贝斯虫（*Babesia motas*）和羊巴贝斯虫（*B. ovis*）是引发绵羊（偶见山羊）巴贝斯虫病的病原体。关于上述虫种的资料很有限，仅开展了极少量血清学和交叉免疫学研究，用以确定上述红细胞内寄生虫的特性。它们的流行病学重要性似乎不如家畜的其他巴贝斯虫。最近，有报道瑟氏巴贝斯虫（*B. sergenti*）、绵羊巴贝斯虫（*B. foliata*）和克氏巴贝斯虫（*B. crassa*）引起绵羊发病，但这些病原体分别仅局限于阿尔及利亚、印度和伊朗。陶氏巴贝斯虫（*Babesia trautmanni*）和柏氏巴贝斯虫（*B. perroncitoi*）感染猪，偶尔感染后造成严重损失。猪巴贝斯虫病曾在前苏联、南欧和非洲报道过。

　　杰克姆巴贝斯虫能感染东方狍（*Capreolus capreolus*）、亚洲麋鹿（*Alce salces*）和驯鹿（*Rangifer tarandus*）。在非洲，野猪（*Potamochoerus porcus*）被认为是陶氏巴贝斯虫和柏氏巴贝斯虫的贮存宿主。

　　巴贝斯虫病是一种人畜共患病，曾报道田鼠巴贝斯虫、分歧巴贝斯虫和牛巴贝斯虫引发的人间病例。曾经认为，这些人间感染病例仅发生于切除脾的个体，或是那些免疫受损的个体。但是，田鼠巴贝斯虫并不是这种情况，曾有报道引起具有免疫力的人发病。

5. 流行病学

a. 传播

无论何种巴贝斯虫，大体的传播模式虽然存在微小差异，但很相似。该病实际上总是由蜱传播的，但是，和多数血液病一样，手术操作如去角术、去势、疫苗注射等有时会意外地将血液从一个动物传给另一个动物，从而传播感染。

表3-1列出了参与传播各种巴贝斯虫种的媒介蜱的信息。这里概述了双芽巴贝斯虫和牛巴贝斯虫的传播方式。媒介蜱在若虫期、成虫期（双芽巴贝斯虫）和幼虫期（牛巴贝斯虫）叮咬宿主，发生感染。以子孢子体形式接种到动物体内后，寄生虫进入宿主血流中的红细胞，在其中形成寄生液泡，发育为滋养体，然后进行二分裂，通常形成一对裂殖子。当裂殖子离开红细胞时，导致红细胞膜破裂，血红蛋白进入血浆（血红蛋白血症）。蜱在叮咬感染动物时感染巴贝斯虫。感染传至蜱的卵巢，从而新生幼虫也被感染。

弩巴贝斯虫由革蜱属（*Dermacentor*）、璃眼蜱属（*Hyalomma*）和扇头蜱属（*Rhipicephalu*）蜱传播，能经卵传播给下一代蜱。据报道，闪光革蜱（*Dermacentor nitens*）和变异革蜱（*D. variabilis*）在实验室条件下能传播弩巴贝斯虫。这两种蜱在美国分布广泛，而且现在或过去存在弩巴贝斯虫，由此产生了一个无法解答的问题，为什么弩巴贝斯虫在美国没有更广泛传播。马巴贝斯虫仅跨龄期传播。西半球马巴贝斯虫的媒介尚未鉴定。

b. 潜伏期

双芽巴贝斯虫和牛巴贝斯虫自然感染的潜伏期为2~3周，但是，在试验接种时根据接种量大小，潜伏期可短至4~5d（双芽巴贝斯虫）和10~14d（牛巴贝斯虫）。牛巴贝斯虫引起的自然感染潜伏期往往比双芽巴贝斯虫长。

c. 发病率

有几个因素影响牛巴贝斯虫的感染和地理分布。通常，疫病随媒介蜱而变，产生三种流行病学状况。在无媒介蜱的地区不发生疫病，因此牛不产生自然免疫力。但是，如果把蜱叮咬和携带巴贝斯虫的牛引进这些无疫区，而且在时间上与有利的气候条件一致，从而允许二代蜱经卵传播被感染，那么它们就会把病传入该地区。这些二代蜱的幼虫、若虫或成虫将传播该病。相反，如果来自无疫区的牛被引进蜱流行区，除非牛已经免疫，否则就会发病。

在温暖季节和寒冷季节交替的流行不稳定地区。寒冷期延长了蜱的自由生活期，使牛的无蜱接触期延长。由于没有巴贝斯虫感染导致抗体显著下降。当温暖期到来，蜱的染虫量增加，疫病暴发。在流行稳定地区（南纬32°和北纬32°之间），气候条件允许蜱全年寄生于牛体上。这就导致牛获得高水平的持久的免疫保护。

影响发生巴贝斯虫病疫情的因素包括：①媒介蜱的过度叮咬导致巴贝斯虫的高接种量；②长时期无蜱导致免疫缺失，而对感染易感（由于过长时间使用杀虫剂和使牛一直生活在无蜱的牧场可能发生这一情况）；③应激因素和营养缺乏能诱导免疫力下降和对该病易感。

排除获得性免疫力下降的情形，犊牛比成年牛更抗巴贝斯虫感染，瘤牛品种比欧洲品种牛更抗蜱叮咬和巴贝斯虫病。

d. 病死率

完全易感的老龄牛，即便经过治疗，病死率通常为5%~10%，在感染牛巴贝斯虫的病例中，未经治疗的牛的病死率可达50%~100%。在生长于流行稳定地区的牛中，即使发生感染，如果有损失，损失极少。这种现象通常表明，初生牛犊更具抵抗力，早期暴露使其产生不同程度的保护。

6. 临床症状

a. 牛

由双芽巴贝斯虫引起的牛巴贝斯虫病，可呈急性、亚急性或慢性疾病。所有牛感染病例都表现为发烧、精神沉郁、食欲减退、黏膜苍白和血红蛋白尿。黄疸也是一种临床症状，主要出现在亚急性病例中，但在超急性或急性病例中可能少见或没有。慢性感染病牛表现为显著消瘦、产奶量下降和流产。血液学检查发现，急性和亚急性巴贝斯虫感染牛为典型的溶血性贫血，包括血红蛋白过少的大红细胞性贫血，有过度再生和大量的网状红细胞。由于血红蛋白血症，感染牛的血浆变为棕褐色。

在许多方面，牛巴贝斯虫感染和双芽巴贝斯虫感染看上去很相似，但是有一些特征性的区别。牛巴贝斯虫往往导致更加急性和严重的疾病，独特的特征为由于外周血液染虫红细胞的阻滞，导致外周血液循环受阻。牛感染牛巴贝斯虫致病的另一独特特征是神经系统紊乱，表现为共济失调、癫痫、肌肉震颤、角弓反张、过度兴奋、攻击力强、失明、垂头、眼球震颤、四肢划动横向侧卧和昏迷。这种症状通常是致命的。

牛巴贝斯虫引起的急性巴贝斯虫病的血液学检查结果特征为血管内溶血性贫血，具有与前面所描述的双芽巴贝斯虫感染相似的红细胞再生现象。

b. 马

马巴贝斯虫病临床症状的严重程度差异很大，在许多病例中，病畜在经历发热反应后可自然康复，无明显的贫血或血红蛋白尿。临床表现特征为抑郁、食欲减退、发热、黏膜苍白、黄疸、肝脾肿大及黏膜游出血。是否出现血红蛋白尿是有争议的，一些人描述为常见，另一些人认为不常见。另外，马巴贝斯虫病还可导致流产。

马巴贝斯虫病慢性病例的特征为体重减轻、挑食和体能降低。病马通常表现为正常红细胞正常色素性贫血（normochromic normocytic anemia），随着病程发展逐渐更加明显，因此在疾病急性期不死亡的马，可能发展为显著贫血。血小板减少症是马巴贝斯虫病另一个普遍症状，反复发作，似乎与寄生虫血症高峰有关。血涂片检查结果没有明显变化，因为马不向血液中释放网织红细胞。感染马的血浆可明显呈黄色（黄疸），或是因血红蛋白血症而变为棕褐色。

7. 病理变化

a. 牛

死于双芽巴贝斯虫感染的牛的尸检结果呈现与血管内溶血相关的病变。血红蛋白使尿液变为暗红色（红尿），这是急性病例一贯的表现。黏膜苍白或黄疸，血液呈水样。皮下组织、腹部脂肪组织和网膜可能呈黄色。脾脏明显肿胀，质地肥厚，切面上红髓突出于被膜之上。肝脏肿胀、呈橙红色。肾脏呈暗红色或黑色，肠浆膜由于死前血红蛋白渗吸呈暗粉红色。

组织学上有与管状蛋白沉积症相关的急性肾小管坏死（血红蛋白在肾小管管腔内形成管型）。肝脏可观察到由于缺氧造成的小叶中心肝细胞脂肪性变和/或坏死，与胆管、胆小管和肝细胞细胞质中有大量胆色素有关。在肝、脾、淋巴结和骨髓中可以观察到红细胞吞噬作用。在亚急性和慢性双芽巴贝斯虫感染病例中，巨噬细胞中红细胞吞噬作用伴有血铁黄素沉着。在更加显著的病例中，肝细胞中可观察到血铁黄素。

牛巴贝斯虫感染剖检和组织病理学检查结果与双芽巴贝斯虫感染相似。但是，牛巴贝斯虫感染的独有特征是大脑灰质变为樱桃红色。这一特征，是牛巴贝斯虫感染非常典型甚至是独有的特征，由于染虫红细胞与毛细血管内皮细胞之间细胞粘连，导致染虫红细胞在大脑灰质小毛细血管中停滞而产生。牛巴贝斯虫感染常见由颅内毛细血管血液滞留导致的神经症状，称为脑巴贝斯虫病。

b. 马

与牛巴贝斯虫病相似，死于巴贝斯虫病马的剖检结果为溶血性病变。脾脏肿大。肝脏通常肿大，因贫血而苍白。在有血红蛋白尿临床症状的病例中，剖检发现肾脏呈暗红色或黑色。组织病理学变化包括：淋巴结、脾脏、肝脏和肺脏内红细胞吞噬现象；由于缺氧、其次为严重贫血引起的小叶中心肝细胞凝固性坏死；胆管、胆小管、肝细胞内胆色素堆积；以及肝巨噬细胞增生。

8. 免疫应答

a. 自然感染

巴贝斯虫病的免疫应答明显包括体液免疫和细胞免疫。并非感染后产生的所有抗体都具有保护性，抗体水平和保护性之间没有完全的相关性。不过，免疫母牛的后代对双芽巴贝斯虫和牛巴贝斯虫的感染具有抵抗力，而先前未暴露的母牛所产的幼小犊牛（小于2月龄）易感，提示初乳获得性抗体具有保护作用。两月龄后，犊牛以不依赖于母牛免疫状态的非特异性抵抗力防御巴贝斯虫病。自然感染康复后，牛将获得可持续终生的持久的、但不完全的免疫力。应激因素、年老和分娩（母牛围产期免疫抑制）等情形都可促使发病。

b. 免疫

预防接种是牛预防巴贝斯虫病的最古老的免疫形式，需要把含有活致病生物体的带虫牛的血液接种给易感幼牛。接着根据需要给予药物治疗，以调整临床反应达到所谓的免疫状态。虽然，把牛从非疫区引进到流行区时，这种方法作为预防疾病的措施在世界部分地区被采用，但是这方法有许多局限性，大多数国家已经放弃使用。

现在有许多优质的减毒疫苗可供使用，通常来自于政府支持的实验室。这些疫苗通常以单价形式生产，但是，在巴西生产一种含双芽巴贝斯虫、牛巴贝斯虫和边缘无浆体的有效的多价疫苗。

9. 诊断

a. 现场诊断

i. 牛 发热、贫血、黄疸和血红蛋白尿是来自该病流行区的牛巴贝斯虫病的临床症状。溶血性疾病的临床症状，结合血涂片上观察到的红细胞内巴贝斯虫体，再加上典型的尸检结果，即可作出有力的推定性临床诊断。一种实用的区分血红蛋白尿/肌红蛋白尿和血尿的田间试验，是将尿样在透明试管中静置数小时，如果是血尿，在试管底部可观察到红细胞沉淀。

要区分血红蛋白尿和肌红蛋白尿，或许可以使用硫酸铵试验。在田间，在大脑灰质观察到典型的樱桃粉红色变色区域，则有力地表明为牛巴贝斯虫感染。如果在剖检中观察到这一病变，那么，应从大脑灰质皮层取一小块样品做成大脑压片，用吉姆萨或其他任何罗姆诺斯基染料染色。显微镜下，可观察到由于虫体寄生于红细胞内而引起的毛细血管扩张。在牛巴贝斯虫感染的病例中，虽然染虫红细胞的阻滞出现在脑部，但也存在于牛体的其他多种器官。脾脏、肝脏或肾脏压片法足以进行细胞学诊断。重要的是要记住，主要是牛巴贝斯虫引起的脑巴贝斯虫病病例，采用适当的化学疗法（例如咪唑苯脲）进行巴贝斯虫病的治疗，可以在12~24h内清除体内的巴贝斯虫体，但病畜由于循环紊乱而仍然处于临床患病状态。因此，对曾接受过巴贝斯虫病治疗的剖检牛，血液和组织中均没有巴贝斯虫体的情形并不罕见。

ii. 马　　马巴贝斯虫病的临床诊断要综合临床症状、贫血的血液学检查结果和红细胞内病原虫体检测进行判断。如牛巴贝斯虫病中所述，应当采集血样用于马巴贝斯虫病诊断，送往参考实验室进行血液中带虫红细胞检测。

b. 实验室诊断

i. 样品　　应采集抗凝全血和血清。最好采用小血管的血制备血涂片。肝脏、脾脏和脑也是最佳的采集样品。

ii. 实验室检测　　取血涂片或组织压片，用姬姆萨或其他任何罗姆诺斯基染料染色。用ELISA方法进行血清学检测。PCR试验对于检测巴贝斯虫非常敏感。

10. 预防与控制

牛巴贝斯虫病的控制是基于关键性的蜱控制、疫苗接种、化学预防和化学治疗。对于那些尚无疫苗的巴贝斯虫种，建议采取预防性管理控制、蜱控制和化学治疗。

最古老的可能是最有效的控制巴贝斯虫病的方法是控制与消灭媒介蜱。20世纪20~30年代，美国开展的根除计划主要依靠于每2~3周把所有的牛浸泡于含砷杀虫剂的大桶里。这些杀虫剂已被种类繁多的改良的化合物所取代，包括氯化烃类、氨基甲酸酯类、有机磷、天然或合成的除虫菊酯。虽然消灭媒介蜱是控制巴贝斯虫病的最可取的方法，但是对多数国家并不经济实用。在一些热带国家，目标是控制蜱而不是消灭蜱。这种方法试图建立一种平衡，使蜱的数量足以维持牛群低水平的感染，从而对急性巴贝斯虫病具有免疫力，同时努力确保蜱的数量不要过多，以致引起明显的感染和临床疾病。由于蜱对许多常用杀虫剂产生耐药性，在一些地区蜱控制非常复杂。

双芽巴贝斯虫的成功治疗取决于早期诊断和迅速使用有效药物。然而，如果早期给予药物治疗，通常都能成功，因为有多种有效的药物。治疗巴贝斯虫病最常用的药物是二脒那嗪双乙酰氨乙酸酯（3~5 mg/kg）、咪唑苯脲（1~3mg/kg）和双咪苯脲（5~10mg/kg）。咪唑苯脲已经成功地作为化学预防药物使用，可防止临床感染长达2个月，当药物水平降低时会出现轻微的亚临床感染，从而产生预防免疫。

牛巴贝斯虫通常更加难以治疗，因为其引起更严重的疾病。但是，药物治疗对牛巴贝斯虫通常有效，基本上与双芽巴贝斯虫使用相同的药物。

驽巴贝斯虫和马巴贝斯虫对咪唑苯脲都有反应，似乎是消除感染马带虫状态的首选药物。就驽巴贝斯虫而言，2mg/kg间隔24h给药2次看来有效。对感染马巴贝斯虫的患马，为了达到同样的效果，4mg/kg间隔72h给药4次。在使用如此高剂量的咪唑苯脲治疗后，以焦躁不安、腹痛、出汗、打滚和呼吸沉重等为特征的副作用并不少见。

开展控制猪和绵羊巴贝斯虫病的药物疗法可使用与牛和马巴贝斯虫病相同的药物。由于目前没有商品化的猪用疫苗，控制该病应该依靠蜱控制和避免家猪与野猪接触等管理措施。

虽然一直在研制更加安全的疫苗，但是，巴贝斯虫病疫苗免疫不是完全安全的，免疫接种后7d（牛巴贝斯虫疫苗）和10～14d（双芽巴贝斯虫疫苗）会出现反应。因此建议仅限于对犊牛进行免疫。犊牛的非特异性免疫使其在疫苗接种后的反应减小。年龄稍大的牛免疫后，在疫苗反应期要进行更加密切的观察。

在厩舍或牧场的免疫后动物，应进行临床观察，在免疫后60d内不与蜱接触，此后可接触蜱但要避免接触蜱的数量过大。如果没有蜱接触（从而接触病原虫体）疫苗免疫可能失败，特别是对双芽巴贝斯虫而言。

羊巴贝斯虫病的控制和牛巴贝斯虫病的控制相似，用含减毒虫体的全血疫苗进行免疫接种。目前没有马或猪的巴贝斯虫病疫苗。

除了努力控制和消除媒介蜱外，卫生和消毒无助于减少流行地区疫病的发生率。不过，同多数血液病一样，建议在常规手术（断角、去势）和注射疫苗时特别小心，以避免动物间意外地传播血液而传播感染。

■ 参考文献

[1] DE VOS, A.J., DE WAAL, D.T. and JACKSON, L.A. 2004. Bovine babesiosis. In: Infectious Diseases of Livestock 2nd ed., JAW Coetzer, RC Tustin, eds., Oxford University, Cape Town. pp. 406-424.

[2] DE WAAL, D.T. and VAN HEERDEN, J. 2004. Equine piroplasmosis. In: Infectious Diseases of Livestock 2nd ed., JAW Coetzer, RC Tustin, eds., Oxford University, Cape Town. pp. 425-434.

[3] DE WAAL, D.T. 2004. Porcine babesiosis. In: Infectious Diseases of Livestock 2nd ed., JAW Coetzer, RC Tustin, eds., Oxford University, Cape Town. pp. 435-437.

[4] KESSLER, R.H., SOARES, C.O., MADRUGA, C.R. and ARAÚJO, F.R. 2002. Tristeza parasitária dos bovinos: quando vacinar é preciso. Campo Grande: Embrapa

Gado de Corte. Série Documentos, n. 131, 27p.

[5] RODRIGUES, A., RECH, R.R., BARROS, R.R., FIGHERA, R.A. and BARROS, C.S.L. 2005. Babesiose cerebral em bovinos: 20 casos. Ciência Rural, 35: 121-125.

[6] ROBERTSON, J.R. and ROONEY, J.L. 1996. Hemolymphatic system. In: Equine Pathology, Chap. 18, Iowa University Press, Ames, Iowa. pp. 348-366.

[7] YERUHAM, I. and HADANI, A. 2004. Ovine babesiosis. In: Infectious Diseases of Livestock 2nd ed., JAW Coetzer, RC Tustin, eds., Oxford University, Cape Town. pp. 438-445.

图片参见第四部分。

Claudio S.L. Barros, DVM, PhD and Rafael Fighera, DVM, PhD, Universidade Federal de Santa Maria, Santa Maria, Brazil, claudioslbarros@uol.com.br, anemiaveterinaria@yahoo.com.br

 七、蓝舌病

1. 名称

蓝舌病（Bluetongue），又名鼻口疮（Sore muzzle）、牛卡他热（Ovine catarrhal fever）。

2. 定义

蓝舌病是由蓝舌病病毒（BTV）引起的一种野生和家养反刍动物急性、虫媒传播、非接触性疾病。反刍动物感染BTV后症状各异，通常在牛、山羊和许多绵羊品种中症状不明显或仅呈现亚临床症状。特定品种的绵羊和白尾鹿易感，该病以血管病变后导致多组织出血和水肿为特征。BTV入侵无该病地区，导致蓝舌病在世界范围内持续发生。

3. 病原学

BTV是呼肠孤病毒科（*Reoviridae*）环状病毒属（*Orbivirus*）成员。环状病毒属有14种不同的血清群，包括非洲马瘟病毒、流行性出血热病毒、马脑病病毒、蓝色病病毒（Eubanangee）、茨城病病毒（Ibaraki）和Palyam病毒等。BTV在全球至少有24个血清型（1~24），其中4个血清型（10、11、13和17）广泛分布于南美洲。血清型2曾于20世纪80年代初在佛罗里达州和毗邻的美国东南部地区零星检测到过，血清型1最近在路易斯安那海滨发现。

4. 宿主范围

a. 家畜和野生动物

BTV可在多种库蠓、反刍动物和一些肉食动物体内繁殖。在北美洲，尽管偶有报道其他反刍动物也会发生蓝舌病，但基本上蓝舌病是绵羊和白尾鹿的特有疾病。BTV也会感染非洲野生肉食动物和家养犬，妊娠母犬感染后可致死。

b. 人

还没有人感染BTV的报道。

5. 流行病学

a. 传播

BTV在全球的分布与其媒介昆虫（特定品种的库蠓）的分布一致。在自然界分布的近1400种库蠓中，只有很少一部分（小于20种）被确认是BTV的媒介昆虫。

除南极洲外，BTV感染在各大洲广泛存在，但各大洲间BTV的血清型和毒株差异悬殊。传统观点曾认为BTV主要分布于北纬40°到南纬35°之间的热带和温带地区，但是很显然，病毒在北美洲、亚洲和欧洲的部分地区已扩散至了北纬50°。

作为病毒的媒介昆虫，库蠓的种类在不同地区之间也不尽相同。BTV血清型10、11、13和17分布于美国绝大部分地区，糠点库蠓（Culicoides sonorensis）是最重要的传播媒介；BTV血清型1和2只局限于美国东南部，显彩库蠓（C.insignis）是其传播媒介。

在加勒比海和中美洲，显彩库蠓是BTV众多血清型（1，2，3，4，6，8，11，12，13，14和17）的传播媒介；在非洲、欧洲、中东和亚洲部分地区，残肢库蠓（C. imicola）是主要的传播媒介；在澳大利亚和亚洲部分地区，短跗库蠓（C. brevitarsis）是主要的传播媒介。其他的一些媒介昆虫在传播过程中也很重要，如：非洲的C. bolitinos，地中海盆地的不显库蠓（C. obsoletus）和虱状库蠓（C. pulicularis），南美洲和加勒比海的菲蠓（C. pusillus）以及澳大利亚的琉球库蠓（C. actoni）、黄褐库蠓（C. fulvus）、短须库蠓（C. brevipalpis）、和田库蠓（C. wadai）。

b. 潜伏期

BTV感染反刍动物的潜伏期通常1周左右，2~10d。

c. 发病率

发病率很高，易感动物发病率可高达100%。

d. 病死率

病死率差异很大，即便是在易感羊群中，急性流行的病死率也在1%~10%。

6. 临床症状

反刍动物感染蓝舌病所表现的临床症状差异很大，与动物种类、感染毒株的毒力以及环境因素（如光照强度）等有关。即使易感的绵羊品种，许多感染也表现为亚临床症状或无症状。牛、山羊以及其他一些反刍动物感染BTV后很少表现出临床症状。临床感染呈现急性到慢性不同的进程。

绵羊发生蓝舌病后，起初表现为发烧、口鼻腔黏膜充血、流涎和头部水肿，继而在鼻部和唇部出现瘀斑和出血点，口腔上皮发生破损、溃疡。舌头发绀，该病的命名就源于这一临床特征。染疫动物通常会食欲不振，随后鼻塞，起初鼻流清涕，很快变成脓性分泌物，在鼻孔周围结痂。发烧后期出现蹄部病变，蹄冠部充血、出血。发病动物的蹄部发热、疼痛，病羊慵懒，行走困难，步态僵硬。重症蓝舌病幸存的绵羊通常会共济失调、肌肉萎缩（斜颈）、蹄部畸形、羊毛脱落（羊毛纤维断裂）、身体虚弱和病性消瘦。

血清学调查显示大型非洲食肉动物在通常情况下也能感染蓝舌病，而与之有共同生活习性的小型食肉动物则不会感染，这说明大型食肉动物是因捕食患有蓝舌病的反刍动物而感染。此外，污染了BTV犬用疫苗的使用，也证实了犬对BTV易感；在临床上，妊娠母犬在注射BTV污染的疫苗后，通常会引起流产和死亡。目前还没有证据表明，犬或者其他食肉动物在BTV感染的自然循环中有较大作用。

7. 病理变化

a. 眼观病变

临床症状和病理变化主要表现为血管病变，这是由于BTV在上皮细胞中复制，导致了细胞病变和坏死，有时会造成凝血（血管内弥漫性凝血）。上皮病变也会造成渐进性的血管渗血（致肺等组织水肿）和血栓，使组织发生梗死。绵羊死后病理变化包括：充血、出血、消化道上皮细胞坏死和溃疡（口腔、食道、前胃）；肺动脉血管内膜下出血；肺水肿；胸膜、心包有黏液渗出；腹肌筋膜水肿；骨骼肌和心肌坏死，左心室乳头肌出现特有病变。

一些通过细胞传代培养致弱的BTV疫苗株能通过妊娠反刍动物的胎盘屏障；没有经过传代培养的野毒株则不能穿过胎盘屏障。

反刍动物在妊娠早期感染BTV会造成胎畜或胚胎死亡，或是分娩后产下畸形胎畜。反刍动物胎畜感染病毒后，病毒会在发育期的中枢神经系统细胞中复制，产生空泡性脑病；在出生时，会因大脑半球充满积液而造成重度脑畸形，严重的大脑两侧发生对称性囊肿，压迫脑室，造成脑穿通畸形。

b. 主要显微病变

蓝舌病的组织病理变化有：明显肺水肿、出血、骨骼肌和心肌坏死、前胃黏膜出血、坏死、溃疡。

8. 免疫应答

a. 自然感染

反刍动物自然感染BTV后，短时间内能产生高滴度的针对各种病毒蛋白的抗体。机体产生的针对外壳蛋白VP2上型特异性表位的中和抗体，可在很长一段时间内抵御相同血清型BTV的再度感染，但对其他血清型没有抵抗力。另外一种外壳蛋白（VP5）会对VP2上的中和表位产生构象压力，影响对病毒的中和。其他病毒蛋白诱导产生的抗体并没有中和作用，不能防止二次感染。某些病毒蛋白，诸如VP7等诱导产生的抗体具有BTV血清群特异性，这是群特异性诊断方法的基础。患蓝舌病的动物还会对一些病毒蛋白产生细胞免疫，产生暂时的、局部的免疫，可抵御同源和异源血清型BTV的再次感染。

尽管感染BTV的反刍动物能及时产生体液免疫和细胞免疫，但病毒血症还会持续数周，尤其是感染BTV的牛。BTV的病毒粒子与红细胞紧密结合，相互作用，导致病毒无法被免疫系统清除，造成感染BTV反刍动物的感染期延长但并不导致持续感染，这也增加了叮食病毒血症动物的吸血昆虫感染的机会。

b. 免疫

改良型BTV活疫苗有助于减少蓝舌病带来的损失，但仍有一些不足之处（参见预防与控制）。

9. 诊断

a. 现场诊断

蓝舌病的临床诊断以患病动物特征性的临床症状和病理变化为依据，特别是绵羊，再结合环境中媒介昆虫库蠓存在与否以及监测数据来进行综合分析。必须强调的是，蓝舌病的流行区域与病毒在全球分布的纬度上下限相关（大约北纬45°，南纬35°），从长时间来看，疫情的暴发往往与病毒延伸到了先前的无疫区有关。与此截然相反，蓝舌病在病毒流行和常年存在的地区很少暴发。

b. 实验室诊断

i. 样品　通过病毒检测（血液）或血清学方法（血清）对感染BTV的反刍动物进行实验室诊断。

ii. 实验室检测　血清学方法　反刍动物感染BTV后，会迅速产生高滴度抗体来对抗各种病毒蛋白。针对核心蛋白VP7以及其他结构和非结构蛋白产生的抗体，可以通过血清群特异性反应如琼脂凝胶免疫扩散试验和竞争酶联免疫吸附试验（cELISA）进行检测。针对外壳蛋白VP2的血清型特异性中和抗体可以通过血清中和试验检测。血清学检测结果阳性仅能说明动物感染过BTV。此外，尽管牛、绵羊感染BTV的时间较长，但没有可靠证据来证明反刍动物会持续感染BTV。因此，BTV流行地区的多数血清学阳性的牛、绵羊并没有感染病毒，其运输不会带来威胁。

病毒检测方法　存在于反刍动物血液中的BTV可以通过鸡胚分离、细胞培养以及采用接种易感羊的方式进行确诊。若操作准确，巢式PCR（nPCR）方法具有很高的敏感性和特异性，已日益用于反刍动物的筛检，检测是否存在BTV核酸；在感染性病毒清除很长一段时间后，利用这一高度保守方法仍可从牛羊的血液中检出BTV核酸。nPCR方法检测为阴性的反刍动物在贸易运输过程中不会有任何BTV风险。目前，利用nPCR方法可检测BTV多种蛋白的编码基因，但世界动物卫生组织规定的试验方法仅限于保守蛋白NSI编码基因的扩增。

10. 预防与控制

预防与控制反刍动物感染BTV非常困难，因为该病毒没有接触传染性，仅由库蠓传播。而控制昆虫一般是很难或无法做到的，因此通常用疫苗来预防蓝舌病的暴发和BTV入侵。在预防与控制蓝舌病方面，只有改进型BTV活疫苗被广泛使用，特别是在非洲和美国，最近欧洲南部也开始使用。疫苗虽可有效预防蓝舌病带来的损失，但也存在严重的潜在缺陷，其中包括：给环境带来新毒株；可导致媒介昆虫感染；毒力返强可造成准种演变或产生新BTV毒株；疫苗基因片段与当地病毒重组可产生潜在的新重组毒株；胎畜感染和畸变。事实上，人们越来越清楚地认识到，只有通过细胞传代培养改进的BTV毒株，如MLV疫苗株，才能穿过反刍动物胎盘屏障。新一代疫苗，如昆虫杆状病毒表达不同病毒蛋白所产生的类病毒颗粒，因其成本高昂，尚未投入大规模使用；但目前正在对重组疫苗进行开发和评估。

■ 参考文献

[1] BARRATT-BOYES, S.M. and MacLACHLAN, N.J. 1995. Pathogenesis of bluetongue virus infection of cattle. J Am Vet Med Assoc. 206: 1322-1329.

[2] BROWN, C.C., RHYAN, J.C., GRUBMAN, M.J. and WILBUR, L.A. 1996. Distribution of bluetongue virus in tissues of experimentally infected pregnant dogs as determined by in situ hybridization. Vet Pathol. 33: 337-40.

[3] DeMAULA, C.D., LEUTENNEGGER, C.M., BONNEAU K.R. and MacLACHLAN N.J. 2002. The role of endothelial cell-derived inflammatory and vasoactive mediators in the pathogenesis of bluetongue. Virology. 296: 330-337.

[4] MacLACHLAN, N.J. and PEARSON, J.E., eds.. 2003. Bluetongue, proceedings of the Third International Symposium. Veterinaria Italiana. 40: 1-730.

[5] VERWOERD, D.W. amd ERASMUS, B.J. 2004. Bluetongue. In: Infectious diseases of livestock. 2nd ed., Coetzer JAW, Tustin RC, eds. Cape Town: Oxford Press, pp.1201-1230.

图片参见第四部分。

N. James MacLachlan, DVM, PhD, University of California at Davis, Davis, CA, 95616, njmaclachlan@ucdavis.edu

八、波纳病

1. 名称

波纳病（Borna disease，BD），Bornasche Krankeit，Hitzige Kopfkrankheit der Pferde。

2. 定义

波纳病是一种渐进性脑膜炎病，首次报道于200多年前。该病主要感染马和绵羊，其他马科动物和牛、山羊、兔比较罕见，偶见于其他种属动物并可能感染人类。

3. 病原学

波纳病病毒（BDV）是一种高度嗜神经性、有囊膜的不分节段的负股单链RNA病毒，基因组为8.9kb。独特的复制转录方式将其归类为单股负链病毒目（*Mononegavirales*）中的波纳病毒科（*Bornaviridae*）这一新的病毒家族。BDV是波纳病毒属（*Bornavirus*）的典型代表。该病毒颗粒呈球形，直径约130nm，有囊膜，囊膜上有7nm长的刺突。病毒粒子以出芽方式从细胞表面释放。病毒的感染性可以被对囊膜病毒敏感的消毒剂或脂溶剂如乙醚、氯仿或丙酮破坏。病毒在pH3.0条件下不稳定，56℃经30min可以灭活病毒。紫外线可以降低病毒的传染性，其效率与处理其他常规病毒相同。

目前已经测定了几个BDV分离株的完整基因组序列。在野生型和试验宿主适用型病毒间具有高度的遗传稳定性和同源性。这可能表明BDV在没有重大基因改变的情况下很容易适应各种属动物。然而，BDV的自然突变可能会导致抗原表位的改变；当用单抗诊断BD时要记得这种突变的可能。近来对野生型和试验型毒株进行了进化分析，病毒的分群情况与该病毒的流行地域位于欧洲中心区的现象相一致。

病毒的其他特性还包括体外和体内诱导的持续性非细胞病变型感染以及低复制率。

4. 宿主范围

a. 家畜

马和绵羊是BD的主要易感动物，而且历史上已经认定为主要的自然宿主。但BD的宿主范围很广。报道还描述了BD自然病例零星发生于其他家畜如除马以外的其他马科动物、牛、山羊、兔和伴侣动物，如犬和猫。到目前为止，BD临床病例仅在德国、瑞士、列支敦士登和奥地利得到确认，但是BDV在动物上的感染病例分布范围似乎更为广阔。马体内存在BDV特异性抗体已经在几大洲得到证实。

b. 野生动物

已经发现，许多动物园动物易自然感染BDV。到目前为止已证实羊驼、树懒、猴子和河马中存在BDV。近来，在自由活动的山猫中亦检测到BDV。

c. 人

近十年来，人们对于BDV是否能够感染人并导致精神疾病的问题一直争论不休，这种争论仍在继续。已经证实，在各种精神疾病病人的血清中已发现识别BDV特异抗原的抗体，但是这些抗体也偶尔能在临床健康人体内发现。对于人的样品中的病毒蛋白或RNA检测仍然存在非常大的分歧，因为重新调查后发现存在实验室污染的现象。

5. 流行病学

a. 传播

BDV的自然传播途径仍然不清楚，但是调查试验性感染的老鼠发现BDV能够经尿和鼻腔及泪腺的分泌物排出，提示通过开放性神经末梢在鼻咽中传播，动物可通过直接接触具有感染性的分泌物或间接接触污染物而感染。

大部分野生啮齿类动物可能扮演着BDV自然贮存宿主的角色，因为在流行地区，春季和早夏病例呈季节性增多现象，随后在秋末和冬季明显减少。近来，在瑞士一个BD流行区，双色白齿尖鼠（*Crocidura leucodon*）被确认为BDV的贮存宿主。

b. 潜伏期

BD自然感染的潜伏期从4周至几个月不等。对于大部分试验性感染动物，其平均潜伏期为2~3个月。最近，用不同剂量BDV经脑内接种感染3头矮种马，结果表明潜伏期为15~26d。

c. 发病率

BD的发病率相对较低，每年在BD流行地区记录在案的病例数均少于100匹马或100头绵羊。临床BD大部分发生在单个马匹，羊群中有时会出现几只感染发病的情况。这提示BD自然感染的暴发很可能取决于宿主的遗传特性、年龄和免疫状态，同时也与病毒的特性和致病性有关。

血清流行病学研究表明，BDV的感染大部分呈隐性过程。BDV特异抗体的血清阳性率在临床健康的德国马匹中达到11.5%，在流行地区则明显升高至22.5%，在发病马中可达50%。

d. 病死率

通常，自然感染BDV的马在临床症状出现后会有超过80%的动物在1~4周内会死亡。对于牛和羊，分别会在1~6周或1~3周内有超过50%的动物死亡。

症状轻微的病马，尽管中枢神经系统存在持续不断的感染，但偶尔也会出现自然痊愈的病例。

6. 临床症状

a. 马

BDV的自然感染可导致超急性、急性或亚急性症状。一般来说，临床症状的出现与脑的炎性病变有关。临床症状可能表现各不相同，典型的症状则在精神、感觉、敏感性、活动性以及自主神经系统方面同时或连续出现。在早期阶段，行为或意识的改变是特征性症状，并且这些症状逐渐加重。进食动作缓慢、进食时伴有咀嚼动作（称之为"用烟斗吸烟"，Pfeifenrauchen）、周期性发热、无精打采、嗜睡、昏迷、兴奋过度、恐惧和不寻常的好斗等症状可能会不同程度地出现。

神经症状不定，它依赖于疾病的进程和脑部区域炎性病变的程度。神经症状的范围从运动功能减退和异常姿势（无意识姿势）发展到脊髓反射减退、头歪斜和感觉迟钝，BD病例的更严重阶段还伴有本体感受器功能紊乱。在晚期，病马可能表现为共济失调和平衡力丧失。在BD发病最后阶段，病马表现为神经性斜颈、不自主转圈运动和轻微的头震颤，随后出现痉挛，并伴有头按压疼和昏迷。急性BD病例，通常还可出现失明症状。超过50%的急性病例的咀嚼和吞咽功能最后紊乱，从而限制了病程。

b. 绵羊

病羊的临床症状与马类似，大部分表现为行为和运动紊乱。另外，也可出现温和或不明显的发病过程。

c. 牛

少数记录在案的自然感染BD的病牛表现为与病马一样的典型临床症状。

d. 兔

兔，特别是试验感染兔，表现为急性和致命性瘫痪症状，并伴有失明。

7. 病理变化

a. 眼观病变

如果出现眼观病变的话，在疾病晚期，病马仅有的眼观病变就是软脑膜充血、脑水肿或脑内积水。

b. 主要显微病变

所有自然感染BDV的病例，其组织病理学病变相似。这些病变局限在脑部（主要在灰质）、脊髓和视网膜。具有代表性的病变是严重的非化脓性脑脊髓灰质炎，并伴随血管套和实质组织的大量淋巴细胞浸润。神经变性不是主要的病变，然而，通常会发生反应性星形细胞增生现象。血管周围套主要由巨噬细胞、T淋巴细胞（$CD4^+$和$CD8^+$）以及一些浆细胞（感染晚期）组成。

病马脑部受侵袭的部位主要在嗅球、基底皮质、尾状核、丘脑、海马和脑室周围区，尤其是延髓部。有时可见到核内嗜曙红物质，即"J-D包含体"，该包含体被认为是BD的特征性物质。BDV感染鼠和兔的病理特点是非化脓性脉络视网膜炎，并伴随视网膜杆状细胞和视锥细胞变性。有趣的是，病马虽然会出现失明的临床症状，但不会发生视网膜炎症病变。

8. 免疫应答

a. 自然感染

BD是由病毒引起的T细胞介导的中枢神经系统免疫病理反应性疾病。目前关于BDV感染的免疫致病机理数据，大部分来自于试验感染啮齿类动物的相关研究。总之，确凿的证据表明T细胞在BD的免疫致病机理中扮演着至关重要的角色，而且BD脑炎很可能表现为迟发性超敏反应。

在马和羊的自然感染BD病例中，脑膜炎伴随着单核细胞浸润，同时发生免疫细胞浸润，这些病理现象与试验感染鼠非常相似，提示它们具有相似的免疫致病机理。

b. 免疫

既然BD是一种免疫介导性疾病，那么免疫灭活的病毒制剂或病毒则不能保护动物。但接种弱毒苗可以成功保护动物。在德国，马接种兔化弱毒BDV活疫苗的免疫预防方法曾经执行过多年，但是它的免疫效果仍然存在问题，因此该方法在1992年被弃用。应用重组的副痘病毒构建体获得了一些新的试验研究数据，这些数据表明重组病毒的做法对BD的预防是有前途和希望的，但是它在自然感染动物中的使用效果还需要进一步研究。不过，在BD T细胞介导的免疫致病机理来看，人工免疫需要谨慎。

9. 诊断

a. 现场诊断

在实验室确诊之前，对BD的现场诊断只能是假定性诊断。BD的神经症状可能表现为一种复杂的形式，原因是脑部损伤呈多点或散在分布。中枢神经系统感染其他病原可能也会出现类似症状。

b. 实验室诊断

BD诊断方法的数据大部分来自于对病马的研究。

i. 样品 对于BD的宰前诊断，BDV特异抗体的检测需要血清和脑脊液（CSF）。如果可能的话，在第二次调查中，应该观察血清转化的情况。对于BD的宰后诊断，需要收集血清和CSF，同时新鲜的脑组织（尾状核、海马、大脑皮层）、眼（视网膜）、泪腺和腮腺、三叉神经节、脑垂体以及脊髓也要收集冷冻起来。组织样本可用于检测病毒抗原、病毒特异性RNA和感染性病毒。这些组织也可以用10%福尔马林溶液固定以进行组织学检查。

ii. 实验室检测

宰前诊断：临床病马，即使血液和生化参数是正常的，而非特异性高胆红素血症常常也会出现。在该病急性期，CSF中的蛋白浓度会升高，同时伴有脑脊液淋巴单核细胞异常增多。应用巢式RT-PCR方法可检测到CSF分离细胞中的BD病毒RNA。

应用免疫印迹方法、ELISA或IFA方法能够检测血清和/或CSF中的BDV特异抗体，其中IFA被公认为最可靠的方法。

宰后诊断：BD的宰后诊断需要进行组织病理、免疫组织化学（IHC）和/或病毒学方法检测。IHC可以应用单抗或多抗进行检测，同样在免疫印迹试验中也要应用到相同的单抗和多抗。比较性研究表明，上述三种方法以及巢式RT-PCR方法在BD的急性病例诊断结果是一致的。利用病毒分离和原位杂交法检测病毒特异性RNA的结果完全能够诊断出BD，但当病料发生自溶时这两种结果就不太可靠。对于这种情况，IHC和免疫印迹方法就要优先选择使用。

10. 预防与控制

到目前为止，BD仍没有有效的治疗方法。近来，一种抗A型流感病毒活性的药物——三环癸胺硫酸盐，被推荐用于BD病马的治疗。然而，它在BDV感染细胞和感染动物中的治疗效果不一致。CSA过滤法被建议作为一种新的治疗方法，但是在投入使用前还需进行大量BD病例的疗效评估。

■ 参考文献

[1] DANNER, K. 1982. Borna-Virus und Borna-Infekionen, Stuttgart. Enke Copythek.

[2] De la TORRE, J.C. 1994. Molecular biology of Borna disease virus: prototype of a new group of animal viruses, J Virol. 68: 7669-7675.

[3] GOSZTONYI, G., and LUDWIG, H. 1984. Borna disease of horses: an

immunohistological and virological study of naturally infected animals, Acta Neuropathol (Berl) . 64: 213-221.

[4] HEINIG, A. 1969. Die Bornasche Krankheit der Pferde und Schafe. In Röhrer H, ed. Handbuch der Virusinfektionen bei Tieren, Jena, Fischer, p. 83.

[5] HILBE, M., HERRSCHE, R., KOLODZIEJEK, J., NOWOTNY, N., ZLINSKY, K., and EHRENSPERGER, F. 2006. Shrews as reservoir hosts of borna disease virus. Emerg. Infect. Dis. 12: 675-677.

[6] KOPROWSKI, H., and LIPKIN, W.I. 1995. Borna disease, Curr Top Immunol Microbiol. 190: 1.

[7] RICHT, J.A., GRABNER, A., HERZOG, S., GATERN, W., and HERDEN, C. 2007. Borna Disease in Equines. In: Equine Infectious Diseases, D. Sellon, M. Long, eds., Saunders, Missouri, pp. 207-213.

[8] RICHT, J.A., and ROTT, R. 2001. Borna disease virus: a mystery as emerging zoonotic pathogen, Vet J. 161: 24-40.

图片参见第四部分。

Jürgen A. Richt, DVM, PhD, National Animal Disease Center, USDA, ARS, Ames, IA, 50010, jricht@nadc.ars.usda.gov

Christiane Herden, DVM, PhD, Institut fur Pathologie, Tierarztliche Hochschule Hannover, Bunteweg 17, D-30559 Hannover, Germany, Christiane.herden@tiho-hannover.de

九、牛流行热

1. 名称

牛流行热（Bovine ephemeral fever），暂时热（Ephemeral fever），三日热（Three-day stiffsickness），牛流行性热（Bovine epizootic fever），龙舟病（Dragonboat disease），懒人病（Lazy man's disease）及牛登革热（Dengue of cattle）。

2. 定义

牛流行热（BEF）是一种由虫媒传播引起的牛和水牛的非接触传染的病毒性疾病。临床以突然发热、精神沉郁、僵硬和跛行为特征。

3. 病原学

该病病原为牛流行热病毒（BEFV），它是一种对乙醚敏感的负股单链RNA病毒，属弹状病毒科（*Rhabdoviridae*）。病毒粒子由五种结构蛋白和一种非结构蛋白组成，病毒形态从子弹状至钝头圆锥状不等。直径约为73nm，长70~183nm。短的弹状和圆锥形病毒粒子被认为是缺陷性病毒粒子，能干扰病毒在组织培养中的生长。病毒在pH小于5或大于10的情况下很容易失活。现在没有证据表明BEFV种群在免疫原性上存在多样性，但是抗原变异已经通过单克隆抗体以及表位图谱得到证实。

BEFV在抗原性上与其他5种病毒相近：普强病毒（Puchong virus），引起的疾病类似牛流行性热；金伯利病毒（Kimberley virus）、贝里马病毒（Berrimah virus）和阿德莱德河病毒（Adelaide river virus），这3种病毒对牛无致病性；马拉科病毒（Malakal virus），对牛是否有致病性尚不清楚。这6种病毒共同组成流行热病毒属（*Ephemerovirus*）。BEF相关弹状病毒和BEFV之间的抗原关系比现在更加复杂，原因是尽管它们不提提供针对BEFV的交叉保护，但在随后的BEFV感染中能够诱导抗体回忆应答。

4. 宿主范围

a. 家畜

临床病例报道仅见于牛和水牛，尽管在家养鹿中曾检测到BEFV中和抗体。还有一例关于山羊BEFV中和抗体的报道。通过静脉或皮下注射接种BEFV可在多种小型实验动物体内诱导产生抗体。

b. 野生动物

关于野生动物的血清学调查研究很少。在几种鹿中通过病毒中和试验检测到抗体，在牛科的一些不同亚科动物中通过病毒中和试验和液相ELISA检测到抗体。最常检测到血清学阳性的物种包括：南非水牛（Cape buffalo）、牛羚（Wildebeest）、大羚羊（Harte beest）、非洲水羚（Water buck），而在条纹羚（Kudu）、黑皮羚羊（Sable antelope）、非洲旋角大羚羊（Eland）、黑斑羚羊（Impala）、转角牛羚（Topi）、Tsessebe（非洲南部的一种羚羊）和长颈鹿中也可检测到低水平的抗体。非洲野生动物中检测到的抗体特异性尚未确定。

c. 人

没有证据表明人能够被感染，尽管成千上万的人与感染牛以及昆虫媒介有过接触。对接触感染牛群的农民以及实验室中操作BEFV的工作人员开展了有限的血清研究，结果也为阴性。

5. 流行病学

a. 传播

在亚热带以及气候温和的非洲、亚洲和澳大利亚，BEF发生在夏季和秋季的几个月里，在温度显著下降的冬季消失。该病通常能迅速扩散至距离赤道相当远的北方或南方地区，但是病毒的扩散似乎是受纬度限制而不是受易感宿主缺乏或者地形的限制。大雨过后呈零星暴发，表明该病在热带地区的流行似乎与雨季有着很强的联系。疫病传播的这些特点与其他媒介传播病相似。

尽管尚未证实BEFV通过节肢动物传播，但是通过昆虫叮咬传播的间接证据是确凿的，此外，没有垂直传播或水平传播的报道。迄今为止，已经从野外收集的澳大利亚库蚊（Culicine）、按蚊（Anopheline）以及在非洲和澳大利亚库蠓属（Culicoides）的几种蠓中分离到BEFV。这些病毒分离株来自昆虫，而昆虫肠道内没有任何明显的血液痕迹，因此可能是真正的感染，而不是由于偶然的污染。

蚊子通常认为是血管吸食昆虫（Vessel feeders），用它们的喙部刺入真皮内的微毛细血管，这样就与血流有直接接触。而库蠓则咬破皮肤吸取流出的血液，因此认为是血池吸食昆虫（Pool feeders）。由于只有通过静脉接种病毒才能在牛上复制该病，且在病毒血症早期淋巴中无病毒存在，因此目前倾向于认为蚊子是该病的主要媒介。考虑到BEFV的分布范围超出了目前已经鉴定的节肢动物品种的分布范围，所以一定还有其他品种的节肢动物在其中起作用。

b. 潜伏期

试验感染后的潜伏期常常为3~5d不等，但极端病例可短至29h，长至10d。潜伏期的不同可能与毒株和（或）所用病毒剂量有关。在发热前约24h能够检测到病毒血症并常常持续4~5d。然而，在极端病例中，病毒血症可持续至13d。没有证据表明牛可健康带毒。自然感染的潜伏期依然未知，但是可能与试验感染类似。在疫病流行中，首发病例通常出现在畜群发病高峰前1周。畜群的病程可能持续3~6周。已报道在一次疫病流行过程中，会出现一次、两次甚至三次暴发潮。对此已经提出了许多解释，但真正原因还不完全清楚。

c. 发病率

发病率可高达80%，畜群中易感牛的数量以及流行强度会对发病率产生部分影响。

d. 病死率

病死率一般不高，在无并发症的病例中很少超过2%~3%，但是过度肥胖牛的病死率可高达30%。泌乳早期和中期的奶牛比干奶期的更易死亡。在疫病急性期或大多数动物看来要康复时，可突然发生死亡。

6. 临床症状

BEF临床症状的表现和严重程度在不同的疫情甚至在同一畜群中差异相当大。每个动物个体可能不会出现该病全部的特征性临床症状。牛和水牛表现出相似的症状，但水牛的临床进程较为温和。对于牛，成年牛通常比犊牛更严重，体重较重的公牛比较轻的去势牛严重，胖牛比瘦牛严重，产奶期奶牛比干奶期的严重。

病程大体上可以分为四个主要阶段：发热期、失能期、恢复期和后遗症期。

a. 发热期

发热通常为双相性，但有时为三相性，偶尔为多相性，间隔12~24h出现峰值。发热突然，在几小时内达到40~42℃峰值并持续12~24h。在此阶段，除产奶期奶牛的产奶量突然下降外，临床症状通常表现温和，因此最初的发热反应可能会被忽视。一些病牛精神沉郁、不愿走动、身体有些僵硬，但食欲尚好。这一感染阶段可持续达12h。

b. 失能期

BEF较为特征性的症状发生在第二个发热阶段，可持续1~2d。

尽管第一个发热高峰已经过去，但是直肠温度可能仍在上升。动物食欲下降，精神极度沉郁以及全身肌肉僵硬。随后伴有跛行，常将其归为移动性跛行，关节或出现肿胀。常见浆液性或黏液性鼻液分泌物，但眼部水样分泌物较少。可能出现眼眶周围和（或）颌下组织水肿，可在头部的其他部位形成肿块。心跳和呼吸频率加快，病畜可能颤抖或肌肉抽搐。肺部检测由干性啰音发展为湿性啰音。经过这一阶段，产奶几乎停止，即便产奶，奶质也不符合标准。

胸骨倾斜是BEF的明显特征，可持续12~24h，在一些病例甚至更长。起初，在足够的刺激下发病动物能够站立，但是随着疫病的发展将无法站立，病畜胸骨倾斜数小时甚至数天，并伴随头扭向一侧。可出现明显的吞咽反射消失、肿胀、瘤胃积食、便秘、流涎等症状。在严重的病例中，随着反射进一步消失，动物倒向一侧，进而昏迷，甚至死亡。

c. 恢复期

在大多数病例中，病程为温和至中等严重程度。病畜可逐渐或突然恢复，但是在出现明显临床症状后的第3天，通常进入恢复期。在发热消失后几小时，大多数病牛出现明显的康复早期征兆。产奶牛、体况良好的公牛以及育肥牛感染最为严重，恢复需要1周或更长时间，尤其是伴有并发症时。

更为特别的是，体况变差的公牛以及胖的奶牛恢复体重较慢。对于产奶牛，产奶量随着动物的康复而稳步回升，但是，除非奶牛处于泌乳早期，否则产奶量不能恢复到发病前的水平。除了妊娠晚期发生流产的奶牛外，产奶量通常在发病10d内恢复到发病前85%~90%的水平。在感染动物产奶期的剩余阶段，产奶量保持10%~15%的损失。雌性动物的长期繁殖力不受影响，随后的产奶量会达到正常水平，除非奶牛患有继发性细菌性乳房炎。

d. 后遗症期

小部分发病动物会发生并发症，包括吸入性肺炎、乳腺炎、妊娠后期流产以及公牛长达6个月的暂时性不育。还可能发生后腿及臀部麻痹，持续数天、数周甚至永久性。长期麻痹的病例也能够完全恢复，但是一些牛可能保持步态异常。

一般来说，如果有BEF临床症状的牛被强迫劳役或者遭受其他物理性应激或恶劣气候刺激，病牛病情更有可能加重或者死亡。就动物蛋白产品、繁殖以及国内和国际贸易方面而言，BEFV感染也会造成显著而严重的社会经济后果。

7. 病理变化

自然感染BEFV的病理变化少有描述，似乎与试验感染所描述的一致。田间暴发仅零星死亡，这可能是信息缺乏的原因。

最明显的病理变化包括浆液纤维素性滑膜炎、关节炎、腱鞘炎（Polytenovaginitis）、蜂窝织炎和骨骼肌局部坏死。这些损伤的严重程度不同。在四肢的关节囊和肌肉损伤似乎更加严重，尤其是跛行动物，甚至脊柱的滑液面可能会有纤维素斑块。在心包膜、胸膜和腹膜腔可能会出现带有纤维蛋白凝块的液体。常见广泛性淋巴结水肿，但点状出血较为少见。肺有块状水肿、肺小叶充血、肺膨胀不全，少数病例有严重的肺泡性和间质性肺气肿。

8. 免疫应答

a. 自然免疫

BEFV自然感染后，大多数动物获得多年甚至终生的免疫保护。几乎所有感染过的动物对后来的自然感染以及试验攻毒都具有免疫力。用不同地区毒株攻毒也不会引起免疫动物发病。然而，在一些病例中，尤其是老龄动物，其免疫力会在几年后消失。

b. 免疫

在间隔4周两次免疫后，佐剂活疫苗至少提供12个月的保护。相比之下，用同样的免疫方法，灭活疫苗提供约6个月的保护。动物可以在6月龄时进行免疫，并且每年应再免疫一次以保证产生持续的免疫力。

c. 母源抗体

来自于自然感染或人工免疫母牛的母源抗体似乎在疫病流行时具有保护性。然而，犊牛在母源抗体水平自然下降后变得十分易感。

9. 诊断

a. 现场诊断

通常根据临床观察结果以及疫病暴发史可以作出初步诊断。单一病例难以诊断。在免疫水平高以及临床病例不常见的流行地区，需要进行实验室确诊。

在死亡病畜中，腱鞘、筋膜以及关节出现浆液纤维素性炎症，同时具有肺部病变，一般来说足以作出BEF初步诊断。

b. 实验室诊断

i. 样品 最少需要2份血样，一份采自发热期，一份采自发热后1~3周。每份血样都要分为两份，一份为血清，另一份为添加合适抗凝剂的全血。样品应该采自不同动物的不同发病阶段以利于实验室的快速确诊。发病期间采集的血样通常凝固不良，甚至放置几天仍然如此，并可能会有纤维素析出。

ii. 实验室检测 抗凝血涂片的白细胞分类计数是检测BEF的最快方法，可为现场诊断提供强有力的证据。高比例的中性粒细胞，其中至少30%未成熟或呈带状，这虽然不是流行热所特有的现象，但如果没有，就不能作出现场诊断。

能够从白纹伊蚊（Aedes albopictus）的全血细胞中分离到BEFV，也能从1~2日龄小鼠的脑内接种物中分离到。BHK（Baby hamster kidney）细胞和VERO细胞是对病毒分离株进行增殖的最佳细胞系。使用特异的BEFV抗血清或单克隆抗体检测方法可以对病毒进行鉴定。荧光抗体检测试验和补体结合试验是流行热病毒群特异性的，对病毒鉴定意义有限。

相继收集的2份血清样品中和抗体滴度升高了4倍，在血清学上就可以作出BEFV感染的实验室确诊结论。然而，如果动物以前曾接触过抗原相关性的流行热病毒，那么这种抗体滴度升高4倍的现象是不可信的。在这些病例中，动物可能表现为记忆性应答而不是BEFV第一次感染后的初次应答。血清中和试验（SNT）可能是使用最广泛以及最受欢迎的检测方法。另外，抗体阻断ELISA，检测结果与SNT相似，能区分BEFV和已报道的抗原相关性病毒诱导产生的抗体。

10. 预防与控制

a. 治疗

流行热是一种罕见的阻断性治疗有效的病毒病。疫病发展过程中的炎症反应意味着消炎药物的治疗有效果。在临床发病期必须反复给药。如果吞咽反射失去功能，则不能口服给药。如果观察到有低钙血症，则每6h注射硼葡萄糖酸钙（Calcium borogluconate），维持1d，对瘫痪或麻痹有效果。早期治疗比晚期更为有效。过早停止抗炎症治疗，或在恢复期动物受到应激，可能引起复发。治疗对病毒血症以及后来的免疫力影响不显著。

尤其对价值高的畜群，要用等渗液体进行补水，而且可以用抗生素治疗防止继发感染。

b. 预防

尚未鉴定所有的BEFV节肢动物媒介。而且，尚未对蚊子和（或）库蠓在BEFV传播中的相对重要性进行适当评估。因此，任何媒介控制计划的意义在当前还不确定，但是，对价值高的动物来说，在虫媒活跃期给牛舍配备防虫设施是有意义的。

c. 免疫

免疫是目前唯一有效的保护措施。配合佐剂使用的减毒活疫苗已经在南非、日本、澳大利亚生产。这些疫苗对大剂量的实验室接种似乎产生保护作用，但在疫病暴发时，其田间使用效果可能有变化。日本已经开发出成本更低的灭活苗，并用于减毒疫苗初次免疫后的加强免疫。已有报道称一种亚单位疫苗能在实验室和田间条件下提供保护，但尚未商品化。

在流行地区，必须每年对牛进行免疫，尤其是奶牛、育肥牛以及价值高的种畜，以维持免疫力有助于防止由BEFV造成的生产损失。应在春季进行免疫，以保证家畜在虫媒活跃的夏季和秋季具有高水平的免疫力。6月龄以下犊牛的母源抗体会干扰疫苗的免疫应答。

■ **参考文献**

[1] ANDERSON, E.C. and ROWE, L.W.1998. The prevalence of antibodies to the viruses of bovine virus diarrhea, bovine herpes virus 1, Rift Valley fever, ephemeral fever and bluetongue and to Leptospira sp. In free-ranging wildlife in Zimbabwe. Epidemiol. Infect. 121: 441-449.

[2] BASSON, P. A., PIENAAR, J.G. and VAN DER WESTHUIZEN, B. 1970. The pathology of ephemeral fever: A study of the experimental disease in cattle. J.S.Afr. Vet. Med. Assoc. 40: 385-397.

[3] KIRKLAND, P.D. 1993. The epidemiology of bovine ephemeral fever in south-eastern Australia: Evidence for a mosquito vector. In: Bovine Ephemeral Fever and Related Arboviruses. T.D. St.George, M.F. Uren, P.L.Young, D.Hoffman, eds. ACIAR Proc. No. 44 Canberra, Australia. pp.33-37.

[4] MELLOR, P. S. 2001. Bovine ephemeral fever. In Encyclopedia of Arthropod-Transmitted Infections of Man and Domesticated Animals. M.W. Service, ed., CABI Publishing, pp. 87-91.

[5] NANDI, S. and NEGI, B.S. 1999. Bovine ephemeral fever: a review. Comp. Immunol. Microbiol. Inf. Dis. 22: 81-91.

[6] ST. GEORGE, T. D. and STANDFAST, H. A. 1988. Bovine ephemeral fever. In: The Arboviruses: Epidemiology and Ecology. T. P. Monath, ed., Boca Raton, Florida: CRC Press, Vol. 2, pp. 71-86.

[7] St GEORGE, T.D. 1990. Bovine ephemeral fever virus. In Virus Infections of Ruminants. Z. Dinter, and B. Morein, eds., Amsterdam: Elsevier, Vol. 3, Ch. 38, pp. 405-415.

[8] ST. GEORGE, T. D. 2005. Bovine ephemeral fever. In: Infectious Diseases of Livestock, 2nd ed., J.A.W. Coetzer, R.C. Tustin, eds. Capetown: Oxford University Press, pp. 1183-1193.

[9] THEODORIDIS, A., GIESECKE, W. H. and DU TOIT, I. J. 1973. Effect of ephemeral fever on milk production and reproduction of dairy cattle. Onderstepoort J. Vet. Res., 40: 83-91.

[10] UREN, M.F., ST. GEORGE, T.D. and MURPHY, G.M. 1992. Studies on the pathogenesis of bovine ephemeral fever Ⅲ: Virological and biochemical data. Vet. Microbiol. 30: 297-307.

Christopher Hamblin, DVM, PhD, 94 South Lane, Ash, Near Aldershot, Hampshire, GU12 6NJ, England, chris.hamblin@ntlworld.com

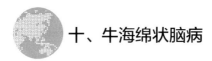 **十、牛海绵状脑病**

1. 名称

牛海绵状脑病（Bovine spongiform encephalopathy，BSE），又称疯牛病（Mad cow disease）、Vaca loca。

2. 定义

牛海绵状脑病是一种感染中枢神经系统（Central nervous system，CNS）的慢性、非炎性、神经退化性疾病。

BSE是家畜传染性海绵状脑病（Transmissible spongiform encephalopathies，TSEs）的一种。TSEs还包括：绵羊和山羊的痒病；马鹿、驼鹿、黑尾鹿和白尾鹿的慢性消耗性疾病（Chronic wasting disease，CWD）；猫海绵状脑病以及传染性水貂脑病。

正常朊蛋白（Prion protein）经错误折叠形成的异构体在CNS聚集是BSE致病的关键因素。BSE无法进行水平（接触）传播，这一致病机理有助于解释全球范围的BSE病例下降现象。与BSE致病机理的这一特征相反，CWD可进行有效的水平传播，痒病可进行效率较低但明显的水平传播。

3. 病原学

TSEs病原学的核心是朊蛋白，即糖基化磷脂酰肌醇锚定表面糖蛋白。正常结构的朊蛋白可由多种细胞表达，包括中枢和外周神经系统以及淋巴网状系统的细胞。毫无疑问，科学研究将继续揭示参与正常细胞型朊蛋白转变成错误折叠的致病型朊蛋白这一过程的新组分。错误折叠的朊蛋白部分组成蛋白酶抗性聚合物，在BSE的发病过程中不断聚积，是传染性因子的主要组分，假如不是唯一组分的话。研究工作还将继续探索病毒、细菌和其他传染性病原以及细胞代谢成分在BSE致病机理中的潜在作用。然而，当前成功控制策略的关键是检测样品中的错误折叠朊蛋白。

4. 宿主范围

在分析TSEs和BSE的宿主范围时，特别要考虑试验性传播所用的途径。这一差别对于跨种传播风险的准确定义以及控制策略的实施至关重要。经口摄入是BSE的自然传播途径。BSE是TSEs中唯一能够广泛跨越种间障碍的疾病。BSE与人变异型克雅氏症（vCJD）在流行病学上存在密切关联，除此之外，BSE已在7种家养的牛科动物、4种猫科动物和4种非人类灵长类动物中自然发生。在试验条件下，BSE可以经口传播给牛、绵羊、山羊、小鼠和水貂。

5. 流行病学

a. 传播

BSE通过摄入来自感染牛CNS的再利用蛋白污染的饲料进行传播。迄今没有水平或垂直传播的证据，然而有报道认为临床病例的后代发生BSE的风险增加。仍不清楚是否存在与自发性人类克雅氏症一样的"自发性"BSE病例。目前没有办法能够区分"自发性"BSE病例和摄入污染饲料引起的BSE病例。除回肠末端Peyer氏淋巴小结、眼和脾脏等有限部位外，BSE病原主要存在于CNS。因此，当前禁止反刍动物源性蛋白饲喂反刍动物的法规，阻断了自发性病例传播的可能性。

b. 潜伏期

BSE潜伏期为2~8年，大部分病例发生于3~5岁的奶牛或杂交奶牛。

c. 发病率

在一个牛群中通常仅一头动物被发现感染。但是由于该病会带来严重的公共卫生问题，确诊后同群牛全部被扑杀，因此很难知道是否还有更高的发病率。

d. 病死率

一旦出现临床症状，病牛将在1~6个月内死亡。到目前为止，所有证据都表明BSE的病死率为100%。

6. 临床症状

BSE临床症状与CNS有关，表现为行为改变，例如反应过度、恐惧、步态异常、焦虑或具有攻击性以及姿势异常。早期临床症状表现为代谢病或营养缺乏症，如神经性酮病和低镁血症。目前所知BSE最终导致死亡。

7. 病理变化

没有肉眼可见的与BSE相关的剖检病变。BSE最特征性的组织病变是灰质神经纤维网浆的双侧对称性空泡变化。牛最常受影响的部位是孤束核、三叉神经脊束核以及中脑中央灰质。这些靶标核区的神经纤维网浆空泡化被认为是BSE的特征病变。

8. 免疫应答

无法检测到针对BSE或其他TSEs错误折叠朊蛋白的免疫应答。致病型朊蛋白来自正常宿主蛋白，被识别为自身蛋白。然而，通过使用一定的免疫策略，可以打破这种免疫耐受，当前正在探索抗朊蛋白免疫在阻断疫病传播和（或）疫病发展中的潜在作用。

9. 诊断

目前，仍没有一种经济的方法用于活牛的BSE感染确诊。因此，BSE的诊断依靠CNS特别是中脑剖检样品的实验室检测。用于BSE诊断的实验室方法有鉴定上述病理变化的显微观察，以及检测具有部分蛋白酶抗性的错误折叠朊蛋白的方法。这些方法包括ELISA、免疫组织化学和免疫印迹。

10. 预防与控制

一份由哈佛大学在2001年出版并于2003年修订的BSE风险评估报告宣称，政府实施的"多重防火墙"系统将阻止BSE扩散，并最终得以根除。这些防火墙包括饲料禁令、进口控制和监测计划。哈佛大学的研究认为饲料禁令是BSE防控防火墙中最重要的部分。目前的数据表明BSE不存在水平传播，而且基本的（如果不是唯一的）传播途径是摄入污染的饲料，基于这些事实，制定了禁止饲喂牛和其他反刍哺乳动物蛋白的禁令。自从1989年以来，USDA禁止从BSE国家或BSE高风险国家进口反刍动物活畜和大部分反刍动物产品。USDA还启动了监测计划。目前美国BSE监测的详细情况可以在下面网站获得：

http：//www.aphis.usda.gov/newsroom/hot_issues/bse/surveillance/ongoing_surv_results.shtml.

■ 参考文献

[1] BROWN, P.2003.Transmissible spongiform encephalopathy as a zoonotic disease. International Life Sciences Institute, ILSI Press, One Thomas Circle, NW, Ninth floor, Washington DC 20005-5802, U.S. e-mail: publications@ilsieurope.be

[2] COHEN, J.T., DuGGAR, K., GRAY, G.M. and KREINDEL, S.2001, revised 2003. Evaluation of the potential for bovine spongiform encephalopathy in the U.S., Harvard Center for Risk Analysis, Harvard School of Public Health and the Center for Computational Epidemiology, College of Veterinary Medicine, Tuskegee University.

[3] http://www.aphis.usda.gov/lpa/issues/bse/madcow.pdf

[4] FRANCO, D.A.2005. An introduction to the prion diseases of animals, assessing the history, risk inferences, and public health implications in the U.S. The National Renders Association, Prion Diseases Booklet, National Renders Association, 801 N. Fairfax St., Suite 205, Alexandria, VA 22314 (703-686-0155) .

[5] GAVIER-WIDEN, D., STACK, M.J., BARON, T., BALACHANDRAN, A., and SIMMONS, M. 2005. Diagnosis of transmissible spongiform encephalophathies in

animals: a review. J. Vet. Diagn. Invest. 17: 509-527.

[6] WATTS, J.C. BALACHANDRAN, A., and WESTAWAY, D.2006.The expanding universe of prion diseases. PLoS Pathogens/www.plospathogens.org, Volume 2. Issue 3 : e26

图片参见第四部分。

Paul Kitching, DVM, PhD, Director, National Centre for Froeign Animal Disease, Winnipeg, Manitoba R3E 3M4, Canada, kitchingp@inspection.gc.ca

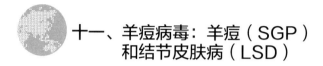

十一、羊痘病毒：羊痘（SGP）和结节皮肤病（LSD）

1. 名称

羊痘（Capripoxviruses）；结节皮肤病（Knopvelsiekte，LSD）。

2. 定义

羊痘和结节皮肤病都是由山羊痘病毒属成员引起的全身性感染疾病。

羊痘（SGP）是绵羊和山羊的全身性痘病，其特点为发热、皮肤斑点发展为丘疹和坏死斑、内脏发生结节性坏死，易感畜群容易发生继发感染和死亡。引起绵羊和山羊发病的毒株在血清学上无法区分，尽管来源于绵羊和山羊的毒株其DNA具有不同的限制性内切酶图谱，但也有的毒株兼具两类毒株的DNA酶切特性。大多数毒株具有宿主特异性，或引起绵羊发病，或引起山羊发病，或对两种动物都致病。

结节皮肤病（LSD）是牛的一种痘病，特征表现为发热，皮肤、黏膜和内脏器官出现结节，机体消瘦，淋巴结肿大，皮肤水肿，有时发生死亡。该病可损坏皮张并降低生产性能，尤其对奶牛损害更大，因而具有重要的经济意义。

羊痘是引进外来山羊和绵羊品种以及发展集约化畜牧业的主要障碍。导致LSD的毒株，通常只见于牛，没有证据表明在自然条件下能引起羊发病。LSD与羊痘的地理分布不同。

3. 病原学

羊痘病毒是双链DNA病毒，大小为265nm×295nm，病毒粒子呈砖状，形态上与正痘病毒难以区分。病毒粒子由短的管状结构覆盖，这使得它在外观上同羊传染性口疮（传染性化脓性皮炎）病毒（一种副痘病毒）相区别。后者为椭圆形，由一种连续性丝状体覆盖。痘病毒的复制非常忠实，1959年和1986年分离病毒的DNA酶切图谱完全一样，这表明随着时间的推移病毒基因组变化很小。然而，也有证据表明，羊痘病毒之间可以在野外发生重组，体外试验也证实了这一点，这可能是导致宿主范围或病毒毒力发生变化的一个原因。

该病毒对阳光和含脂溶剂的洗涤剂敏感，但可在无光照环境如污染的动物畜舍持续存在数月。康复动物痂皮中含有大量与体内抗体有关联的病毒，但这些痂皮是否具有传染性还未得到确认。虽然A型包含体蛋白可以对外界环境中的病毒提供很好的保护作用，但用组织培养的方法很难从痂皮中得到活病毒。

尽管大部分羊痘病毒只能让一个种属动物发生更严重的临床感染，但是它们还是可以在绵羊和山羊之间传播。毒株之间也会发生重组，产生一系列具有不同中间宿主和毒力的新毒株。一些毒株对绵羊和山羊具有同样的致病力。

4. 宿主范围

a. 家畜和野生动物

羊痘能感染所有家畜和野生绵羊及山羊。在疾病流行地区，本地品种的易感性大大低于引进品种。从欧洲或澳大利亚引入流行区的品种如果没有和当地动物接触获得相应的保护，其发病率和病死率均可达到100%。

LSD能感染所有牛。黄牛（*Bos taurus*）比瘤牛（*Bos indicus*）更易感，亦有亚洲水牛（*Bubalus bubalis*）易感的报道。在黄牛中，海峡岛良皮牛（Fine-skinned channel Island breeds）发病更严重，其中泌乳奶牛发病最严重。虽然试验证实野生动物如条纹羚和长颈鹿均能感染羊痘病毒，但它们在LSD或羊痘流行病学中的作用尚未证实。

b. 人

尽管有2篇文献报道羊痘病毒可以传染给人，但这并不可信。羊痘病毒并不感染人。

5. 流行病学

a. 传播

在相邻的感染动物和易感动物之间，羊痘病毒以气溶胶的方式传播。典型症状出现前就急性死亡的动物和只有轻微局部感染的动物几乎没有传染性。该病的流行病学与人类的天花非常相似，传染大多发生在可以检测到抗体的阶段，此时严重的感染个体发生黏膜丘疹溃烂并开始形成丘疹坏疽。"前丘疹"阶段没有传染性，尚不知结痂病料中的病毒粒子是否具有传染性。虽然在试验条件下昆虫叮咬可以传播羊痘病毒，但没有证据表明它们在绵羊痘流行病学中发挥重要作用。

山羊在绵羊痘流行病学中的作用和绵羊在山羊痘流行病学中的作用一直存有争议。当然，也有病毒株能在两个物种之间传播并能引起它们发病。然而，大多数毒株具有宿主偏好性。

LSD病毒的传播主要以昆虫作为媒介，自然情况下，无昆虫参与的接触传播是无效的。昆虫传播是机械传播，病毒在昆虫体内不进行复制，大量昆虫通过叮咬和吸食血液来传播病毒。病灶分布有时可以反映这一点，如果昆虫叮咬占优势，较多的丘疹就会出现在动物的腿上。蚊子可以把病毒直接带入血液中，这种感染方式能产生更广泛的临床症状，因此，蚊子叮咬可能导致更严重的疫情发生。

b. 潜伏期

羊痘的潜伏期通常是感染动物和易感动物接触后8~13d。传染通常是通过气溶胶方式发生，病毒还可以通过机械方式传播，如昆虫叮咬或在实验室中进行皮内或皮下注射，通过试验注射病毒进行的感染通常4d内在注射部位可观测到反应。

结节性皮肤病在野外条件下的潜伏期尚未见报道，但接种后6~9d会出现发热。

c. 发病率

羊痘的发病率取决于多种因素，包括环境中的病毒含量、疫苗接种水平和品种差异。发病率为10%~100%。LSD的发病率取决于品种和媒介昆虫，因此有一定的季节性。

d. 病死率

羊痘的病死率也取决于品种，非本地品种病死率可达100%。LSD的病死率可达10%，主要发生在非本地牛。

6. 临床症状

a. 绵羊和山羊

直肠温度上升到40℃或以上，在随后的2~5d，皮肤上可出现直径1~3cm的充血斑，特别是腹股沟、腋下及会阴部多见。充血斑可发展为肿胀硬块或丘疹，很少出现液状脓肿。一些特别易感的绵羊品种，如索厄羊（Soay），在出现临床症状之前就已经死亡。鼻腔、口腔、乳腺、外阴和阴茎包皮的黏膜形成丘疹并很快形成溃疡，结果导致鼻炎、结膜炎、睑缘炎以及黏液的大量分泌和乳腺炎。浅表淋巴结肿大，特别是肩前淋巴结肿大，咽后淋巴结肿大可使气管所受压力增大，影响呼吸。此外，动物可能由于大面积的肺部损害而呼吸困难。

如果感染动物能够耐过该病急性发作的初期阶段，则在初期症状出现后的5~10d，丘疹就会结痂，并在皮肤上存留2~3周，然后脱落并留下明显的疤痕，面部尤为明显。在热带地区，蚊虫叮咬导致的继发感染可能导致动物永久性失明或死亡。重度感染病例恢复缓慢，以发热，肺炎及厌食为特点。除非有继发感染或其他病原感染，流产较少见。

b. 牛

LSD临床症状的严重程度取决于毒株和宿主品种。动物急性感染时，初期表现发热，体温可能超过41℃，持续约1周。随着鼻炎和结膜炎的出现，泌乳牛的产奶量显著减少。病毒接种后7~19d，体表会长出直径2~5cm的结节，以头部、颈部、乳房和会阴部常见。结节侵害真皮和表皮，初期有浆液渗出，两周后，有的变成坏死栓塞，穿透厚厚的皮层。所有体表淋巴结肿大，四肢水肿，不愿活动。眼、鼻、口、直肠、乳房和外生殖器黏膜上的结节很快发生溃疡，此时，所有分泌物中均含有LSD病毒。临床症状出现后，眼鼻分泌物变为脓性分泌物，并可能出现角膜炎。妊娠母牛可能会流产，有报道称流产胎畜被结节包裹。公牛患LSD可导致永久性或暂时性不育，并可通过精液长期排毒。重度感染病例恢复缓慢，动物消瘦，可能发生肺炎和乳腺炎，皮肤坏死栓塞招致蝇虫叮咬，脱落后可在皮肤上留下深洞。

7. 病理变化

a. 眼观病变

绵羊和山羊：急性感染的绵羊或山羊宰后检查时皮肤病变往往不如活体动物明显。黏膜有多处充血坏死灶，所有的体表淋巴结增大水肿。皱胃黏膜、有时瘤胃和大肠壁上、舌、上腭、气管和食管有丘疹或溃疡分布。肾脏和肝脏表面偶尔会看到直径约2cm的灰白色区域，睾丸上也有报道。在整个肺部，特别是膈叶，有许多直径5cm的硬性病变。

牛：死于LSD的牛，结节穿透皮肤侵入皮下组织并出现水肿和血性浸润。结节可能存在于口腔、皮下、肌肉、气管，生殖道和消化道（特别是皱胃），在肺部容易造成原发性和继发性肺炎。由于淋巴样增生和水肿引起淋巴结异常肿大。有时也可见继发性肺炎和乳腺炎。

b. 主要显微病变

SGP和LSD的组织病理学特征是在感染细胞的病毒复制区域形成胞质内包含体（B型包含体）。感染细胞表现为一个大多边形细胞，内含一个大的轮廓不分明的嗜酸性包含体和泡状核。这种细胞多见于皮肤组织切片（真皮和皮下组织）和腺上皮细胞黏膜中。病毒也可在巨噬细胞中复制，在疾病的病毒血症阶段，可以从血液的血沉棕黄层中进行病毒分离。在疾病后期，感染动物产生免疫应答，丘疹处的血管形成血栓，丘疹发生坏死，感染细胞中能够产生大量病毒诱导蛋白（A型包含体）的病毒颗粒在细胞质中富集。感染细胞进入环境时，这些蛋白可以对病毒粒子提供保护，易感动物吸入时，这些病毒颗粒又可以作为传染源。

8. 免疫应答

a. 自然感染

羊痘感染后康复的绵羊、山羊和牛可获得终生免疫，并能抵抗所有毒株的攻击。

b. 免疫

多种山羊痘减毒活疫苗和灭活疫苗已经用来免疫绵羊和山羊以抵抗羊痘病毒的攻击。所有的羊痘病毒毒株，不管来源于绵羊、山羊还是牛，都有一个共同的中和表位，因此任何一株羊痘病毒感染后，康复动物都可以抵抗其他毒株的感染。因此，不论毒株来源于亚洲还是非洲，使用单一痘病毒疫苗保护绵羊、山羊和牛抵抗所有野外毒株的感染是可行的。

羊痘病毒抗原有两种存在形式，即短管状结构覆盖的完整病毒粒子和外加宿主细胞膜覆盖的完整病毒粒子。后者通常是由感染动物产生，而前者通常是通过反复冻融感染组织产生的。组织培养生产的灭活疫苗，几乎完全是裸病毒颗粒，作为疫苗使用时，不刺激动物机体产生对有膜包被的病毒粒子的免疫力。这也是灭活疫苗免疫失败的原因之一。另外一个原因是，灭活疫苗的效力低于活疫苗，活疫苗病毒复制能够刺激机体产生细胞免疫效应，这是痘病毒感染的主要保护性反应。灭活羊痘病毒疫苗充其量只能提供暂时性保护。许多羊痘毒株已经作为活疫苗广泛使用，例如，O240肯尼亚羊痘毒株可用于绵羊和山羊，罗马尼亚和RM-65株主要用于绵羊，迈索尔和戈尔甘株（the Mysore and Gorgan strains）主要用于山羊。O240株免疫绵羊和山羊，免疫期可以持续1年多，并能对致死量病毒攻击提供终生保护。O240株不能用于牛的免疫。

南非使用减毒株尼特林格株（The attenuated Neethling strain）来保护牛，但绵羊株对牛也有效。罗马尼亚株曾用于埃及首次暴发LSD的免疫。尼特林格株和O240株都能引起牛的免疫应答。

9. 诊断

a. 现场诊断

严重的羊痘和LSD均有特征性的临床症状。但当两种疾病的症状表现轻微时，就容易与副痘病毒引起的绵羊和山羊传染性化脓性皮炎或牛的伪牛痘和丘疹性口腔炎混淆。大量昆虫叮咬或有荨麻疹时，也可能出现类似羊痘病毒感染的症状。

b. 实验室诊断

i. 样品　在活体检测或死后剖检时，可从皮肤丘疹、肺部病变或淋巴结中采集病料，进行病毒分离和抗原检测，最好是在临床症状出现后的第一周内采集样品。即便在中和抗体出现之后，亦可采集样品用聚合酶链反应（PCR）进行基因检测。

ii. 实验室检测　利用透射电镜观察典型羊痘病毒颗粒可对羊痘病毒进行实验

室确诊。琼脂免疫扩散试验（AGID）可以检测沉淀抗原（以羊痘早期病例的活检淋巴结为材料）和特异性免疫血清，但与副痘病毒有交叉反应。羊痘病毒可以在绵羊、山羊和牛源组织培养物上生长，尽管野外毒株需要长达14d的生长期，或者需要一种或多种组织培养传代。目前已开发了用多克隆抗血清与重组的羊痘病毒免疫优势抗原反应检测抗原的酶联免疫吸附试验（ELISA）。利用山羊痘病毒针对融合蛋白基因和结合蛋白基因设计的引物进行基因检测的方法也有报道。

病毒中和试验是最特异的血清学检测方法。但由于羊痘病毒感染以细胞免疫为主，因此，当感染病毒动物体内只有低水平中和抗体产生时，中和试验检测就不够敏感。由于与其他痘病毒抗体有交叉反应，AGID和IFAT就不够特异。利用羊痘病毒P32抗原与检测血清进行的免疫印迹试验结果敏感、特异，但成本昂贵，普及困难。利用合适的载体表达该抗原，建立ELISA方法，有望成为一种可普及的、标准的血清学检测方法。

10. 预防与控制

没有绵羊山羊痘和LSD的国家要预防该病，必须禁止从痘病流行地区引进活的绵羊、山羊、牛及其产品。疫病流行地区主要依靠疫苗接种来预防。

尽管试验证实疫苗接种后的前两年，病毒可能在接种部位的皮下进行复制，但0240株疫苗免疫后可对羊痘提供终生保护。免疫可以防止疫情扩散。由于疫苗生产经济方便，因此应该对各个年龄的绵羊和山羊实施免疫控制计划。

■ 参考文献

[1] BLACK, D.N., HAMMOND, J.M. and KITCHING, R.P. 1986. Genomic relationship between Capripoxviruses. Virus Res. 5: 277-292.

[2] CARN, V.M. 1993. Control of capripoxvirus infections. Vaccine. 11: 1275-1279.

[3] CARN, V.M. and KITCHING, R.P. 1995. An investigation of possible routes of transmission of lumpy skin disease virus (Neethling) . Epidemiol. Infect. 114: 219-226.

[4] CARN, V.M., and KITCHING, R.P. 1995. The clinical response of cattle following infection with lumpy skin disease (Neethling) virus. Arch. Virol. 140: 503-513.

[5] COETZER, J.A.W. 2004. Lumpy skin disease In: Infectious Diseases of Livestock, JAW Coetzer, RC Tustin, eds., Cape Town: Oxford University Press 2nd Edition. pp, 1268-1276.

[6] HEINE, H.G., STEVENS, M.P., FOORD, A.J., and BOYLE, D.B. 1999. A capripoxvirus detection PCR and antibody ELISA based on the major antigen P32,

the homolog of the vaccinia virus H3L gene. J. Immunol. Methods. 227: 187-196.

[7] KITCHING, R.P., HAMMOND, J.M. and BLACK, D.N. 1986. A single vaccine for the control of capripoxvirus infection in sheep and goats. Res. Vet. Sci. 42: 53-60.

图片参见第四部分。

Paul Kitching, DVM, PhD, Director, National Centre for Foreign Animal Disease, Winnipeg, Manitoba R3E 3M4, Canada, kitchingp@inspection.gc.ca

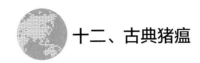

十二、古典猪瘟

1. 名称

古典猪瘟（Classical swine fever，CSF），猪霍乱（Hog cholera）。

2. 定义

古典猪瘟是猪的一种高度传染性和致死性的病毒病。对于后天感染的猪，该病可行急性、亚急性或者慢性经过。急性型临床表现为高热、极度沉郁、皮肤出血，发病率和病死率高。亚急性和慢性病猪的临床症状不如急性病猪那么严重。亚急性型和慢性型的大龄猪看似可以康复。母猪产前感染中低毒力的毒株会产下持续受感染的猪仔，这些猪仔可能会发生迟发型疾病。因先天性感染而持续受感染的猪成为病毒传入非感染农场的最大风险。

3. 病原学

古典猪瘟病毒（CSFV）属于黄病毒科（*Flaviviridae*）瘟病毒属（*Pestivirus*）。虽然CSFV的抗原性存在差异，但只有一个血清型。CSFV在抗原性上与兽医上另外两种重要的病毒，即牛病毒性腹泻病毒（Bovine viral diarrhea virus，BVDV）和边界病病毒（Border disease virus，BDV）相近。由于CSFV是囊膜病毒，所以认为其比较脆弱，然而其在环境中的存活时间取决于物理条件。在pH5~10的条件下病毒相对比较稳定，当pH＜3或pH＞10时病毒失去活性。已有报道指出病毒在100℃经1min，90℃经1min，80℃经2min、70℃经5min的条件下可以灭活。病毒在低温环境下相对稳定，在感染猪的猪肉中冷藏条件下能存活数周，冻存条件下可存活数年。

4. 宿主范围

猪是CSFV唯一的自然宿主，包括家猪和野猪。人对CSFV不易感。

5. 流行病学

a. 传播

感染猪在相当长时期内不时经睡液、泪液、尿液、粪便、精液和血液排毒。排毒时间长短取决于毒株的毒力和中和抗体的消长。猪只间直接接触可能是CSFV的主要传播方式。此外，经口鼻与污染的分泌物或者排泄物接触也是最常见的感染途径，病毒通过黏膜、眼结膜、破损皮肤、授精或者使用污染的针头等方式都是潜在的传播途径。当大量感染动物集聚时，可通过空气传播。这在相互邻近、机械通风的猪舍间最可能发生。通过污染物（工具、车辆、衣物、设备等）传播也是一种重要的传播途径，常与家畜买卖、经销商参观、供给卡车进出、兽医人员服务等活动联系在一起。在温暖的季节，也有可能通过昆虫进行机械性传播。目前，尚未发现CSFV可以在无脊椎动物体内繁殖。饲喂未煮熟的含猪肉的泔水、残羹也被认为是一种重要的传播方式，因此在许多国家被明令禁止。

b. 潜伏期

病毒潜伏期为2~14d，通常为3~4d。时间长短很大程度上取决于毒株的毒力，强毒株潜伏期通常比弱毒株短。其他因素如病毒剂量、接触途径也可以影响潜伏期的长短。

c. 发病率

发病率可能差异悬殊，取决于病毒和宿主等因素。这些因素主要包括毒株毒力、猪群年龄、猪群健康状况、猪群内并发感染情况以及营养等因素。一般而言，强毒株比弱毒株排毒时间长。因此，感染强毒株时，疫情在猪群内传播速度较快，发病率比弱毒株高。

d. 病死率

病死率同样受上述宿主和病毒因素的影响而不同。不考虑毒株毒力情况，能够观察到小猪有较高的病死率。在10~20d内，急性感染病例出现死亡。亚急性和慢性型猪瘟，发病率和病死率都比较低，间歇或延后出现临床症状，持续几周或者几个月。

6. 临床症状

a. 急性古典猪瘟

急性CSF的猪群最初表现出食欲减退、活动减少、弓腰、垂头嗜睡等非典型症状。高热通常是发病的首要症状，体温可高达42.2℃，但通常为41~42℃。常伴随发烧，猪体皮肤变红。发病猪会蜷缩一起并互相挤压，不易轰开。常见结膜炎引起的眼角脓性分泌物，甚至眼睑粘连。胃肠道症状包括黄色、含有胆汁的呕吐物，以及暂时性便秘，随后出现灰黄色水样腹泻。随病程发展，病猪憔悴，因关节无力而步态不稳。常发展为后肢麻痹。临近疾病晚期，耳、腹部、大腿内侧皮肤可见出血以及耳、尾、口鼻部皮肤发绀。

b. 慢性古典猪瘟

慢性CSF临床症状分为3个阶段：第一阶段或称急性期，表现为食欲减退、精神沉郁和发热。第二阶段，感染动物的临床症状整体上更为明显。最后阶段，临床症状加剧恶化和死亡。在发病阶段，出现交替腹泻和便秘。腹泻可以持续几周甚至几个月。发病动物发育不良，头部与躯干相比偏大，不成比例。僵猪表现为弓背和皮肤病变。病变的皮肤形成许多病灶和坏死点，这和猪皮炎和肾炎综合征（PDNS）表现的症状容易混淆。患有慢性CSF的猪死前能够存活3个月以上。

c. 先天性古典猪瘟

CSFV感染孕期母猪后能通过胎盘感染发育中的胎畜。胎畜感染的情况取决于母猪感染的毒株毒力和妊娠期。发病的母猪可见暂时性发烧、厌食和繁殖力降低。

感染猪瘟强毒会导致流产或者早期死产。感染中低毒力毒株的母猪会产出木乃伊胎畜、死产或者产出震颤性弱仔，有时可见脏器和中枢神经系统畸形。在母猪妊娠的前3个月感染低毒力毒株会产出表面健康持续带毒的仔猪。这种猪无法产生中和抗体，患有持续病毒血症，可终生排泄出大量病毒。这些持续带毒的猪可几个月不发病，随后会出现温和症状，如食欲减少、沉郁、结膜炎、皮炎、腹泻和后肢麻痹。这种病猪能存活2~11个月，但最终都会死亡。

7. 病理变化

a. 急性古典猪瘟

急性CSF的典型病变是出血。可见于肿胀、红色大理石样变的淋巴结，皮肤、皮下组织、膀胱、肾脏、浆膜和黏膜广泛性针尖状或斑点状出血。这些病变大部分是由于病毒对血管内皮细胞的直接影响。腭扁桃体出现坏疽。由于扁桃体隐窝上皮细胞是CSFV增殖的首要部位，导致颌下腺和咽部淋巴结首先发生水肿和出血。从这里，CSFV由扁桃腺通过淋巴管扩散至淋巴结。随着病程恶化，其他部位的淋巴结也发生病变。脾脏梗死，其表面和边缘凸起、变黑呈楔形等症状不常见于目前流行的CSFV毒株感染，但是如有此症状，那基本可以认为是该病的特征。

肺脏也出现梗死和出血，继发细菌性感染导致卡他性或纤维素性支气管肺炎和胸膜炎。除此之外，在胸腔集聚淡黄色液体。在腹腔和心外囊膜腔也能观察到类似的液体。

脑炎在CSFV感染的猪剖检时常见。主要表现为血管充血和血栓。主要显微病变是血管周围套，此外，还可见内皮细胞变性，小神经胶质细胞增生和坏死灶。

b. 慢性古典猪瘟

慢性CSF的病变与急性CSF的相似但较轻。没有出血和血栓。继发的细菌感染使CSF病变复杂。胃肠道的黏膜上可见纽扣状坏疽和溃疡，尤其是盲肠和结肠。在对感染CSF后存活1个月的肥猪剖检时，如果沿肋软骨结合处纵向切开，可见含残存的未钙化生长的软骨横纹。

c. 先天性古典猪瘟

先天性感染CSF的病变表现为胎畜木乃伊化、胎畜畸形和死产。最常见的是胎畜畸形（头和四肢残废），小脑和肺脏发育不完全，小头症，髓鞘形成过少。死产胎畜最明显的病变是广泛性皮下水肿、腹水和胸腔积液。

8. 免疫应答

a. 自然感染

CSFV能够入侵和破坏宿主的免疫系统。发病猪感染CSFV常见病变为胸腺和骨髓萎缩，病毒能破坏外周淋巴器官的生发中心。单核巨噬细胞是病毒早期感染和复制的靶细胞。然而，其他细胞包括网状内皮组织系统也能够感染病毒。白细胞减少症尤其是淋巴细胞减少症是感染CSFV后早期的典型特征。B淋巴细胞、辅助性T细胞、细胞毒性T细胞都不同程度地减少，部分是由于未感染的淋巴细胞出现凋亡引起的。因此，针对CSF产生的细胞免疫和体液免疫应答推迟，直到发病第3周后才产生病毒中和抗体。由于B细胞和T细胞的减少，CSF感染猪群的免疫系统受损，容易发生继发感染。

b. 免疫

世界许多国家和地区使用减毒活疫苗来控制CSF疫情。这些疫苗株包括中国株（C株）、日本GPE株（豚鼠增毒阴性，guinea pig exaltation negative）、法国疫苗株（Thiverval）、墨西哥PAV疫苗株。其中，C株是在兔子体内经数百次传代致弱，应用最广泛。兔化弱毒疫苗的许多特性使其非常适合紧急免疫。临床已证明猪群经过免疫后能够获得稳定、持久的保护力，在免疫后1周内可以抑制病毒的复制和排泄，无发病迹象。C株弱毒复制主要限于淋巴组织，在猪体内持续存在不超过2~3周。在欧洲，利用C株已成功控制野猪感染猪瘟。

尽管C株疫苗免疫后能够产生抗体，但是不能和野毒感染产生的抗体区别开。这就提示我们需要研究一种选择性疫苗能够用于区分感染的和免疫的动物（DIVA）策略。目前，2种用E2糖蛋白制备的疫苗已在欧洲获准使用。与C株弱毒苗产生的免疫保护相比，持续时间长，能够明显减少病毒的复制和排出。根据野毒感染产生的抗体和E^{rns}糖蛋白产生的抗体来区分这两种情况。早期试验表明这些辨别性检测适用以群为单位的检测，而不适合单个动物检测。新型改进的标记性疫苗研发正在进行中。

9. 诊断

a. 现场诊断

由于临床症状和病理变化差异较大，现场只能对CSF作初步试验性的诊断。猪的许多其他败血性疾病如非洲猪瘟、沙门氏菌病、放线杆菌病、急性巴氏杆菌病和猪嗜血杆菌病感染症状非常类似急性CSF。因此，任何出现高热等败血性症状的发病猪都需要仔细调查。除了要系统的剖检4~5头猪，还应进行详细的历史记录调查和特定信息收集以确定是否饲喂过未煮熟的泔水，近期是否使用过特殊的生物制品或畜群是否有所增加。

b. 实验室诊断

i. 样品 尸检样品，尤其是与CSF诊断相关的采样应包括扁桃体、咽部淋巴结和肠系膜淋巴结、脾脏、肾脏、回肠末端。扁桃体是最佳采用部位，可以用于分离病毒、核酸检测和抗原检测。每份样品应用塑料袋独立包装，标记清楚，冻存并尽快寄送到实验室。对活体动物，应采集有发烧或其他类似CSF症状动物的扁桃体活检组织样品和全血（含EDTA或者肝素）。随着聚合酶链反应（PCR）作为诊断工具的日益使用，也可以考虑采集鼻腔和口咽拭子样品并放置在病毒运输液中。

如进行抗体检测，可从疑似感染过的康复猪、疑似产过先天性感染仔猪的母猪、与病猪或疑似病例有过接触的猪群中采集血清样品。由于血清阳转的延迟，通常在感染后3周后才能产生，我们必须应采集足够数量的样品才能增大对血清学阳性动物的检出率。

所有的诊断材料运输应遵照国家关于诊断用生物样品的运输条例，使用防漏容器进行贮存和运输。

ii. 实验室检测 CSFV分离涉及接种猪肾细胞培养以及随后用荧光抗体检测试验或者免疫过氧化物酶染色法检测病毒。由于CSFV属于非细胞病变的瘟病毒属，所以用这种方法进行鉴定非常必要。抗CSFV的多克隆抗体常用于病毒感染的早期鉴定。由于多克隆抗体和BVDV、BDV有交叉反应，确诊试验需要使用CSFV特异性单克隆抗体，或者使用RT-PCR方法来扩增病毒核酸，通常还要进行测序。病毒分离的最终结果需要1周或更长的时间。

RT-PCR作为一种诊断方法已广泛认可和用于CSF的检测。该方法与病毒分离一样或更敏感。相比病毒分离，它的另一优势，也是最重要的优点是检测快速且高通量。

CSFV抗原从病死猪的冷冻组织、扁桃体活检组织、涂片、骨髓中检测到。在荧光抗体检测试验（FAT）中通常使用荧光素标记多克隆抗体。FAT能在样品收集后数小时内完成对冰冻组织切片检测。由于BVDV和BDV抗原也能被荧光素标记多克隆抗体检测到，推荐确诊试验使用过氧化物酶标记的猪瘟特异性单克隆抗体。过去，FAT常用作诊断CSFV的快速方法，然而，这种诊断方法的敏感性不是很高，适合用于畜群水平检测，依赖每个农场采集适宜样本数。最近研究显示亲和素-生物素复合（ABC）单克隆抗体检测试验对冰冻组织切片进行CSFV检测，具有更高的特异性和敏感性。

在自然界，中低毒力的CSFV可引起亚临床感染。因此，血清学检测对于发现和清除感染病畜很有必要。病毒中和试验和ELISA是检测CSFV抗体的有效方法。

10.　预防与控制

许多国家都采取规范化的相应措施来控制CSF的传入。包括对活猪以及生鲜肉和熟制制品的贸易限制政策，进口活猪需要进行血清学检测和一定的留检期。由于CSF的临床特征和病理变化差异较大，更新的监测项目（荷兰设计）定位于缩短高风险期的时间，这个时间指的是从病毒传入到检出首个阳性病例所用的时间。该项目是基于常规的尸体病理检查，扁桃体病毒学检测、生产者的临床观察、兽医人员有计划的定期临床检查，以及用抗生素治疗的发病猪血液样品中白细胞计数。其他国家的监测力度相对较低，目标主要集中于自然感染的病例。

一旦发现CSFV传入，扑杀销毁是最适当的首要措施。发病猪场所有猪群都应当被屠宰，它们的尸体、垫草、饲料等都需要销毁。应建立相应的感染区、监测区和控制区。另外，开展彻底的流行病学调查，追溯到病毒可能来源和评估可能传播情况。当扑杀证明无效时还应考虑实施紧急免疫。即使使用疫苗免疫，但仅限于使用可靠的标记疫苗，仍然可以获得OIE无猪瘟国家状态认可。

■ 参考文献

[1] EDWARDS, S., MOENNIG, V. and WENSWOORT, G. 1991. The development of an international panel of monoclonal antibodies for the differentiation of hog cholera virus from other pestiviruses. Vet. Micro. 29: 101-108.

[2] RISATTI, G. R., CALLAHAN, J. D., NELSON, W.M. and BORCA, M.V. 2003. Rapid detection of classical swine fever virus by a portable real-time reverse transcriptase PCR assay. J. Clin. Micro. 41: 500-505.

[3] FLOEGEL-NIESMANN, G., BUNZENTHAL, C., FISCHER, S., and MOENNIG, V. 2003. Virulence of recent and former classical swine fever virus isolates evaluated by their clinical and pathological signs. J. Vet. Med. 50: 214-220.

[4] SUMMERFIELD, A., KNOETIG, S. M., TSCHUDIN, R. and McCULLOUGH, K.C. 2000. Pathogenesis of granulocytopenia and bone marrow atrophy during classical

swine fever involves apoptosis and necrosis of uninfected cells. Virology. 272: 50-60.

[5] SUMMERFIELD, A., McNEILLY, F., WALKER, I., ALLAN, G., KNOETIG, S. M. and McCULLOUGH, K. C. 2001. Depletion of CD4+ and CD8high+ T-cells before the onset of viremia during classical swine fever. Vet. Immunol. Immunopath. 78: 3-19.

[6] KLINKENBERG, D., NIELEN, M., MOURITS, M. C. M. and de JONG, M. C. M. 2005. The effectiveness of classical swine fever surveillance programmes in The Netherlands. Prev. Vet. Med. 67: 19-37.

[7] VAN OIRSCHOT, J. T. 1999. Classical Swine Fever (Hog Cholera) . In Diseases of Swine, 8th ed., B Straw, S D'Allaire, W Mengeling, D Taylor, eds., Ames, IA: Iowa State University Press, pp. 159-172.

图片参见第四部分。

John Pasick, DVM, PhD, National Centre for Foreign Animal Disease, Winnipeg, Manitoba, R3E 3M4, Canada, jpasick@inspection.gc.ca

十三、绵羊和山羊传染性无乳症

1. 名称

传染性无乳症（Contagious agalactia，CA）。

2. 定义

传染性无乳症是一种严重侵害绵羊和山羊的综合性疾病，公畜和母畜均可感染，特征为发热、全身乏力、败血症，进而发展为关节炎、角膜结膜炎，母畜还可表现为乳腺炎和无乳症。

3. 病原学

该病病原体被认为是无乳支原体（*Mycoplasma agalactiae*，Ma）。该病原自1932年被分离以来，一直被认为是传染性无乳症的主要病原，尤其绵羊发病时。然而，很明显其他支原体也可引发"传染性无乳"综合征（特别是在山羊），尤其像支原体山羊亚种（*M. capricolum* subsp. *Capricolum*，Mcc）、腐败支原体（*M. putrefasciens*）和"大菌落"型或丝状支原体丝状亚种的LC型（"large colony" or LC type of *M. mycoides* subsp. *mycoides*，MmmLC）。尽管有学者提出将"传染性无乳症"定义为由无乳支原体引发的疾病，但在1999年召开的反刍动物支原体病欧洲科学与技术合作工作组会议上，一致同意上述4种支原体都应该是引起传染性无乳症的病原。

常用消毒剂可以有效灭活病原体，包括次氯酸钠（1gal① 水中加入30mL的家用漂白剂）、甲酚、2%氢氧化钠（pH 12.4）、1%福尔马林、碳酸钠溶液（4%无水碳酸钠溶液或含1%洗涤剂的10%结晶水碳酸钠溶液），离子型或非离子洗涤剂等。

4. 宿主范围

a. 家畜

自然感染时，山羊似乎比绵羊更易感，但无乳支原体是能引起两种动物都发病的重要病原体。Mcc和MmmLC主要引起山羊发病，绵羊很少发病。腐败支原体引起山羊乳腺炎和关节炎，这和由Ma、MmmLC和Mcc引起的乳腺炎和关节炎无法区别。大多数疫情发生在夏季，这和羊羔出生及哺乳高峰时间一致。

———————————

① 1gal（加仑）=3.785L，这儿加仑指美制单位。——译者注

b. 人

没有证据表明人对无乳支原体易感。

5. 流行病学

a. 传播

该病通过摄入被污染的饲料传播、饮水或奶，污染物包括含菌牛奶、尿液、粪便、鼻分泌物。也可通过哺乳时吮吸乳头直接进入或吸入受污染的尘埃传播。亚临床或慢性感染的动物可携带支原体并向外排毒达数月，病原体可以在乳腺淋巴结存活至下一哺乳期。污染物可造成病原在不同畜舍间传播。分娩后，病原体随着哺乳动物增加而扩散，幼畜由于吸食受污染的初乳和奶而感染该病。由此引起的败血症，伴有关节炎和肺炎，造成幼畜较高病死率。

b. 潜伏期

自然感染病例潜伏期在1~8周。

c. 发病率

该病的经济影响在于它的高发病率（30%~60%），同时由奶和肉类产品所造成的经济损失要远远大于由死亡引起的损失。随着幼畜出生，母畜全哺乳期的到来，该病发展达到顶峰。

d. 病死率

大部分CA疫情暴发时，病死率很低，很少超过20%，但偶尔继发细菌性肺炎会造成较高的病死率。

6. 临床症状

无乳支原体感染公羊和母羊时，可呈隐性经过，或引起轻度、急性或慢性疾病。初产母羊（山羊/绵羊）在哺乳初期特别易感，并常呈急性经过。在1~8周的潜伏期后，会出现短暂发热，随后全身乏力、食欲不振。紧接着是乳腺炎、多发性关节炎和角膜结膜炎。

乳腺炎的特点是乳汁变黄绿色或灰蓝色并呈水样，后期可出现脓肿并伴随泌乳减少直到停止。最后，乳房纤维化并萎缩。

多发性关节炎的第一个症状是关节周围组织肿胀，特别是在腕关节和跗关节，随后发展成疼痛型慢性感染，表现为跛足、无法站立或行走。这可能是该病在公山羊的主要表现。

约50%的感染动物有短期的角膜结膜炎，并有可能发展成慢性感染，偶尔造成单侧或双侧眼睛失明。有时可在肺部病变组织中分离到无乳支原体，但不一定都引起肺炎。菌血症比较常见，这可以解释病原体能从短暂存在的部位分离到的现象。

慢性感染动物可以发生流产，但发病机理尚不清楚。无乳支原体也与山羊颗粒阴道炎有关。

MmmLC，是分布最广泛的反刍动物支原体之一，可引起乳腺炎、关节炎、胸膜炎、肺炎和角膜结膜炎。该病原主要局限于山羊，偶尔也会在患阴茎头包皮炎和外阴阴道炎的绵羊及牛中分离到。此病经常零星发生，但可在畜群中持续存在并缓慢传播。母羊分娩后，此病在产奶羊群中的传播机会增加，同时幼畜由于吸吮带菌初乳和羊奶而感染。随后因关节炎和肺炎引发的败血症增加了羔羊的病死率。

Mcc分布很广且致病性强，特别是在北非，但发病率低。山羊常比绵羊多发，临床症状为发热、败血症、乳腺炎和严重的关节炎，随后迅速死亡。剖检时可见肺炎病变。试验条件下感染时，可见严重的关节病变，关节周围组织皮下水肿严重，并影响到离关节较远的组织。在英国，零星暴发的Mcc感染中曾观察到绵羊生殖器官病变。

山羊腐败支原体常见于西欧的哺乳期山羊群中，有无临床症状均可以分离到病原。美国加利福尼亚曾暴发过一起与腐败支原体感染有关的大疫情，山羊发生乳腺炎、无乳，并导致严重的关节炎，并伴发流产和死亡（但不发热）。腐败支原体也是西班牙一起幼畜多发性关节炎的主要病原。在西班牙，一起由无乳支原体和腐败支原体引起的山羊传染性无乳症疫情造成公羊和母羊生殖器官损害。尽管感染山羊多种器官中都能分离到这两种病原，但是从受损的生殖器官中只分离到腐败支原体。

7. 病理变化

雌性动物的主要病变是卡他性乳腺炎，起初间质组织发生炎症，随后腺泡发生炎症。如果发展成慢性乳腺炎，会导致乳房纤维化并最终发生实质萎缩。

在公畜和母畜感染过程中，败血症会导致肌肉组织、脾脏、肝脏充血和急性死亡。在急性和许多慢性感染动物中，伴随关节周围水肿的关节炎较常见，特别是在腕关节。滑膜可能会充血，关节腔可能充满混浊或血性液体。眼睛病变早期通常是浆液性，随后形成黏脓性结膜炎，紧接着是角膜炎，偶尔也会发生角膜溃疡。

8. 免疫应答

活疫苗和灭活疫苗都已经用于预防CA。弱毒活疫苗可以用于山羊免疫，用支原体自然无毒株制备的疫苗对山羊有效。东欧已经广泛使用福尔马林灭活的氢氧化铝沉淀疫苗。但灭活疫苗免疫效果不佳。

9. 诊断

a. 现场诊断

特征性的临床症状包括引起产奶减少的乳腺炎、角膜结膜炎和关节炎，所有症状发生在分娩或分娩后不久。依据这些可以现场诊断传染性无乳症。

许多支原体可以引起类似传染性无乳症的症状（山羊尤甚）。溶血性曼氏杆菌同样可以引起肺炎、乳腺炎和关节炎；链球菌、葡萄球菌或其他细菌也可以引起乳腺炎；山羊关节炎脑炎病毒和多种细菌（包括红斑丹毒丝菌，*Erysipelothrix rhusiopathiae*）也可以引起关节炎。因此，对现场诊断进行实验室确诊必不可少。

b. 实验室诊断

i. 样品 从活体动物采取的奶、眼分泌物、关节液和血液都是很好的分离样品。对有严重临床症状的死亡动物，采样时最好的样品包括：血液、尿液、乳房和相关淋巴结、肺部病变、肝、脾和患有关节炎动物的关节液。所有样品应无菌收集，如果有条件，应放置在运输培养液中（心浸液肉汤，20%的血清，10%的酵母膏，青霉素250~1000 IU/mL），样品应在冷藏条件下迅速送到实验室。如果样品运送延迟（超过几天），样品应冷冻保存。应采集血液样品以收集血清。

ii. 实验室检测 CA的确诊必须通过病原分离和免疫学方法证实病原体的存在。病原分离证实感染该病后，用血清学方法（补体结合试验、间接血凝试验和酶联免疫吸附试验）检测畜群抗体水平很有帮助。数个针对无乳支原体和"支原体族"的PCR方法已经建立，而且被证实非常灵敏。当发现阳性样品需要进行全面方位检查时，可用PCR对牛奶、鼻、眼、滑膜和组织样品进行直接检测，从而提供快速的早期预警。然而，阴性结果不应该认为就是确诊。对于阳性结果，特别是在以前无传染性无乳症的地区，应使用标准程序分离和鉴定支原体来对其进行验证。

10. 预防与控制

由于CA是一种慢性疾病，感染动物可能出现亚临床症状，因此应强化监管以防止健康动物感染。在疫病流行地区，正规的卫生预防措施包括把感染动物与健康动物分开，把泌乳动物与年轻动物分开，清洁和消毒挤奶用具，执行良好的挤奶卫生原则，清洗消毒畜栏和清除垃圾，这些都会减少畜群的发病率。如果条件允许，新出生的动物应该立即与母畜隔离，并且给予巴氏杀菌初乳，随后喂巴氏杀菌奶。

早期抗生素治疗（四环素、大环内酯类抗生素、氟苯尼考、泰妙菌素和喹诺酮类药物）预后良好，只有那些患慢性关节炎或角膜结膜炎的动物预后不良。土霉素不能阻止病原菌的传播。对于其他药物是否有疗效仍有待确定。

通过屠宰所有感染畜群和与之接触的畜群可以根除该病。如上所述，活疫苗和灭活疫苗已经用来预防CA。由于菌株变异，建议使用自体疫苗并结合当地支原体毒株来预防CA。灭活疫苗免疫效果不佳。关于活疫苗的使用问题：①乳汁可能散播疫苗菌株；②尽管疫苗可以阻止临床疾病发展，但是不能预防感染和病原菌向环境散播。

■ 参考文献

[1] BAR-MOSHE, B., RAPAPPORT, E. and BRENNER, J. 1984. Vaccination trials against Mycoplasma mycoides subsp. mycoides (large-colony type) infection in goats. Israel J. Med. Sci. 20: 972-974.

[2] BERGONIER, D., BERTHOLET, X. and POUMARAT, F. 1997. Contagious agalactia of small ruminants: current knowledge concerning epidemiology,

[3] diagnosis and control. Rev. sci. tech. Off. int Epiz. 16: 848-873.

[4] DAMASSA, A.J., WAKENELL, P.S., and BROOKS, D.L. 1992. Mycoplasmas of goats and sheep. J. Vet. Diag. Invest. 4: 101-113.

[5] GIL, M.C., PENA, F.J., HERMOSO DE MENDOZA, J. and GOMEZ, L. 2003. Genital lesions in an outbreak of caprine contagious agalactia caused by Mycoplasma agalactiae and Mycoplasma putrefaciens. J. Ve.t Med. B. Infec.t Di.s Vet. Pub. Hlth. 50: 484-487.

[6] GRECO, G., CORRENTE, M., MARTELLA, V., PRATELLI A. and BUONAVOGLIA, D. 2001. A multiplex-PCR for the diagnosis of contagious agalactia of sheep and goats. Mol. Cell. Probes. 15: 21-25.

[7] PEYRAUD, A., WOUBIT, S., POVEDA, J. B., DE LA FE, C., MERCIER, P. and THIAUCOURT, F. 2003. A specific PCR for the detection of Mycoplasma putrefaciens, one of the agents of the contagious agalactia syndrome of goats. Mol. Cell. Probes. 17: 289-294.

[8] TOLA, S., MANUNTA, D., ROCCA, S., ROCCHIGIANI, A.M., IDINI, G., ANGIOI, A., and LEORI, G. 1999. Experimental vaccination against Mycoplasma agalactiae using different inactivated vaccine. Vaccine. 17: 2764-2768.

Terry McElwain, DVM, PhD and Fred Rurangirwa, DVM, PhD, Washington State University, Pullman, WA, 99165-2037, tfm@vetmed.wsu.edu, ruvuna@vetmed.wsu.edu

十四、牛传染性胸膜肺炎

1. 名称

牛传染性胸膜肺炎（Contagious bovine pleuropneumonia，CBPP）。

2. 定义

牛传染性胸膜肺炎是一种传染性、细菌性疾病，主要感染牛，以急性、亚急性或慢性形式出现。肺脏是主要靶器官，但有时引起关节、肾脏病变。

3. 病原学

CBPP由丝状支原体丝状亚种小菌落型（MmmSC）引起。该病原只能在体内存活，暴露于外界环境中迅速失活。能被常规消毒剂有效灭活。MmmSC在肉类或肉类制品中不能存活，脱离动物体后在自然环境中几天内死亡。丝状支原体丝状亚种大菌落型只感染绵羊和山羊，不感染牛。

4. 宿主范围

a. 家畜

家养牛易感，包括黄牛（*Bos taurus*）、瘤牛（*Bos indicus*）和亚洲水牛（*Bubalus bubalis*）。

b. 野生动物

据认为野生动物在自然条件下不易感。偶有动物园中野牛、牦牛感染的报道，白尾鹿可在试验条件下感染。

c. 人

MmmSC不感染人。

5. 流行病学

a. 传播

CBPP通过吸入感染牛咳嗽喷出的飞沫传播。因此，该病传播需要患病牛和健康牛较密切接触。将感染动物引入本地畜群后通常会引发疫情。普遍认为，康复牛的肺部坏死组织中仍残存该病原，在应激条件下又成为活跃的散毒动物；尽管这可能是该病暴发的一个因素，但这一传播方式目前还没有在实验室得到验证。有少数的坊间报道认为可通过污染物传播，但普遍认为这不是该病的主要传播方式。

b. 潜伏期

从自然感染到出现明显临床症状的时间不一，但一般认为相当长。已经证实，健康牛在放于CBPP感染牛群内3周到4个月后会开始发病。试验性感染结果显示，若将含有大量病原的病料灌入气管，潜伏期为2~3周。

c. 发病率

发病率不定。一般认为该病不是高度接触性传染病。增加动物在圈舍的时间，会使发病率上升。若群内动物接触密切，发病率可达50%~80%。

d. 病死率

病死率差别很大，为10%~70%。严重急性感染的动物绝大部分会死亡。亚急性和慢性发病时，病死率因营养水平、寄生虫情况和动物体况等并发因素而变化。

6. 临床症状

临床症状首先表现为精神沉郁、食欲下降并伴有发热，继之出现咳嗽、胸部疼痛和呼吸急促。当肺部出现严重和广泛病变时，病牛会出现呼吸窘迫，有时张嘴呼吸。若肺炎继续发展，病牛呼吸更加困难，前肢外展倾斜站立，借以缓解肺部疼痛，增加胸腔空间。根据肺叶实质组织的病变程度不同，听诊时出现范围不同的杂音，也可能出现捻发音、湿啰音或胸腔摩擦音。敲击病变区声音沉闷。

CBPP往往演变成慢性疾病。这时，病牛通常以体况不良和反复低烧为特征，往往难以作出正确诊断。强迫病牛运动可出现咳嗽。

小牛多以关节炎为主，通常不伴随肺炎。病牛往往以僵直拱背方式站立并且不愿运动。站立和蹲下时，病牛出现明显不适。触诊时，较大的关节可出现肿胀、发热。如果关节疼痛严重，因不愿弯曲关节，动物会出现腿部伸直侧躺的情况。

7. 病理变化

a. 眼观病变

肺部病变特征明显。病死牛肺部和胸膜出现广泛、明显的炎症。在严重的病例中，胸腔出现大量积液。如果动物死亡，通常有广泛、明显的肺部和胸膜炎症。肺部炎症不止发生在单侧肺叶。初始病灶可出现在肺部的任何部位，在致死病例中，初始病灶蔓延扩散成大块的病变。

发生病变的肺实质没有异味。主要病变特征是肺小叶实变、增厚，小叶间隔变宽，形成大理石状花纹。病原菌产生一种叫做半乳聚糖的坏死毒素，可通过隔膜广泛分布。小叶间隔首先因水肿而扩张，之后有纤维素渗出，最后纤维化。胸膜由于上覆不规则分层的黄色纤维蛋白，并随着时间延长纤维素化而导致增厚，最终造成肺胸膜与肋胸膜发生纤维性粘连。有时，病畜肺部发生凝固性、缺血性坏死，坏死部位形成包囊，称之为"死骨"。在康复动物的肺部可见这种包囊，包囊内部的MmmSC可存活数月甚至更长时间，对该病的扩散起到较大作用。

小牛的关节囊内充满大量浑浊液体，液体内含有大量纤维素，与空气接触后凝固。病原体会在肾脏形成梗塞，之后变成慢性纤维化灶。

b. 主要显微病变

可见肺部组织病理变化包括小叶间隔增宽、凝固性坏死、大量纤维素渗出和水肿。但这些病理变化并不是CBPP的特征病变，不能用于与其他严重肺叶疾病的鉴别诊断，如牛出血性败血症（又称为"船运热"）。

8. 免疫应答

a. 自然感染

康复牛可抵抗再次感染。在慢性病例中，抗体滴度可不断下降而呈现阴性，因此，抗体滴度不能作为动物是否感染CBPP的检测指标。

b. 免疫

在该病流行地区使用疫苗，具有一定保护作用（见下文）。

9. 诊断

a. 现场诊断

现场诊断CBPP非常困难。CBPP的剖检病理变化有其一定的特征性。与其他类型的肺炎不同，CBPP通常在一侧发生。主要特征是肺泡中广泛出现纤维素沉积和充满大量稻草色液体，肺实质出现典型大理石状花纹。在一些慢性病例中，在肺脏表面看不到明显的病灶结节，但可以在实质中触摸到。

b. 实验室诊断

i. 样品　对活动物，鼻拭子、气管清洗液或通过胸腔穿刺采集胸腔积液等样品都可用于病原分离。对急性死亡动物，可采集肺、气管和支气管拭子、支气管及纵隔淋巴结以及发生关节炎病例的关节液。所有样品都应无菌采集，如果条件允许，放于运送培养液中（心浸液肉汤，20%血清，10%酵母膏，青霉素250~1000IU/mL）。样品应当冷藏保存，并尽快放于湿冰上运送。如果运送到实验室需要几天时间，样品应冷冻。应采集血液样品以分离血清。

ii. 实验室检测　MmmSC分离和鉴定是首选的诊断方法，但该病原对培养基要求苛刻并且生长缓慢。疫情暴发时可使用快速凝集试验（penside agglutination test）进行检测。目前已有实时PCR。血清学检测方法中，补体结合试验是最好的牛群监测方法。竞争ELISA方法已建立，正在验证。病理标本的免疫组织化学染色法已在使用。

10. 预防与控制

防控CBPP关键是防止易感动物与感染动物发生接触，感染动物既包括临床发病动物也包括亚临床感染动物。在农场，对疑似发病动物以及与感染动物接触过的动物进行检疫，是阻断该病传播最有效的方式。在新疫区，可采用临床检测、捕杀和检疫等手段控制该病。

不建议对病畜进行治疗。抗生素治疗只能缓解病情发展，不能彻底根治，甚至在某些情况下可促进死骨形成。

在疫情流行地区，以减毒株MmmSC（T1）作为疫苗。采用皮下注射的途径免疫。该疫苗在效价和安全性方面存在一些问题，可能与不同实验室采用的致弱方法以及连续传代致弱过程中遗传漂移等因素相关。该疫苗另一个缺点是容易产生不可预见的局部反应，这可能是疫苗中半乳聚糖毒素所致，在疫苗注射部位皮肤发生坏死和脱落。所以疫苗接种部位尾尖优于颈部，因为前者没有丰富疏松的皮下组织，不容易造成大面积局部反应。

■ 参考文献

[1] ANON. 2002. Contagious bovine pleuropneumonia. Animal diseases data, OIE, http: //www.oie.int/eng/maladies/fiches/a_A060.htm.

[2] BASHIRUDDIN, J.G., SANTINI, F.G., DE SANTIS, P., VISAGGIO, M.C., DI FRANCESCO, G., D'ANGELO, A. and NICHOLAS, R.A. 1999. Detection of Mycoplasma mycoides subspecies mycoides in tissues from an outbreak of contagious bovine pleuropneumonia by culture, immunohistochemistry and polymerase chain reaction. Vet. Rec. 145: 271-274.

[3] GORTON, T.S., BARNETT, M.M., GULL, T., FRENCH, R.A., LU, A., KUTISH, G.F., ADAMS, G.L. and GEARY, S.J. 2005. Development of real-time diagnostic assays specific for Mycoplasma mycoides subspecies mycoides Small Colony. Vet. Microbiol. 111: 51-58.

[4] GRIECO, V., BOLDINI, M., LUINI, M., FINAZZI, M., MANDELLI, G. and SCANZIANI, E. 2001. Pathological, immunohistochemical and bacteriological findings in kidneys of cattle with contagious bovine pleuropnumonia (CBPP). J. Comp. Pathol. 124: 95-101.

[5] THIACOURT, F., YAYA, A., WESONGA, H., HUEBSCHLE, O.J., TULASNE, J.J. and PROVOST, A. 2000. Contagious bovine pleuropneumonia. A reassessment of the

efficacy of vaccines used in Africa. Ann. N.Y. Acad. Sci. 916: 71-80.

图片参见第四部分。

Corrie Brown, D.V.M., Ph.D., Department of Pathology, College of Veterinary Medicine, University of Georgia, Athens, GA 30602-7388, corbrown@uga.edu

十五、山羊传染性胸膜肺炎

1. 名称

山羊传染性胸膜肺炎（Contagious caprine pleuropneumonia，CCPP）。

2. 定义

山羊传染性胸膜肺炎是由山羊支原体山羊肺炎亚种引起的一种急性、高度传染性疾病，发病羊不分年龄和性别。病羊主要以发热、咳嗽和严重的呼吸困难为特征，病死率高。尸检主要病变是纤维素性胸膜肺炎和大面积肺部组织实变，同时伴有稻草样颜色的胸腔积液出现。

3. 病原学

典型CCPP是由山羊支原体山羊肺炎亚种（*Mycoplasma capricolum* subsp. *carpripneumoniae*，Mccp）引起的，该病原最早被称作F-38生物型。肯尼亚首次分离到Mccp，并证明其引起了CCPP。有人在实验室用Mccp攻毒动物后，成功引起动物发病，病羊与自然感染病羊不能区别诊断。

该病原体与另外三种支原体遗传关系较近：丝状支原体丝状亚种（*M. mycoides* subsp. *mycoides*）大菌落型（LC），丝状支原体山羊亚种（*M. mycoides* subsp. *capri*）和山羊支原体山羊亚种（*M. capricolum* subsp. *capricolm*）。与典型CCPP不同，这三种支原体引起的病变不仅仅限于胸腔，而是除胸腔发生病变外，还常伴随其他组织脏器的病变。多年来，CCPP病原体一直被认为是丝状支原体山羊亚种PG-3毒株。但是，近年来从CCPP病例中经常分离不到丝状支原体山羊亚种病原，证明丝状支原体山羊亚种并非CCPP的主要病原。

丝状支原体丝状亚种（LC型）通常引起山羊的败血症、关节炎、乳腺炎、脑炎、结膜炎、肝炎和肺炎。其中有些菌株引发的肺炎症状与CCPP非常接近，但不同的是该病原不具有高度传染性，不能引起典型CCPP。山羊支原体山羊亚种通常引起山羊乳腺炎和关节炎，并且能够引起类似CCPP的肺炎症状，但它通常会引起病羊发生严重败血症和关节炎。山羊支原体山羊亚种与山羊支原体山羊肺炎亚种遗传关系非常近，可以用单克隆抗体或PCR方法区分二者。

4. 宿主范围

a. 家畜

CCPP主要引起山羊发病,即使该发病地区存在绵羊和牛,也不会引起它们发病。山羊支原体山羊亚种不引起绵羊和牛发病。实验室条件下丝状支原体山羊亚种可引起绵羊死亡并能由山羊传染给绵羊,但它却不是绵羊自然感染的原因。

b. 人

目前尚无人感染该病的报道。

5. 流行病学

a. 传播方式

CCPP通过气溶胶传播。目前已知的两种引发该病的病原体中,Mccp传染性更高。该病往往在寒流侵袭或长距离运输后或者在大雨过后暴发(例如印度往往在季风季节过后发生疫情)。这可能是因为突然的气候或环境变化,引起带毒动物释放病原导致该病发生。因此也认为,动物可能会长期带毒。

b. 潜伏期

自然条件下,潜伏期最短6~10d,但也可能会延长到3~4周。

c. 发病率

发病率可达100%。易感动物聚集或增加在圈舍内时间会加速该病传播。

d. 病死率

病死率为70%~100%。

6. 临床症状

典型CCPP由山羊支原体山羊肺炎亚种引起,临床症状仅限于呼吸道,以高热(41℃)、咳嗽和精神沉郁为特征。病羊呼吸困难,之后,呼吸时发出呼噜声并伴有明显疼痛感。病羊死亡前短时间内鼻腔流出泡沫状液体,口腔流出黏性唾液。急性发病时,在易感羊群中发病羊在出现临床症状后7~10d内死亡。在流行地区,该病多为慢性病程,这容易导致发病率回升,这些病羊很多成为带毒动物。

丝状支原体山羊亚种容易引起全身性感染并常导致败血症。据记载,生殖道、呼吸道和消化道的病变可引起急性或超急性败血症。此外,该病原可引起胸部和生殖道发生病变。该病原的传染性、发病率和病死率比山羊支原体山羊亚种低。

7. 病理变化

典型CCPP病变仅限于胸腔内。发病早期,肺部出现豌豆大小的黄色结节,随着病情发展，在结节周围出现明显充血。病变可出现在单侧肺，也可出现在双侧肺肺叶，可能固化。肺胸膜增厚并可能与胸腔粘连，胸腔中积聚稻草颜色样积液。

与此形成鲜明对比的是，丝状支原体山羊亚种不仅在肺部形成与典型CCPP极为相似的症状，还可在全身多个器官引起病变。其他器官病变包括脑炎、脑膜炎、淋巴结病变、脾炎、泌尿生殖道炎症和肠道病变，但这些病变不出现在典型CCPP中。肺部病变与CBPP相似，通常仅限于单侧肺，出现各期纤维素性肺炎。病例常见广泛胸膜炎，肺小叶间隔扩张并出现各期肝样变，心脏和膈肌也常见该病变。有人认为这是温和型CCPP，也有人说这不是CCPP。

8. 免疫应答

丝状支原体山羊亚种疫苗已在使用，但收效不大。这可能是因为典型CCPP通常是由Mccp F-38生物型引起，而不是丝状支原体山羊亚种。减毒和灭活Mccp F-38生物型疫苗已经过测试并获得不同程度的成功。其中最有希望用于临床的疫苗是皂苷灭活Mccp F-38冻干疫苗，试验表明，可对接触病原的易感羊群产生100%保护，这种疫苗已在肯尼亚使用数年。

9. 诊断

a. 现场诊断

在山羊，具有高度传染性，以高热（41℃以上）、严重呼吸困难和高病死率为特征，尸检有明显纤维素性肺炎和肝样变，同时出现肺胸膜粘连。

b. 实验室诊断

i. 样品　对重症死亡动物，提交的最佳样品是患肺、主支气管棉拭子、气管和支气管下淋巴结或纵隔淋巴结。所有样品采集应尽量保持无菌，若条件允许，置于运送培养液中（心浸液肉汤，20%的血清，10%的酵母膏，250~1000IU/ml青霉素）。样品应冷藏保存，并尽快放于湿冰上运送。若运送到实验室需几天时间，样品应冷冻。采集血液样品以分离血清。

ii. 实验室检测　实验室诊断必须进行病原（Mccp）分离。一旦分离到病原体，可以通过荧光抗体检测试验、生长抑制试验或代谢抑制试验对病原进行鉴定。可采用几种血清学检测方法，对血清进行抗体检测，包括补体结合试验（CF）、被动血凝试验（PH）和酶联免疫吸附试验（ELISA）。乳胶凝集试验可用于田间检测全血或血清中的抗体，也可检测血清中的糖类抗原。也可以使用PCR方法进行抗原检测。

10. 预防与控制

建立健全法律法规，防止将CCPP传播到健康动物群体中，对进口易感动物进行血清学检测。

防控CCPP主要靠防止易感动物与感染动物发生任何接触，感染动物既包括临床发病动物也包括亚临床感染动物。在农场，对与感染动物接触过的易感动物和疑似病例进行检疫，是防止该病传播最有效的方式。

该病原敏感的广谱抗生素主要有四环素、泰乐菌素和泰妙菌素。Mccp对链霉素特别敏感。虽然早期治疗效果较好，但药物治疗和预防在CCPP控制过程中作用不大。

如上所述，减毒和灭活MccpF-38生物型疫苗已在不同程度上试验成功。

■ 参考文献

[1] MACOWAN, K.J. 1984. Role of Mycoplasma strain F-38 in contagious caprine pleuropneumonia. Isr. J. Med. Sci. 20: 979-981.

[2] MACOWAN, K.J. and MINETTE, J.E. 1977. Contact transmission of experimental contagious caprine pleuropneumonia (CCPP). Trop. Anim. Health Prod. 9: 185–188.

[3] MARCH, J.B., GAMMACK, C. and NICHOLAS, R. 2000. Rapid detection of contagious caprine pleuropneumonia using a Mycoplasma capricolum subsp. capripneumoniae capsular polysaccharide-specific antigen detection latex agglutination test. J. Clin. Microbiol. 38: 4152–4159.

[4] RURANGIRWA, F.R., MCGUIRE, T.C., KIBOR, A. and CHEMA, S. 1987. A latex agglutination test for field diagnosis of caprine pleuropneumonia.Vet. Rec. 121: 191–193.

[5] RURANGIRWA, F.R., MCGUIRE, T.C., KIBOR, A. and CHEMA, S. 1987. Aninactivated vaccine for contagious caprine pleuropneumonia. Vet. Rec.121: 397–402.

[6] RURANGIRWA, F.R., MCGUIRE, T.C., MUSOKE A.J. and KIBOR, A. 1987. Differentiation of F38 mycoplasmas causing contagious caprine pleuropneumonia with a growth-inhibiting monoclonal antibody. Infect. Immun. 55: 3219–3220.

[7] THIAUCOURT, F. and BOLSKE, G. 1996. Contagious caprine pleuropneumonia and other pulmonary mycoplasmoses of sheep and goats. Rev. sci. tech. Off. Int. Epiz. 15: 1397–1414.

[8] WOUBIT, S., LORENZON, S., PEYRAUD, A., MANSO-SILVAN, L., and THIAUCOURT, F. 2004. A specific PCR for the identification of Mycoplasma

capricolum subsp. capripneumoniae, the causative agent of contagious caprine pleuropneumonia (CCPP) . Vet. Microbiol. 104: 125-132.

图片参见第四部分。

Terry McElwain, DVM, PhD and Fred Rurangirwa, DVM, PhD, Washington State University, Pullman, WA, 99165-2037, tfm@vetmed.wsu.edu, ruvuna@vetmet.wsu.edu

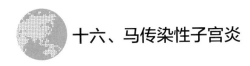

十六、马传染性子宫炎

1. 名称

马传染性子宫炎（Contagious equine metritis，CEM）。

2. 定义

马传染性子宫炎是一种高度传染性的性病。母马与感染马生殖道泰勒氏菌的种马配种后10~14d出现特征性的急性化脓性子宫炎并排出化脓性阴道分泌物。母马首次接触病原后通常导致暂时的不孕。感染可转慢性，导致带菌期可长达数月或更长。

3. 病原学

马生殖道泰勒氏菌（*Taylorella equigenitalis*）是微需氧、革兰氏阴性、非运动型球杆菌。对链霉素可能敏感或耐药（MIC 128μg/mL）。不同地域来源的分离株16SrDNA的序列同源性达到99.5%或更高。驴生殖道泰勒氏菌（*T. asinigenitalis*）是本属的另一个品种，与马生殖道泰勒氏菌的DNA同源性仅26%，表型相似，但不致病。

马生殖道泰勒氏菌对最常用的消毒剂很敏感，包括0.04%次氯酸盐，2%洗必泰和离子、非离子型去污剂。

4. 宿主范围

a. 家畜

只有马是马生殖道泰勒氏菌的自然宿主。纯种马比杂交品种马更易感。同属的驴生殖道泰勒氏菌已从公驴上分离到，从种马上也分离到一次。

b. 人

没有证据表明马生殖道泰勒氏菌能感染人。

5. 流行病学

a. 传播

自然条件下，马生殖道泰勒氏菌通过交配传播，但也可能通过污染的工具器械及人工授精间接地传给母马和种马。带菌的母马和种马可能是急性暴发的传染源。带菌种公马在该病流行中起的作用更明显，因为在该病被怀疑和确诊之前它可能已经感染了许多母马。高风险母马和种公马是那些之前已经感染的马，或者来源于往年发生疫情的牧场，或者来源于没有实施严格CEM控制的国家。无临床症状的种公马其外生殖器可带菌数年。该菌主要存在于尿道窝。马驹可能从一出生就感染直至成年。

b. 潜伏期

自然状态下，配种后10~14d才表现明显症状，表现为母马发情周期缩短并出现发情迹象。炎症反应在感染后24h开始出现，10~14d后达到高峰。

c. 发病率

动物通过配种等生殖行为接触病原后发病率很高。

d. 病死率

未见死亡。

6. 临床症状

与感染的种马配种后10~14d出现大量脓性阴道分泌物。感染后首先表现为短周期发情，此时在尾巴和大腿内侧会发现脓性或干性阴道分泌物。几天后分泌物减少，但母马在几个月内呈慢性持续感染。试验感染矮种马和普通马，在感染后24~48h出现明显的脓性阴道分泌物，持续2~3周。大部分感染的母马不孕，即使偶尔怀上，要么流产，要么新生马驹成为带菌者。

7. 病理变化

CEM没有特征性病变。病变最严重的部位是子宫。偶尔发生输卵管炎、宫颈炎和阴道炎。最严重病变发生于感染后14d左右，之后几周由于转为慢性，严重程度逐渐降低。子宫内膜褶皱水肿、肿胀，褶皱处有大量传染性很高的脓性分泌物。子宫颈水肿和充血，并覆盖有脓性分泌物。

8. 免疫应答

a. 自然感染

自然感染可产生部分免疫力。初次感染会引起严重的子宫炎，通常会导致短暂的不孕。之后的感染很少引起严重疾病，随后可能妊娠，但是可能导致带菌。这表明疫苗接种可能不是有效的措施，因为产生的抗体只能局部清除病菌。

b. 免疫

目前没有疫苗。

9. 诊断

a. 现场诊断

母马配种后10~14d出现大量的脓性阴道分泌物可怀疑为CEM。慢性感染该病的母马和种马一般不表现临床症状。

b. 实验室诊断

i. 样品 对急性和慢性感染的确诊必须通过病原分离。被怀疑为带菌的母马应在发情期最好是发情周期的第一阶段进行病菌分离培养。采样部位可选择子宫、阴蒂窝、阴蒂窦道、尿道、尿道窝、支囊及种马鞘。采集的拭子样品应立即放于阿米托运送培养液中，4℃或更低温度保存，以保持病菌活力并防止污染细菌过度生长。如果拭子不能在几个小时内进行培养，运送培养液中的样品应冻存。冻存的病原仍有活性，在-20℃条件下，在阿米托运送培养液中存放18年后仍可培养。

ii. 实验室检测 在急性期，将子宫分泌物涂片有助于作出初步诊断。对子宫分泌物进行革兰氏和姬姆萨染色可看到很多炎性细胞，主要是中性粒细胞。许多革兰氏阴性球杆菌可能不存在于黏液和中性粒细胞胞质中。通常可见病原菌呈单个或成对挨着排列。

针对16SrDNA序列设计的引物进行聚合酶链反应（PCR）可检测样品和培养物。TaqMan探针实时荧光定量PCR可鉴别诊断马生殖道泰勒氏菌和驴生殖道泰勒氏菌。PCR比细菌培养快速、特异、敏感。但由于不管死的还是活的细菌PCR都能检测，所以PCR阳性不一定表明目前存在活的有传染性的马生殖道泰勒氏菌。因此，实验室诊断CEM的金标准是分离到活的马生殖道泰勒氏菌。但是因污染菌的过度生长或样品中活菌太少导致分离培养失败时，PCR检测的诊断价值就非常重要了。PCR阳性、分离培养阴性的样品需要额外采集样品进行分离培养。考虑到PCR比细菌培养敏感性更高，PCR阴性诊断结果是比较可靠的。

PCR鉴别诊断马生殖道泰勒氏菌和驴生殖道泰勒氏菌非常有效。

血清抗体检测有多种方法，包括快速平板凝集试验（RPA）、抗球蛋白试验、荧光标记单抗酶联免疫吸附试验（ELISA）、被动红细胞凝集反应（PHA）、补体结合试验（CF）和琼脂扩散试验。慢性感染时，非补体结合抗体滴度增加，补体结合抗体IgM减少，所以CF不能用于慢性感染病例的抗体检测。大部分急性和慢性的CEM都用RPA、ELISA和PHA来检测。感染的种马不产生可检抗体。

10. 预防与控制

目前，抗生素是否能清除或加快清除该病菌还不清楚。自然状态下，清除病菌需要几个月。消毒剂和抗生素可用于母马和种马的外生殖器。常规治疗，每天可用肥皂和清水清洗外生殖器然后用洗必泰擦洗，连续5d。洗必泰擦洗之后用温水清洗外生殖道再抹上呋喃西林软膏。此治疗方法的缺点是破坏正常菌群，使潜在的条件致病菌如假单胞菌（Pseudomonas spp.）和克雷伯菌（Klebsiella spp.）大量繁殖。阴蒂窦道是母马持续带菌的主要部位，很难清洗和治疗，通常通过外科切除以

消除母马感染。但用洗必泰溶液反复冲洗阴蒂窦道和阴蒂窝再用呋喃西林软膏涂抹
是根除病菌的有效方法。

带菌母马和种马呈隐性感染，这使得CEM难以控制。防止该病的传播需要在
母马和种马配种前进行检测，并对感染马进行治疗。怀疑带菌的母马应当进行细菌
培养以确保不会感染种马，种马一旦感染，可快速传播给更多的母马。怀疑感染的
种马应进行细菌培养，也可以与试验用的易感母马配种，然后再对母马进行细菌
培养。

马生殖道泰勒氏菌小菌落型毒力较弱，这可能是自然感染、表现典型临床症状
的马数量逐渐减少的主要原因。这些变异株对现场诊断和实验室检测带来了很大的
挑战，因为这些变异株除了菌落较小和透明外，培养特性与正常的没有区别。此
外，生长缓慢，有污染菌存在和链霉素敏感株的出现降低了细菌培养的成 功率。

由于链霉素敏感株的细菌分离比较困难，所以对以前感染马生殖道泰勒氏菌的
母马进行血清学检测是一种有效的辅助手段。感染后大约2周CF检测阳性并且接下
来的3周左右持续阳性，ELISA和其他血清学方法可用于检测以前感染过的母马。血
清学检测对种马来说没有用，因为它们不产生可检抗体。

■ 参考文献

[1] ACLAND, H.M. and KENNEY, R.M. 1983. Lesions of contagious equine metritis in
    mares. Vet. Pathol. 20: 330-341.

[2] ANZAI, T., EGUCHI, M., SEKIZAKI, T., KAMADA, M., YAMAMOTO, K. and
    OKUDA, T. 1999. Development of a PCR test for rapid diagnosis of contagious
    equine metritis. J. Vet. Med. Sci. 61: 1282-1292.

[3] ANZAI, T., WADA, R., OKUDA, T. and AOKI, T. 2002. Evaluation of the field
    application of PCR in the eradication of contagious equine metritis from Japan. J. Vet.
    Med. Sci. 64: 999-1002.

[4] ARATA, A.B., COOKE, C.L., JANG, S.S. and HIRSH, D.C. 2001.Multiplex
    polymerase chain reaction for distinguishing Taylorella equigenitalis from T.
    equigenitalis-like organisms. J. Vet. Diagn. Invest.13: 263-264.

[5] BAVERUD, V., NYSTROM, C. and JOHANSSON, K.E. 2006. Isolation and
    identification of Taylorella asinigenitalis from the genital tract of a stallion; first case
    of a natural infection. Vet. Microbiol. 116: 294-300.

[6] BLUEMINK-PLUYM, N.M.C., WERDLER, M.E.B., HOUWERS, D.J.,

PARLEVLIET, J.M., COLENBRANDER, B. and VAN DER ZEIJST, B.A.M. 1994. Development and evaluation of PCR test for detection of Taylorella equigenitalis. J. Clin. Microbiology. 32: 893-896.

[7] MATSUDA, M. and MOORE, J.E. 2003. Recent advances in molecular epidemiology and detection of Taylorella equigenitalis associated with contagious equine metritis, (CEM). Microbiol. 97: 111-122.

[8] MATSUDA, M., TAZUMI, A., KAGAWA, S., SEKIZUKA, T. and MURAYAMA, O. 2006. Homogeneity of the 16 S r DNA sequence among geographically disparate isolates of Taylorella equigenitalis. BMC Vet. Res. 2: 1.

[9] SWERCZEK, T.W. 1979. Contagious equine metritis - outbreak of the disease in Kentucky and laboratory methods for diagnosing the disease. J. Reproduc. Fertil. (Suppl). 27: 361-365.

[10] TIMONEY, P.J., MCARDLE, J.F., O'REILLY, P.J. and WARD, J. 1978. Infection patterns in pony mares challenged with the agent of contagious equine metritis 1977. Equine Vet. J. 10: 148-152.

[11] WAKELY, P.R., ERRINGTON, J. HANNON, S., ROEST H.I. CARSON, T. and HUNT, B. 2006. Vet. Microbiol. 118: 247-54.

图片参见第四部分。

John Timoney, DVM, PhD, Gluck Equine Research Center, University ofKentucky, Lexington, KY 40546-0099, jtimoney@uky.edu

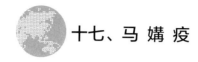 # 十七、马 媾 疫

1. 名称

马媾疫（Dourine）、恶性性交病（Morbo coitale maligno）、Slapsiekte、Beschalseuche。

2. 定义

马媾疫是马科动物的一种慢性锥虫病。该疾病几乎只通过交媾传播。以外生殖器水肿性病变、神经系统受损和渐进性消瘦为特征，大多数病例最终死亡。

3. 病原学

马媾疫由马媾疫锥虫（*Trypanosoma equiperdum*）引起。马媾疫锥虫是一种在形态学和血清学上与布氏锥虫（*T. brucei*）、罗得西亚锥虫（*T. rhodesiense*）、伊氏锥虫（*T. evansi*）和冈比亚锥虫（*T. gambiense*）相近的原虫。不同锥虫的致病性有差异。

4. 宿主范围

a. 家畜

马媾疫通常是马、驴和骡疾病。病原可感染多种实验动物。

b. 野生动物

尽管没有证据表明斑马可以感染马媾疫锥虫或传播马媾疫，但曾在斑马中检测到补体结合试验（CF）阳性反应。改良品种的马似乎对该病更易感，感染后病情发展迅速，损害神经系统。相反，本地马驹和驴通常症状轻微。感染的公驴可能无症状，在该病的流行病学中特别危险，因为它们作为马媾疫锥虫携带者可能逃过检测。

c. 人

人对马媾疫锥虫不易感。

5. 流行病学

a. 传播

该性病几乎只通过交媾传播。病原体存在于被感染的种公马尿道和母马阴道分泌物中。病原体可穿透未受损伤的黏膜，从而感染新的宿主。但是，感染动物并非每次交媾都传播感染。随着病情发展，锥虫周期性地从尿道或阴道消失，在此期

间，动物是非感染性的。非感染期可能会持续数周或数月，而且在病程后期更可能发生。因此，传播最有可能发生在病程早期。

母马与感染种公马交媾后可能感染性受孕。感染母马生下的马驹也可能被感染。目前还不清楚这种感染是发生在子宫内、出生时还是通过哺乳。因为锥虫可能存在于母马的乳汁中，这些马驹可能在出生时经口感染或通过食入感染的乳汁而被感染。以这种方式感染的马驹成年后可能传播疾病，并终生呈CF阳性。但是，这种传播方式极少见。一些马驹可能从感染母马的初乳中获得被动免疫而不被感染；这些马驹的CF滴度下降，到4~7个月龄时血清反应呈阴性。虽然非交媾传播的可能性仍不确定，但已表明性未成熟的马属动物会偶发感染。

b. 潜伏期

潜伏期差异很大，通常在感染几周后出现临床症状，但是也有可能直到数年后才出现明显症状。

c. 发病率

该病是一种性病，发病率与交媾有关。

d. 病死率

虽然病程持续很长，但通常是致死性的。如果神经系统未受损害，无并发症的马媾疫似乎并不致命。伴有神经症状的患病动物逐渐衰弱，易于出现其他不同状况。由于在一些试验病例中动物存活期很长，因此有关马媾疫康复的报道很值得怀疑。

6. 临床症状

临床症状差异很大，取决于感染虫株毒力、感染动物营养状况以及其他应激因素。非洲南部的流行虫株（和以前的美洲虫株）显然比欧洲虫株、亚洲虫株和北美洲虫株的毒力弱，引起隐性的慢性病。有些动物可能长达数年没有明显的临床症状（所谓的潜伏感染），这些动物可能会因应激而突然出现临床症状。

母马感染后的最初症状通常是阴道出现少量排泄物，残留在尾巴、后腿及臀部。随后外阴肿胀和水肿，沿会阴蔓延到乳房和腹部。可能出现外阴炎和阴道炎，伴有多尿和其他不适症状，如翘尾。中等毒力虫株感染通常不会引起流产，但是，强毒虫株感染则可能带来严重的流产损失。

种公马感染后最初症状是包皮和龟头不同程度水肿，扩展到阴囊和会阴，以及腹部和胸部。有时可观察到嵌顿包茎现象。水肿可能消退，而后周期性地复发。外生殖器上的小囊疱或溃疡可痊愈，留下永久的白色疤痕（白斑病样斑块）。暂时性的圆形皮肤斑是某些地区某些虫株的疾病特征，其他地区其他虫株则没有。这些斑有时称作"银元斑"，一旦出现，可据此确诊。

马媾疫暴发时，常常可观察到结膜炎和角膜炎，可能是一些感染畜群出现的最初症状。

神经紊乱现象可出现在外生殖器水肿后不久或相隔数周或数月之后。这些症状最初为不安和四肢交替负重，随后逐渐衰弱和共济失调，最后瘫痪、卧地不起。尽管食欲未受影响，但是随着临床症状发展，有时出现贫血和消瘦。

马媾疫会病情出现恶化、耐受或复发等不同病程，在死亡或康复之前多次反复。感染中等毒力虫株后病程可能持续数年。试验感染的马匹存活长达十年之久。欧洲虫株和亚洲虫株引起的马媾疫病程较急，病死率较高。

7. 病理变化

贫血和恶病质在马媾疫死亡动物中常见。病程后期生殖器和腹部的水肿变硬。大多淋巴结有明显的慢性淋巴结炎，在有神经症状的动物中，神经周围结缔组织被水肿液浸润，脊髓周围有浆液浸润，尤其在腰部和骶部。

8. 免疫应答

锥虫表面覆盖着一层蛋白质，称作可变表面糖蛋白（Variable surface glycoprotein，VSG），具有很强的抗原性，引起机体产生保护性抗体。不过，寄生虫种群进化产生一种不同的VSG，以逃避这些抗体，这一过程在长期反复的自然感染中不断重复。某些特定的VSG序列在感染过程中是不变的。这种现象意味着抗体可用于诊断但没有保护性。到目前为止，这也阻碍了有效疫苗的研制。

9. 诊断

a. 现场诊断

由于许多患病动物没有临床症状，所以根据体征诊断是不可靠的。但是，当症状出现时，则提示要进行马媾疫诊断。如果出现"银元斑"，则可作为马媾疫的特征病症。

b. 实验室诊断

i. 样品　锥虫检测存在非常大的不确定性，并非诊断马媾疫的可靠方法。应送检血清、乙二胺四乙酸（EDTA）抗凝全血和血涂片。

ii. 实验室检测　可靠的补体结合试验（CF）为世界许多地方成功根除马媾疫奠定了基础。CF试验所用的抗原具有群特异性，可导致与感染布氏锥虫、罗得西亚锥虫或冈比亚锥虫的马血清产生交叉反应。因此，CF试验在不存在这些锥虫的地区最有用。已经建立间接荧光抗体检测试验（IFAT）、卡片凝集试验（CA）和酶联免疫吸附试验（ELISA）用于马媾疫检测，但还未取代CF。

10. 预防与控制

虽然有用杀锥虫药物治疗成功的报告，例如苏拉明（suramin），10mg/kg，静脉注射，喹匹拉明二甲基硫酸盐（quinapyramine dimethylsulfate），3~5mg/kg，皮下注射，这些治疗对强毒虫株（欧洲）引起的疾病更加有效。一般来说，不建议进行治疗，因为担心治疗后的动物会继续传播疾病。治疗可能会导致成为隐性带虫动物，在马媾疫无疫区不建议进行治疗。马锥虫病的免疫很复杂。马媾疫锥虫具有周期性置换主要表面糖蛋白抗原的能力，这是其维持慢性感染的策略。当前还没有马媾疫的免疫方法。最成功的预防和根除项目致力于感染动物的血清学鉴定。应对感染动物进行人道扑杀或去势，以防止疫病进一步传播。一些去势的马可能仍然表现出与母马交媾的行为而构成传播风险。在发现马媾疫的地区，所有马属动物都应被隔离检疫并在持续检测的1~2个月内停止配种。

卫生和消毒不是控制马媾疫传播的有效手段，因为该病一般通过交媾传播。

■ 参考文献

[1] BUCK, G.A., LONGACRE, S., RALBAUD, A., HIBNER, U., GIRAUD, C., BALTZ T., BALTZ, D. and EISEN, H. 1984. Stability of expression-linked surface antigen gene in Trypanosoma equiperdum. Nature. 307: 563-566.

[2] HERR, S., HUCHZERMEYER, H.F., TE BRUGGE, L.A., WILLIAMSON, C.C., ROOS, J.A., and SCHIELE, G.J. 1985. The use of a single complement fixation test technique in bovine brucellosis, Johne's disease, dourine, equine piroplasmosis and Q-fever serology. Onderstepoort J.Vet.Res. 52: 279-282.

[3] LOSOS, G.J. 1986. Infectious Tropical Diseases of Domestic Animals. New York: Churchill Livingstone, Inc. pp. 182-318.

[4] LUCKINS, A.G., BARROWMAN, P.R., STOLTSZ, W.H. AND VAN DER LUGT, J.J. 2005. Dourine. In: Infectious Diseases of Livestock, 2nd ed., JAW Coetzer, RC Tustin, eds, Oxford University Press, pp. 297-304.

[5] McENTEE, K. 1990. Reproductive Pathology of Domestic Animals. New York: Academic Press, pp. 204-205, 267-268.

[6] WILLIAMSON, C.C., STOLTSZ, W.H., MATTHEUS, A., and SCHIELE, G.J. 1988. An investigation into alternative methods for the serodiagnosis of dourine. Onderstepoort J. Vet. Res. 55: 117-119.

图片参见第四部分。

R.O. Gilbert, BVSc, MMedVet, MRCVS, College of Veterinary Medicine, Cornell University, Ithaca, NY 14853-6401, rog1@cornell.edu

十八、鸭病毒性肝炎

1. 名称

鸭病毒性肝炎（Duck virus hepatitis，DVH）。

2. 定义

鸭病毒性肝炎是雏鸭的一种高度致死性的传染病，以传播速度快、病死率高及特征性的肝脏出血为特征。该病首次发生于1945年纽约长岛的北京鸭雏鸭群中。

DVH可由3种不同的病毒引起，它们产生相似的临床症状和病理变化。1型引起的病死率最高，流行最广泛。2型只在英格兰鸭群中有报道，分别发生在1964—1968年和1983—1984年。3型仅在美国有报道，发生在1969—1978年。

3. 病原学

DVH1型的病原体是小RNA病毒，在雏鸭中能引起近100%的病死率。病毒含有RNA，小于50nm。病毒对理化试剂如氯仿和胰酶有很好的抵抗力，在50℃和pH值为3的情况下能稳定存活。5%苯酚、未稀释的碘附（Wescodyne一种含碘去污剂）或5.25%次氯酸钠溶液（漂白剂）可以灭活该病毒。一般来说，DVH指的是1型病毒。在美国鸭群中分离到1型病毒变异株（1a），通过交叉中和试验和交叉保护试验得知两者有部分相关性。DVH2型是由完全不同的病毒——星状病毒所引起的，它与从鸡和火鸡中分离到的星状病毒不同。DVH3型是在免疫了DHV1型的雏鸭中发现的，后来证实3型也是小RNA病毒，但其抗原性不同于1型。

4. 宿主范围

a. 家畜和野生动物

DVH1型自然感染主要发生于家养的雏鸭。北京鸭高度易感。自然感染病例在家养野鸭群中也有报道。3周龄以内的雏鸭高度易感，但6周龄时病死率降低。实验室人工感染可引起鹅、野鸭、珍珠鸡、雉、鹌鹑、火鸡的幼雏死亡，但鸡和番鸭的幼雏不表现临床症状。

DVH2型和3型只感染北京鸭。据报道，2型可以感染近6周龄的鸭，而3型很少感染2周龄以上的雏鸭。

b. 人

目前没有人感染DVH的证据。

5. 流行病学

a. 传播

DVH通过接触感染雏鸭或污染的环境传播。自然感染情况下，该病传染性高，传播迅速。尽管口腔接种病毒（通过病毒接种或者食道内放置胶囊）没有复制出该病，但仍认为该病通过口和呼吸道传播。喷雾或者气管内接种病毒可以引起感染，显示自然感染路径可能是咽或上呼吸道。没有证据表明病毒可以垂直传播。康复鸭仍然是病毒携带者，并且在康复后的8~10周，可以通过排泄物排出感染性病毒。在该病的传播中，没有发现存在生物媒介或野生动物宿主。

b. 潜伏期

DVH1型潜伏期为18~48h。几乎所有的死亡发生在疫病暴发后的3~5d。

c. 发病率

DVH1型感染，3周龄以内的雏鸭发病率可高达100%。

d. 病死率

病死率在70%~90%，4~6周龄雏鸭的发病率和病死率降低。

DVH2型可引起3~6周龄的鸭10%~25%死亡，3周龄内的雏鸭病死率可达50%。3型病毒感染发病率50%~60%，病死率10%~30%。

6. 临床症状

该病突然发生，呈急性过程。感染雏鸭呆滞，不愿移动，发展为腿部的痉挛性收缩。病鸭失去平衡，歪向一侧，1~2h内死亡，死时头向后仰，呈角弓反张姿势。出现临床症状后的2~3d内病死率最高，4~5d后结束。DHV2型和3型感染鸭群的临床症状和1型相似。

7. 病理变化

a. 眼观病变

最典型的病变发生在肝脏，肝脏肿大、在亮色背景下可以看到有点状或斑状出血。在大日龄禽类出血病灶可能更为弥散。脾脏轻微肿大并出现斑点。肾脏充血。2型和3型感染与1型感染的肉眼病变相似。DVH2型感染还可见卡他性鼻黏膜炎、出血性肠炎及心肌点状出血。

b. 主要显微病变

可以看到肝细胞广泛坏死和胆管增生，不同程度的炎症细胞浸润和出血。肝血窦处有分散的异嗜细胞。脾脏和肾脏变性。

8. 免疫应答

a. 自然感染

DVH感染康复雏鸭对同种亚型病毒产生免疫保护。

b. 免疫

可以通过非肠道途径给予血清或卵黄（来源于康复或是免疫群）对雏鸭进行被动免疫。因为卵黄中有母源抗体，免疫过的蛋鸭后代可以抵抗病毒感染。这种免疫力可以持续到2~3周龄。易感雏鸭因人工感染或免疫产生的免疫应答产生19S抗体，但在超过30日龄的鸭群中，最初的免疫应答产生19S抗体后紧接着产生7S抗体。

9. 诊断

a. 现场诊断

依据特征性症状、高病死率、典型肝脏病变可以作出初步诊断。

b. 实验室诊断

i. 样品 从死亡禽类获取的最佳样品是肝脏。活禽，可以送检血清。

ii. 实验室检测 病毒分离的首选组织是肝脏。可以通过肝脏匀浆物接种1~7日龄易感北京鸭获得病毒，易感鸭在24~48h后死亡，可见典型症状和肝脏病变。也可通过尿囊腔接种10~12日龄鸭胚或8~10日龄鸡胚来分离鸭肝炎病毒。鸭胚通常在24~72h内死亡而鸡胚在5~8d内死亡。感染鸡胚发育阻滞，可见皮肤出血、水肿、肝脏肿大变绿且带有坏死点。DVH2型病毒在鸡胚羊膜上生长不稳定，但电镜下观察肝脏匀浆样品可见星状病毒粒子。DVH3型病毒只能通过接种鸭胚或鸭肾细胞来分离。可用特异的抗血清进行病毒中和试验鉴定分离的病毒或用荧光抗体检测试验来检测病毒抗原。

10. 预防与控制

在无DVH地区，在严格隔离条件下，结合严格的生物安全措施，可以使一些养鸭场成为无DVH鸭场，但这种方法对地方流行区无效。

可以通过免疫来预防与控制DVH。疫情暴发时，可以通过皮下接种从康复鸭获得的抗血清来控制该病。另一种类似的方法是通过免疫蛋鸭获取卵黄抗体。在纽约东港，康奈尔大学鸭病研究实验室对这种方法进行了改良，他们通过采用DHV1型病毒来免疫蛋鸡制备卵黄抗体。成年鸡对DVH不易感。

控制和消灭DVH的首选方法是：免疫种鸭以保证后代雏鸭获得高水平的母源抗体。一种改良DVH1型活疫苗已经用于免疫。种鸭在开产前12周、8周、4周免疫3次。建议在开产后每3个月之后进行加强免疫，这样后代可以获得足够的免疫力。免疫力在雏鸭中通常可以持续2~3周。也有报道，在首次使用改良活疫苗免疫致敏后，再使用灭活的油苗免疫效果良好。

DVH1型也可以通过主动免疫雏鸭来预防。1~2日龄易感雏鸭可以用改良DVH1型活病毒疫苗进行主动免疫。由于受母源抗体的干扰，未接触过病毒或父母代没有免疫的雏鸭，才能获得有效的主动免疫。

实验室改良活疫苗可以为雏鸭提供保护，用于抵抗DVH2型和3型的感染，但还没有商业化的疫苗。

■ **参考文献**

[1] FABRICANT, J., RICKARD, C.G. and LEVINE, P.P. 1957. The pathology of duck virus hepatitis. Avian Dis. 1: 256-275.

[2] GOUGH, R.E. and STUART, J.C. 1993. Astoviruses in ducks (Duck virus hepatitis type II) . In: Virus Infections of Birds, J. B. McFerran, M.S. McNulty, eds., Amsterdam: Elsevier Science Publishers, B.V. pp. 505-508.

[3] HAIDER, S.A. and CALNEK, B.W. 1979. In vitro isolation, propagation and characterization of duck hepatitis virus type III. Avian Dis. 23: 715-729.

[4] SANDHU, T.S., CALNEK, B.W. and ZEMAN, L. 1992. Pathologic and serologic characterization of a variant of duck hepatitis type 1 virus. Avian Dis. 36: 932-936.

[5] TOTH, T.E. 1969. Studies of an agent causing mortality among ducklings immune to duck virus hepatitis. Avian Dis. 13: 834-846.

[6] WOOLCOCK, P.R. 1998. Duck Hepatitis. In: A Laboratory Manual for the Isolationand Identification of Avian Pathogens, 4th ed. D.E. Swayne, et al., eds., Kennett Square, PA: American Association of Avian Pathologists. pp. 200-204.

[7] WOOLCOCK, P.R. 2003. Duck Hepatitis. In: Diseases of Poultry, 11th ed. Y. M. Saif et al., eds. Ames, IA: Iowa State Press, A Blackwell Publishing Company, pp. 343-354.

[8] ZHAO, X., PHILLIPS, R.M., LI, G., and ZHONG, A. 1991. Studies on the detection of antibody to duck hepatitis virus by enzyme-linked immuno-sorbent assay. Avian Dis. 35: 778-782.

图片参见第四部分。

Tirath S. Sandhu, DVM, MS, PhD, Cornell University Duck Research Laboratory, Eastport, NY, tss3@cornell.edu

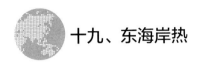 十九、东海岸热

1. 名称

东海岸热（East coast fever，ECF）、泰勒虫病（Theileriasis，Theileriosis）、津巴布韦蜱热病（Zimbabwean tick fever）、非洲罗德西亚热（African coast fever）、走廊病（Corridor disease）、一月病（January disease）。

2. 定义

东海岸热是牛泰勒虫病的一种，是牛的一种蜱传性原虫病，以高热和淋巴结病为主要特征。该病导致流行地区非本地品种牛的高病死率，仅限于非洲东部、中部和南部的部分地区。

3. 病原学

经典ECF的病原体为小泰勒虫（*Theileria parva*）。最近对它们的DNA研究结果表明，除了小泰勒虫外还混有一些之前鉴定的独立种和亚种。

小泰勒虫在蜱和哺乳动物宿主体内的生活史非常复杂。子孢子在其感染媒介具尾扇头蜱（*Rhipicephalus appendiculatus*）的唾液腺腺细胞中大量增殖，在蜱叮咬时连同唾液一起进入动物体内，并迅速进入靶淋巴细胞，该淋巴细胞在大裂殖体发育后开始转化。感染的淋巴细胞转化成淋巴母细胞，与裂殖体结合分裂产生两个感染子细胞。这一过程被称为"寄生虫引起的可逆转化"，因为，如果用抗泰勒虫药物处理细胞，转化细胞就恢复成静止淋巴细胞。被感染细胞克隆扩增，伴随着裂殖体每3d约增殖10倍。

蜱感染牛14d后，单个裂殖体以裂殖生殖方式生成裂殖子（通常称为小裂殖子）。裂殖子侵入红细胞成为梨形虫，接着也以裂殖生殖方式进行有限分裂。染虫红细胞被蜱的幼虫或若虫摄入，在饱血蜱的肠道内进行有性繁殖生成合子，然后发育成游动合子（motile kinete），感染下一代幼虫、若虫或成虫的唾液腺。

4. 寄主范围

a. 家畜

流行地区的牛，尤其是瘤牛（*Bos indicus*）对ECF似乎不太易感，小牛也不易感。另外，引进的牛，无论是公牛、瘤牛或是桑格牛都比来自流行地区的牛对泰勒虫病更加易感。印度水牛（*Bubalus bubalis*）和牛一样对小泰勒虫易感。

b. 野生动物

非洲水牛（*Syncerus caffer*）是小泰勒虫感染的贮存宿主，最近证明水羚（*Kobus* spp.）也是贮存宿主。水牛感染小泰勒虫可能引起临床疾病，但水羚则不清楚。在东非，梨形虫存在于大多数野生羚羊中，但是其与小泰勒虫的关系大部分还不清楚。

c. 人

小泰勒虫不会感染人。

5. 流行病学

a. 传播

具尾扇头蜱是ECF主要的田间传播媒介，尽管在某些地区出现其他的田间媒介，如在非洲南部干燥地区的赞比西扇头蜱（*R. zambeziensis*）和安哥拉杜通氏扇头蜱（*R. duttoni*）。在没有这些田间媒介蜱的情况下，不会发生ECF。扇头蜱属蜱媒是三宿主蜱，从一个阶段传播到下一个阶段，不经卵传播。视当地的气候情况，蜱可在牧场中保持感染力长达2年之久。在炎热的气候条件下，若虫比成虫死亡更快。通常，感染蜱要叮上几天才能够使子孢子成熟，并释放到唾液中造成传播。但在环境温度高的情况下，蜱当场可发育成感染的泰勒子孢子，子孢子可以在叮咬后几小时内传播给牛。

b. 潜伏期

在试验条件下，用已知的感染蜱或子孢子稳定株接种，潜伏期的中间范围为8~12d。在田间，潜伏期变化更大，由于牛激发的免疫应答不同，在感染蜱叮咬后其潜伏期可达3周以上。

c. 发病率

除其他因素外，发病率和病死率取决于感染蜱攻击强度、宿主易感性和虫株类型。康复动物往往体弱多病。在流行区定居多代的瘤牛被感染，发病率为100%，但只有较小比例死亡。不过，大多成为带虫牛，而且早期感染小泰虫的牛会影响其生长发育和繁殖力。

d. 病死率

宿主的易感性是病死率的重要因素。流行区的非本地牛对东海岸热，发病极为严重，病死率接近100%。

6. 临床症状

最初的临床特征通常为引流淋巴结的肿大，因为通常腮腺和耳朵是媒介蜱首选的叮咬处。其次是全身淋巴结肿大，在体表淋巴结如腮腺淋巴结、肩胛骨前淋巴结和股骨前淋巴结很容易见到和触摸到。随之而来的是发热并持续整个感染过程。体温迅速上升通常超过39.5°C，但有时可达到42°C。在大多数的结膜黏膜和口腔黏膜上有明显的瘀点和瘀斑。而后逐渐发展为厌食，健康状况随之下降。其他临床症状包括流泪、角膜混浊、流鼻涕，晚期呼吸困难、腹泻。

动物死亡前通常是卧位，体温下降，且由于肺水肿导致严重的呼吸困难，鼻孔内常常有泡沫状分泌物流出。高度易感的牛群病死率几乎是100%。除其他因素外，病情的严重性和病程取决于感染蜱的攻击强度（ECF是剂量依赖性疾病）和虫株类型。有些虫株可引起慢性消耗性疾病。致命的一种病情称为"转圈病"，是由于感染的红细胞使脑部毛细血管阻塞而导致的神经症状。

康复的牛可能会出现慢性疾病，如犊牛生长缓慢和发育不良，成年牛丧失繁殖力。不过，这种综合征往往是康复病例中的少数。在大多数情况下，无症状带虫牛的繁殖力被认为很少或没有受影响。

7. 病理变化

a. 眼观病变

感染ECF的动物在其鼻孔周围常常可见到泡沫状分泌物。也可观察到腹泻、消瘦和脱水的体征。淋巴结显著增大，可能是增生性的、出血性的和水肿性的。在急性ECF病例中淋巴结水肿充血，但在更多的慢性病例中淋巴结往往坏死和皱缩。一般来说，肌肉和脂肪呈正常状态，但如果是急性病例，脂肪可能被大量地消耗掉。浆膜表面有大量的瘀点和瘀斑，浆液可能出现在体腔内。在整个胃肠道都可观察到出血和溃疡——尤其是在皱胃和小肠，可观察到派伊尔氏淋巴集结坏死。在肝脏和肾脏可见淋巴细胞浸润为白色病灶。最显著的变化出现在肺部。在大多数ECF病例中，都出现肺叶间气肿和严重的肺水肿，肺部呈红色且充满液体，气管和支气管充满液体和泡沫。

b. 主要显微病变

一种诊断方法是在感染组织中找到裂殖体。虽然这些裂殖体在姬姆萨染色的涂片中很容易找到，但是通过组织学检测感染淋巴结中的裂殖体也是一种诊断方法。

8. 免疫应答

a. 自然感染

康复动物通常会对同源或同系虫种产生极好的免疫力，持续3.5年以上不再感染。

b. 免疫

用活虫免疫有几种方法，其中最成功的方法是使用土霉素或类似药物的"感染治疗"法。从蜱中获取子孢子稳定株，用假设的致死剂量感染动物并同时用药（四环素、布帕伐醌）治疗或者随后（帕伐醌、溴氯哌喹酮）治疗。问题出现在对适用免疫抗原种系的识别上，任何疫苗接种计划，只有经过对当地小泰勒虫的整体情况作谨慎细致的评估之后才能进行。田间任何小泰勒虫种群中的一个分离株，可能由几个虫株构成。这种免疫方法需要可靠的冷冻运输链和大规模的监测。

保护性免疫涉及针对裂殖体感染淋巴细胞的细胞毒性T淋巴细胞（CTL）的增殖。因此，免疫是由裂殖抗原诱导的，许多研发重组疫苗免疫原性和有效性试验的评估工作正在进行中。针对子孢子表面抗原的中和抗体已得到证实，该抗原相对分子质量为67 000。应用重组技术合成的这种抗原能给免疫牛提供一定程度的保护作用。

9. 诊断

a. 现场诊断

ECF的发生只与已知的媒介蜱，如具尾扇头蜱、赞比西扇头蜱，可能还与杜通氏扇头蜱和闪光扇头蜱（*R. nitens*）的存在密切相关。被媒介蜱叮咬并出现淋巴结肿大症状的发热提示为ECF。在蜱控制措施没有得到有效实施的农场，发生病死率高的一种急性病，同样也提示该病为ECF。临床诊断通常采用血涂片和淋巴结穿刺涂片，经姬姆萨染色后，找到泰勒虫的方法来完成。

b. 实验室诊断

i. 样品 制作血液白细胞层的涂片，空气干燥、甲醇固定；淋巴结触片，空气干燥、甲醇固定；淋巴结、脾、肺、肝和肾样本用于组织病理学检测，另外还应当采集血清。

ii. 实验室检测 姬姆萨染色的以上涂片、淋巴结触片或组织切片，发现裂殖体感染细胞，即可诊断为ECF。在红细胞中发现小的梨形虫提示为ECF时，还必须通过裂殖体的检测才能确诊。裂殖体可通过切片检测，但最好的办法是通过淋巴结穿刺涂片检测。由于其他泰勒虫［变异泰勒虫（*T. mutans*）、附膜泰勒虫（*T. velifera*）、斑羚泰勒虫（*T. taurotragi*）、水牛泰勒虫（*T. buffeli*）］的裂殖体之间非常相似，这些泰勒虫可能感染同一只动物，因此区分感染虫种是很重要的。可通过血清学方法和DNA检测来区分。

许多PCR方法（定向序列TpR，p104，p67）可用于检测小小泰勒虫。这些方法都是特异的，用来检测感染动物和带虫动物。哺乳动物中的抗体可以通过多种血清学试验检测，其中最广泛使用的是间接荧光抗体检测试验（IFAT），该试验采用的是细胞培养裂殖体抗原。虽然资料丰富并使用广泛，但IFAT并不能区分小泰勒虫和斑羚泰勒虫。利用整个虫体溶解产物或通过单克隆抗体分离出的特异性抗原，更特异的酶联免疫吸附试验已经获得成功。选择血清学试验是因为它对小泰勒虫抗体具有高度特异性，这种试验使用亚单位ELISA定向多态免疫显性分子（PIM）抗原。这种ELISA具有高度敏感性并且与变异泰勒虫、斑羚泰勒虫或水牛泰勒虫不发生交叉反应。因为对于急性自然感染的东海岸热，在大多情况下血清学试验在检测暴露群中康复动物的免疫状态变化是有用的。现在已有变异泰勒虫抗原捕获特异性ELISA（根据相对分子质量32 000抗原），但它无法检测其他种类的泰勒虫。

10. 预防与控制

目前有三种有效的治疗东海岸热的药物：帕伐醌（Clexon）、布帕伐醌（Butalex）、溴氯哌喹酮乳酸盐（Terit）。其中，布帕伐醌的使用最为普遍。通过治疗手段来控制东海岸热是一重大进展。

控制牛东海岸热的主要方法是免疫和使用化学杀虫剂，许多杀虫剂主要是有机氯和有机磷化合物，但近来合成除虫菊酯和氨基化合物被用于浸泡、分群喷淋和手工喷洒。最近，"大面积外敷"和"小面积外敷"用药方式的配方已被采用。通常是每周用药一次。当蜱攻击力增强时，用药频率就要增加。使用大量的杀虫剂会导致媒介蜱产生抗药性、奶和肉产生药物残留，并且往往引起流行不稳定性，牛群中的大多数牛成为易感牛。推荐的综合控制措施包括有效的圈养、牧场管理、轮牧以减少蜱的攻击强度，以及选择抗蜱牛和新的免疫方法。这些方法与杀虫策略应联合使用。

■ 参考文献

[1] NORVAL, R.A.I., PERRY, B.D. and YOUNG, A.S. 1992. The Epidemiology of Theileriosis in Africa. London: Academic Press, 481 pp.

[2] ole-MOIYOI, O.K. 1989. Theileria parva: An intracellular parasite that induces reversible lymphocyte transformation. Exptl. Parasitol., 69: 204-210.

[3] MORRISON, W.I., BOSCHER, G., MURRAY, M., EMERY, D.L., MASAKE, R.A., COOK, R.H. and WELLS, P.W. 1981. Theileria parva: Kinetics of infection in lymphoid system of cattle. Exptl. Parasit., 52: 248-260.

[4] BISHOP, R., SOHANPAL, B., KARIUKI, D.P., YOUNG, A.S., NENE, V., BAYLIS, H., ALLSOPP, B.A., SPOONER P.R., DOLAN, T.T., and MORZARIA, S. P. 1992. Detection of a carrier state in Theileria parva infected cattle using the polymerase chain reaction. Parasitology, 104: 215-232.

[5] MOLL, G., LOHDING, A., YOUNG, A.S., and LEITCH, B.L. 1986. Epidemiology of theileriosis in calves in an edemic area of Kenya. Vet. Parasitol., 19: 255-273.

[6] MORZARIA, S.P., KATENDE, J., MUSOKE, A.J., NENE, V., SKILTON, R. and BISHOP, R. 1999. Development of sero-diagnostic and molecular tolls for the control of important tick-borne pathogens of cattle in Africa. Parasitologia. 41: 73-80.

[7] CUNNINGHAM, M.P. 1977. Immunization of Cattle Against Theileria parva. In Immunity to Blood Parasites of Animals and Man. L.H. Miller, J. A. Pino, and J.J. McKelvey Jr., eds., New York: Plenum Press, pp. 189-207.

[8] GRAHAM, S.P., PELLE, R., HONDA, Y., MWANGI, D.M., TONUKARI, N.J., YAMAGE, M., GLEW, E.J., de VILLIERS, E.P., SHAH, T., BISHOP, R., ABUYA, E., AWINO, E., GACHANGA J, LUYAI, A.E., MBWIKA, F., MUTHIANI, A.M., NDEGWA, D.M., NJAHIRA, M., NYANJUI, J.K., ONONO, F.O., OSASO, J., SAYA, R.M., WILDMANN, C., FRASER, C.M., MAUDLIN I, GARDNER, M.J., MORZARIA, S.P., LOOSMORE, S., GILBERT, S.C., AUDONNET, J.C. van der BRUGGEN, P., NENE, V. and TARACHA, E.L. 2006. Teileria parva candidate vaccine antigens recognized by immune bovine cytotoxic T lymphocytes. Proc. Nat. Acad. Sci. 103: 3286-3291.

[9] MUSOKE, A.J., MORZARIA, S. P., NKONGE, C., JONES, E. and NENE, V. 1992. A recombinant sporozoite surface antigen of Theileria parva induces protection in cattle. Proc. Nat. Acad. Sci. 89: 514-519.

[10] YOUNG, A.S., GROOCOCK, C.M. and KARIUKI, D.P. 1988. Integrated control of ticks and tick-home diseases of cattle in Africa. Parasitology. 96: 403-441.

[11] COETZER, J.A.W., and TUSTIN, R.C. 2005. Theilerioses. In Infectious Diseases of Livestock 2nd ed. JAW Coetzer, RC Tustin, eds., Oxford University Press. pp. 447-466.

图片参见第四部分。

Suman M Mahan, BVM, MSc PhD, Pfizer Animal Health, Kalamazoo, Michigan, 49001, suman.mahan@pfizer.com

二十、马流行性淋巴管炎

1. 名称

马流行性淋巴管炎（Epizootic lymphangitis）、伪鼻疽、组织胞浆菌假性皮疽、马芽生菌病、马组织胞浆菌病、马隐球菌病、非洲马皮疽病。

2. 定义

马流行性淋巴管炎是一种马颈部和腿部的皮肤、淋巴管和淋巴结上的慢性传染性肉芽肿疾病，病原是荚膜组织胞浆菌假性皮疽变种（*Histoplasma capsulatum var. farciminosum*），它是一种热稳定的二相性真菌，过去被称为假性皮疽组织胞浆菌（*Histoplasma farciminosum*）。

3. 病原学

马流行性淋巴管炎是由一种称为荚膜组织胞浆菌假性皮疽变种的二相性真菌引起，该病原曾被称为假性皮疽组织胞浆菌、皮疽隐球菌（*Cryptococcus farciminosis*）、马鼻疽酵丝菌（*Zymonema farciminosis*）或者马鼻疽酵母菌（*Saccharomyces farciminosis*）。在组织中，病原体以酵母形式存在，在环境中形成菌丝，在土壤中有腐生阶段，并且对周围环境有相对较强抵抗力，可使它在温暖、潮湿的环境中存活数月。

4. 宿主范围

a. 家畜

自然宿主似乎仅限于马和驴，偶见于骡。

b. 野生动物

野生动物中未见该病的报道。

c. 人

极少数人感染的病例报道，但病原体未被证实。

5. 流行病学

a. 传播

该病原通过开放性创伤被引入。一般由吸食感染动物开放性创伤污染的苍蝇感染伤口引起传播。已从苍蝇的胃肠道分离到病原。

b.　潜伏期

潜伏期长短不一，通常为几周。

c.　发病率

高发病率仅出现于大量动物聚集时，例如在军队场合、赛马时。

d.　病死率

病死率低。

6.　临床症状

马流行性淋巴管炎没有动物品种、性别或年龄差别。该病最典型的临床症状主要出现在皮肤和相应的淋巴管、淋巴结。此外，也可能出现在结膜和眼膜，偶尔也出现于呼吸道。动物的体温和常规行为没有变化。最初的病变是直径约2cm无痛感的皮肤结。结节生在皮下，并且在皮下组织可以自由移动。病变最常见于面部、前肢、胸部和颈部或后肢的中间方向（较少）。结节周围的皮下组织扩散性水肿。结节逐渐变大并且最终破裂。一些病例除了较小的不明显的病变以外不会进一步发展，可自然痊愈。更为典型的是，溃疡尺寸变大，经历肉芽并局部康复之后会再度萌发。周围组织变硬，造成不同程度的疼痛和浮肿。

感染沿着淋巴管传播，并引起绳索状病变，导致扩散和引起某部位的皮肤不规则。病变开始扩大之后，继而发生破溃和肉芽循环，使溃疡区域逐渐缩小，直至最后仅留下一个疤痕。疤痕通常呈星形。病变的发展和退化持续约3个月。在病变覆盖关节处时，可能扩散至关节结构并且导致严重的关节炎。

可能出现结膜炎或角膜结膜炎，通常与皮肤病变同时发生。可观察到严重的或化脓的含有大量病原体的鼻分泌物。尽管在旧的文献中通常描述为呼吸道病变，但这种形式在该病最近的暴发中很少出现。

7.　病理变化

感染的皮肤和皮下组织增厚，纤维化并且变硬。几个脓性的病灶可在切口上出现。淋巴管随脓液增多而扩张。局部的淋巴结肿胀、变软和变红，并且可能含有化脓性的病灶。已描述过关节炎、关节周炎和骨膜炎。鼻黏膜可能有多个、小的灰白结节或溃疡，伴有凸起的边缘和颗粒基质。在内脏（包括肺、脾、肝）和睾丸可能出现结节和脓肿。由增生的纤维素和巨噬细胞形成的脓性肉芽肿是该病典型的组织病理学特征病变。

8.　免疫应答

a.　自然感染

临床感染康复的马对再次感染具有免疫力。

b. 免疫

尽管试验疫苗的结果理想，但还没有商品化疫苗。

9. 诊断

a. 现场诊断

尽管该病的临床表现可以作出流行性淋巴管炎的初步诊断，但该病与马鼻疽有相似性，有必要进行实验室确诊。

b. 实验室诊断

i. 样品　应无菌采集全部或部分病灶和血清样品。样品应低温保存，并尽可能在湿冰上尽快运送。浸泡于10%福尔马林溶液的病变切片和分泌物风干涂片应当进行显微镜检查。

ii. 实验室检测　证实病变的组织切片或涂片中有酵母菌被认为是最可靠的诊断方法。试图培养病原体在高达一半的病例中失败。组织中的病原体以酵母形式存在。它可以被姬姆萨染液、Diff-Quik染液或者顾莫利乌洛托品银染色。另外，已经开发出一种用于检测病原的间接荧光抗体检测试验。可用疑似动物的分泌物对兔、鼠和豚鼠进行感染试验。患病动物会对感染产生体液免疫，酶联免疫吸附试验（ELISA）、直接和间接荧光抗体检测试验和被动血凝试验已被开发用来诊断流行性淋巴管炎。利用皮内试验的其他方法（用荚膜组织胞浆菌素或皮疽菌素）获得了令人鼓舞的结果。

10. 预防与控制

据报道，静脉注射碘化钠、口服碘化钾和外科切除病灶可成功治疗该病，但是数月后临床症状有可能会再出现。在体外，病原对两性霉素B、制霉菌素和克霉唑敏感。在大部分地区，流行性淋巴管炎是一种必须报告的疾病，不允许治疗。为了防止污染环境，患病动物必须被处死。

为预防该病的传播，严格的卫生预防措施是必须的。给马梳洗或装马具时应当格外谨慎，以防传播。污染的垫草应当焚烧。病原体可以在外界环境中存活数月。

马流行性淋巴管炎是一种慢性疾病。许多温和感染的马匹可以康复，并被认为获得了终生免疫，这一信条导致疫区具有特征疤痕的马价格不菲。然而，世界上的多数地区，该病仍是必须报告的疾病。对病马不允许治疗，必须销毁。多数地区通过对感染动物实行严格的屠宰政策根除了马流行性淋巴管炎。

■ 参考文献

[1] AL-ANI, F.K. and AL-DELAIMI, A.K. 1986. Epizootic lymphangitis in horses:

Clinical, epidemiological and haematological studies. Pakistan Vet. J., 6: 96-100.

[2] CHANDLER, F.W., KAPLAN, W. and AJELLO, L. 1980. Color Atlas and Text of the Histopathology of Mycotic Diseases. Chicago: Year Book Medical Publishers, pp. 70-72, 216-217.

[3] GABAL, M.A., BANNA, A.A. and GENDI, M.E. 1983. The fluorescent antibody technique for diagnosis of equine histoplasmosis (epizootic lymphangitis) . Zbl. Vet. Med. (B) 30: 283-287.

[4] GABAL, M.A. and KHALIFA, K. 1983. Study on the immune response and serological diagnosis of equine histoplasmosis (epizootic lymphangitis) . Zbl. Vet. Med. (B) , 30: 317-321.

[5] GABAL, M.A. and MOHAMMED, K.A. 1985. Use of enzyme-linked immunosorbent assay for the diagnosis of equine histoplasmosis farciminosi (epizootic lymphangitis) . Mycopathologia. 91: 35-37.

[6] MORROW, A.N., and SEWELL, M.M.H.1990. Epizootic Lymphangitis, in Handbook on Animal Diseases in the Tropics 4th ed, Sewell, M.M.H. and Brocklesby, D.W. eds, London: Bailliere Tindall, pp.364-367.

[7] SELIM, S.A., SOLIMAN, R., OSMAN, K., PADHYE, A.A. and AJELLO, L.1985. Studies on histoplasmosis farciminosi (epizootic lymphangitis) in Egypt. Isolation of Histoplasma farciminosum from cases of histplasmosis farciminosi in horses and its morphological characteristics. Eur. J. Epidemiol. 1: 84-89.

[8] SOLIMAN. R., SAAD, M.A. and REFAI, M. 1985. Studies on histoplasmosis farciminosi (epizootic lymphangitis) in Egypt. 111. Application of a skin test ("Histofarcin") in the diagnosis of epizootic lymphangitis in horses. Mykosen. 28: 457-461.

R.O. Gilbert, BVSc, MMedVet, MRCVS, College of Veterinary Medicine, Cornell University, thaca, N Y 14853-6401, rog1@cornell.edu

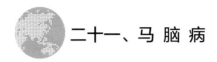

二十一、马脑病

1. 名称

马脑病[①]（Equine encephalosis）。

2. 定义

马脑病是一种由库蠓（Culicoides）传播的、马脑病病毒引起的马的温和性、亚临床症状的疾病。以发热、黏膜充血或黄疸、偶见神经症状为特征。

3. 病原学

马脑病病毒（Equine encephalosis virus，EEV）属于呼肠孤病毒科（Reoviridae）环状病毒属。与蓝舌病病毒、流行性出血病病毒和非洲马瘟病毒亲缘关系相近。EEV由10段dsRNA组成，外包蛋白衣壳。EEV有7个抗原性不同的血清型。

4. 宿主范围

a. 家畜

马脑病是马的一种疾病。驴和骡可能通过生殖途径感染，导致血清阳性，但是不表现临床症状。

b. 野生动物

在该病流行地区，斑马虽然没有临床发病的相关记录，但其血清阳性率约为25%。在几只大象的血清中也检测到了EEV特异性抗体，但同样不表现临床症状。其他野生动物的EEV抗体检测呈阴性。斑马很可能是EEV的贮存宿主，虽然没有明确的证据支持这一观点，但斑马是非洲马瘟病毒的贮存宿主，非洲马瘟病毒与EEV非常相近。

c. 人

没有证据表明EEV能感染人。

5. 流行病学

a. 传播

在流行地区，残肢库蠓（Culicoides imicola）是主要传播媒介，但其他叮咬蠓类也是该病传播媒介。该病通常发生于夏末秋初，此时传播媒介的数量最多、活力

---

① 中文也译为马器质性脑病——译者注。EEV1967年首次分离于南非。

最强。

b. 潜伏期

试验感染马的潜伏期为2~6d。自然感染（通过库蠓）潜伏期稍长。

c. 发病率

血清监测表明，在该病流行地区马感染率非常高，某些地区血清阳性率高达75%。

d. 病死率

该病的病死率很低。最初的文献报道认为该病是一种超急性神经系统致死性疾病，并且从死亡动物的组织中分离到了病毒。然而，高病死率是否只属于某一特定血清型，和/或是否是由EEV感染导致，尚不清楚。

6. 临床症状

马通常呈亚临床感染。发病的马临床表现为发热、食欲不振、黏膜充血或黄疸，偶见神经功能障碍。早期的文献描述为心肌衰退和纤维化，但是，此症状是否由EEV而不是其他病因引起的，尚不清楚。一些报道将EEV感染与流产联系在一起，但是EEV在这些病例中的作用同样不清楚。

7. 病理变化

眼观病变

马出现临床症状期间的病变有：局部肠炎、脑水肿和脂肪肝。

8. 免疫应答

a. 自然感染

自然感染的马对同一血清型病毒的再次感染有抵抗力。各血清型之间交叉保护很小。

b. 免疫

没有EEV疫苗。

9. 诊断

a. 现场诊断

当流行地区出现黄疸和神经系统疾病且这段时期库蠓属昆虫比较活跃时可怀疑该病，采集样品进行实验室检测对诊断该病非常有必要。

b. 实验室检测

i. 样品　样品包括全血、血清和脾脏。

ii. 实验室检测　血清中和试验、ELISA（特异性的检测EEV，与其他环状病毒属无交叉反应）和用鸡胚、乳鼠脑或细胞培养进行病毒分离都可用于诊断该病。

10. 预防与控制

该病没有疫苗，也没有治疗方法。防止接触库蠓是防止该病在马之间传播最有效的方法。

■ 参考文献

[1] BARNARD, B.H.J. 1997. Antibodies against some viruses of domestic animals in southern African wild animals. Onderstepoort Journal of Veterinary Research. 65: 95-110.

[2] CRAFFORD, J.E., GUTHRIE, A.J., VAN VUUREN, M., MERTENS, P.P.C., BURROUGHS, J.N., HOWELL, P.G. and HAMBLIN, C. 2003. A group-specific, indirect sandwich ELISA for the detection of equine encephalosis virus antigen. Journal of Virological Methods. 112: 129-135.

[3] HINCHCLIFF, K.W. 2007. Equine encephalosis. Chapter 26, Miscellaneous viral diseases. In: Equine Infectious Diseases, D. Sellon and M. Long, eds., Saunders, St. Louis, MO. p. 233

[4] HOWELL, P.G., GROENEWALS, D., VISAGE, C.W., BOSMAN, A.M., COETZER, J.A. and GUTHRIE, A.J. 2002. The classification of seven serotypes of equine encephalosis virus and the prevalence of homologous antibody in horses in South Africa. Onderstepoort Journal of Veterinary Research, 69: 79-93.

[5] LORD, C.C., VENTER, G.J., MELLOR, P.S., PAWESKA, J.T. and WOOLHOUSE, M.E. 2002. Transmission patterns of African horse sickness and equine encephalosis viruses in South African donkeys. Epidemiology and Infection, 128: 265-275.

[6] PAWESKA, J.T. and VENTER, G.J. 2004. Vector competence of Culicoides species and the seroprevalence of homologous neutralizing antibody in horses for 6 serotypes of equine encephalosis virus (EEV) in South Africa. Medical and Veterinary Entomology, 18: 398-407.

Corrie Brown, DVM, PhD, Department of Pathology, College of Veterinary Medicine, University of Georgia, Athens, GA 30602-7388, corbrown@uga.edu

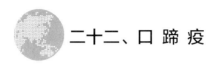

二十二、口 蹄 疫

1. 名称

口蹄疫（Foot-and-mouth disease，FMD），Fiebre aftosa（西班牙语），Fievre aphteuse（法语），Maul-und-Klauenseuche（德语）。

2. 定义

口蹄疫是一种由病毒引起的高度传染性疾病，主要侵害家养偶蹄类动物以及许多野生动物，特征为发热、水疱性损伤，继之口腔黏膜、舌、鼻腔、鼻镜、蹄或乳头等部位糜烂。

3. 病原学

口蹄疫病毒（Foot-and-mouth disease virus，FMDV）属于小RNA病毒科（*Picornaviridae*）口蹄疫病毒属（*Aphthovirus*）。长期以来，FMDV是口蹄疫病毒属的唯一成员。然而，最近将马鼻病毒A型（以前称为马鼻病毒1型）也列入了口蹄疫病毒属。

FMDV可分为7个完全不同的血清型：A型、O型、C型（也可统称为欧洲型），SAT-1型、SAT-2型、SAT-3型（统称为南非型）以及Asia 1型。此外，每个血清型又可分为很多亚型，特别是A、O和C型（如A_5，A_{24}，C_1，O_1等亚型），总共超过60个亚型。FMDV亚型众多是因为RNA病毒在复制过程中容易发生错误。这意味着，在感染过程中会产生大量的变异病毒（准种），许多能够逃避宿主免疫的变异病毒被选择出来。FMDV两个毒株同源重组也可产生新的变异株。FMDV通过突变、重组和免疫选择等方式发生遗传变异，导致了新变异株不断出现，这对FMDV疫苗株的选择而言至关重要。

作为小RNA病毒，FMDV是小二十面体无囊膜正股单链RNA病毒，直径27~28nm。整个基因组包含一个大的开放阅读框，编码一个多聚蛋白，然后由病毒的蛋白酶裂解成12种不同的蛋白。这些蛋白中的一部分用来组装成病毒衣壳（结构蛋白），结构蛋白上的独特抗原能诱发宿主产生保护性免疫应答并决定了型和亚型的特征。其他蛋白在感染动物体内病毒复制期间合成，不参与病毒衣壳的组装（称为非结构蛋白，non-structural proteins，NSPs）。一些NSPs普遍存在于所有血清型中，在感染宿主体内不能诱导产生保护性免疫应答。

与小RNA病毒科其他属成员不同，口蹄疫病毒对低pH敏感。从特性上讲，大多数肠道小RNA病毒足以耐受胃内的低pH环境，保证它们顺利到达靶器官——肠道。但是FMDV通常在pH6以下或pH9以上失活。因此，动物死亡尸僵后，其肌肉组织pH<6.0时，FMDV不能存活。然而，动物死亡后FMDV可在其淋巴结和骨髓中存活较长时间，因为这些组织在动物死亡后pH接近中性。在适宜的温度、紫外线（阳光）、湿度和pH条件下，FMDV可在环境中存活长达1个月。

FMDV在低pH溶液（2%乙酸或醋，0.2%柠檬酸溶液）或者碱性溶液（2%氢氧化钠或4%碳酸钠）中可被灭活。FMDV对碘伏、季铵类化合物、次氯酸钠和苯酚具有一定耐受性，特别是存在于有机物质中的条件下，耐受力更强。

4. 宿主范围

a. 家畜

所有偶蹄类家畜都易感，但牛（瘤牛和黄牛，*Bos indicus* and *Bos taurus*）、水牛（*Bubalus bubalis*）、牦牛（*Bos grunniens*）和猪（猪科，*Suidae* sp.）临床症状更为明显，绵羊（*Ovis aries*）和山羊（*Capra aegagrus hircus*）临床症状温和或在许多病例中没有明显的临床症状。在周围没有牛或其他家畜持续感染的情况下，受感染的绵羊和山羊往往能自愈。这一点已被南美洲的经验证实，不接种FMDV疫苗的羊与接种疫苗的牛混养后，一旦牛的FMD被消灭，羊感染FMD的情况也随之消失。

旧大陆的骆驼科动物（双峰驼和单峰驼，*Camelus bactrianus* and *Camelus dromedarius*）可被某些毒株感染，而新大陆的南美骆驼（大羊驼—*Lama glama*，羊驼—*Vicugna pacos*，小羊驼—*Vicugna vicugna*）易感性低。

b. 野生动物

普遍认为，所有偶蹄类野生动物对FMDV均易感。但临床表现差别很大，有的临床和病理表现严重，有的则为隐性感染。在非洲，最主要的宿主是非洲水牛（*Syncerus caffer*）和黑斑羚（*Aepyceros melampus*）。以色列自由放养的山瞪羚（*Gazella gazelle*）感染后病死率高。其他易感野生动物还包括刺猬（*Erinaceinae* sp.）、犰狳（*Dasypodidae* sp.）、海狸（*Myocastor coypus*）、大象（*Elephantidae* sp.）、水豚（*Hydrochoerus hydrochoeris*）、老鼠（*Rattus* sp.）和小鼠（*Mus* sp.）。

在北美洲，除了1924年在加州的长耳鹿（*Odocoileus hemionus*）中发生一次流行和1970年试验感染白尾鹿（*Odocoileus virginianus*）的报告外，很少有关于FMDV感染北美洲主要野生动物的报道。最近，美国农业部在梅岛动物疫病中心进行了北美野牛（*Bison bison*）、麋鹿（*Cervus elaphus nelsoni*）、叉角羚（*Antilocapra* americana）和长耳鹿的FMDV感染试验。研究发现，所有攻毒动物以及所有与其接触的北美野牛、叉角羚和长耳鹿，均出现了临床水疱病变。然而，接触攻毒动物的麋鹿和接触攻毒麋鹿的牛没有产生临床水疱病变。只有一头接触攻毒动物的麋鹿血清FMDV感染阳性。叉角羚和麋鹿出现轻度口腔损伤，而野牛和长耳鹿出现严重口腔病变。麋鹿出现轻度蹄部病变，其他实验动物出现严重蹄部病变。除麋鹿外，其他种类动物均发生了种内和种间传播。

野生动物在FMD传播和持续存在中的作用已经讨论了多年。然而，在家畜中已消灭FMD的国家，并未对野生动物FMD采取任何综合控制措施，但该病没有再次发生。唯一记录在案的特例是，在南非克鲁格国家公园带毒的非洲水牛（Syncerus caffer）将FMDVs（SAT型）传给了家养牛，可能也传给了其他野生动物。这证明了在许多地区大多数野生动物FMD感染源自于家畜的传播，一旦FMD从家畜中消灭，野生动物FMD也将消失。

c. 人

人很少感染FMDV，而且几乎不发病。因此，FMD不被认为是一种人畜共患病。1921—1997年间，各大洲仅有40余人感染了FMDV，主要是O型，其次是C型，几乎没有A型。然而，由于FMD影响那些提供人营养的优质动物源性蛋白的获得，以及在重大疫情控制阶段所采取的大规模扑杀措施而引起的人心理健康问题（抑郁、高自杀率以及创伤后心理障碍），因此泛美卫生组织（Pan American Health Organization）认为FMD是一个公共卫生问题。

5. 流行病学

a. 传播

FMDV可通过以下方式传播：感染动物和易感动物间的直接接触；易感动物与污染的物品（把手、鞋类、衣物、车辆等）直接接触；食入污染的肉品（主要是猪）；摄入污染的牛奶（小牛主要通过该途径感染）；采用污染的精液人工授精；吸入传染性气溶胶。传染性气溶胶在FMDV感染的病毒血症期可近距离传播，也可随风远距离传播（陆地可达60km，海上可达300km）。气溶胶传播需要有合适的环境条件，包括：湿度高、紫外线辐射强度小（比如有雾的条件下）和气温低，欧洲北部部分地区的气候符合这样的条件。但在湿度低、气温高和光照充足的热带地区，不适合气溶胶传播。

已研究了人呼吸道储存FMDV的潜在能力。值得注意的是，FMDV可在人咽喉部短期存活。对与FMDV感染动物同处隔离室内的健康志愿者采样检测结果显示，离开隔离室24h以内，从当中的7名志愿者（共8名）的鼻腔、咽喉和唾液中分离到了病毒。24h后仍能从一名志愿者的鼻拭子中分离到病毒，但48h后分离不到病毒。根据这些研究结果形成的惯例是，在全世界的FMD研究机构中，那些在隔离室与FMD感染动物接触过的人员需进行3~5d隔离检疫（personal quarantine）。发生疫情时，通过更换衣服、使用沐浴液彻底淋浴以及和咳出痰液等方法，隔离检疫的时间可缩短为16h。

从出现临床症状前1~2d到出现临床症状后7~10d内，动物排出大量的FMDV。病毒随所有体液、排泄物和呼出的气体排出。猪因大量散毒而臭名昭著（估计每天可排出1000万至100亿感染剂量的病毒）。牛的散毒量也不少，主要通过脱落的口腔和蹄部上皮散毒。泌乳奶牛的牛奶中病毒含量也非常高，每毫升可达到500万的感染剂量。

应当指出，一些自然产生的FMDV毒株对某些种类动物的亲和力发生变化，尽管这些动物对FMDV是易感的。近期，这种现象最好的例子是中国台湾O/97毒株，该自然突变毒株对牛和其他反刍动物失去了感染能力，但仍保持对猪的高毒力。因为中国台湾存在猪水疱病（SVD），导致在该病流行初期被误诊为SVD（只在猪上发病）而不是FMD（牛未发生感染）。等到确诊为FMD为时已晚，已无法控制FMD在岛内大面积流行，造成了严重的经济、政治和社会后果。

b. 潜伏期

FMD是已知潜伏期最短的重大传染性疾病之一。在大多数情况下，出现临床症状之前的潜伏期通常为3~5d。然而，一旦发生疫情，并且环境中存在大量FMDV情况下，潜伏期可缩短至24~36h。试验数据显示，动物接触病毒后12h即可出现临床症状。

c. 发病率

通常，完全易感的偶蹄类家畜的发病率极高（接近100%）。野生易感动物发病率高低不等，取决于FMDV的亚型和受感染动物的种类。

d. 病死率

一般来说，FMDV感染引起的成年动物病死率很低（1%~5%），但幼牛、羔羊和仔猪的病死率较高（20%或更高）。

e. FMDV带毒动物

FMDV带毒动物是指康复期或亚临床感染的动物，FMDV感染后能在其咽喉部存活28d（4周）以上。牛的带毒率为15%~50%。不论动物在感染前的免疫状况如何，形成带毒状态的机制仍不清楚。据报道，牛带毒时间可长达3.5年。非洲水牛（*Syncerus caffer*）带毒率（SAT血清型）更高（达到50%~70%），带毒时间最长可达5年。绵羊和山羊也能带毒。总之，畜群中带毒动物数量和带毒时间取决于群体的疫病发生率、免疫情况和病毒的血清型。

FMDV带毒动物在野外动物感染过程中的作用有很大争议。有证据显示，在非洲南部疫情暴发期间，带毒非洲水牛将FMDV传染给牛。然而，没有证据表明带毒牛能引起FMD的暴发。南美的经验表明，带毒牛不是传染源，易感牛即使与其密切接触也不会感染该病。

目前还不太清楚FMDV在绵羊和山羊上的带毒状况，似乎带毒率比较低，持续时间也较短（1~5个月）。除非洲水牛外，其他易感野生动物也可能成为FMDV带毒动物。试验性感染的研究结果显示：白尾鹿、扭角林羚（*Tragelaphus strepsiceros*）、牛羚（*Connochaetes taurinus*）、黑马羚（*Hippotragus niger*）带毒；但在非洲最常发病的黑斑羚并不带毒。

6. 临床症状

a. 牛

从临床症状上无法区分FMD和其他水疱性疾病。牛FMD的临床症状与水疱性口炎（Vesicular stomatitis）相同。

FMDV感染牛的体温可升高至39.4~40.6℃，并伴有反应迟钝、食欲减退和产奶量下降。表现大量流涎和鼻腔分泌物增多。发热动物脱水导致唾液更加黏稠，呈长丝状，泡沫增多。唾液分泌增多不是这些症状的必要原因，而是由于患病动物口腔发生了损伤，疼痛，咽下唾液无力和无法用舌头清洁鼻孔所致。通常，病牛在舔唇和磨牙时伴有明显的声音。

水疱发生于鼻孔、嘴唇、牙龈、舌头、乳头、蹄冠和趾间。口腔的上述部位在水疱破裂后发生糜烂，硬腭也会糜烂。随着损伤加重，流涎和跛行可能更加明显。瘤胃可能会发生糜烂。如果有严重的继发性细菌感染，该病程在牛上可能会持续2~3周或更长时间。妊娠母牛可能会流产，幼牛可能会未出现任何水疱而死亡。泌乳奶牛无法恢复到发病前的产奶水平。其他长期的后遗症包括乳腺炎、消瘦、繁育困难和慢性气喘。

b. 猪

猪FMD与其他水疱性疾病临床症状一样，如水疱性口炎、猪水疱病和猪水疱疹。

猪感染FMDV后体温可升高至40.0~40.6℃，食欲不振。体温升高后所有蹄趾和蹄叉出现水疱，导致蹄冠部变白（蹄冠部褪色）。行走时蹄部剧痛，跛行，不愿走动。强迫走动时叫声凄厉。病猪不流涎。蹄部损伤可导致蹄壳脱落，病猪为减轻蹄部压力而试图用飞节或膝盖走路会造成其他继发性的皮肤擦伤。水疱发生于鼻口部、牙龈、蹄冠和趾间。水疱破裂后糜烂。虽然舌部不形成严重水疱（因为舌上皮薄），但可以观察到在舌表面发生糜烂性损伤，表面覆盖有纤维素性渗出物。在经产母猪和后备母猪乳头部可出现病变。妊娠的经产和后备母猪可能流产，仔猪可发生无临床症状死亡。

c. 绵羊和山羊

绵羊和山羊FMD症状温和或不明显。可能的症状包括发热、精神沉郁，偶尔在口腔上皮、唇部、齿龈或舌部出现小水疱或糜烂。轻度跛行可能是唯一可见的症状。病羊的蹄冠和趾间可能出现水疱和糜烂。哺乳期的绵羊和山羊患病后常出现无乳症。妊娠羊可能会流产，羔羊可发生无临床症状死亡。

7. 病理变化

a. 牛

特征性病变是单个或多个大小不等（从5mm至10cm）的水疱，可能发生于所有病毒嗜好的部位。

i. 舌部眼观病变　病变通常以下列方式发展：

● 上皮出现变白的小块区域；

● 液体填充该区域，形成一个水疱；

● 水疱变大，并与邻近水疱合并；

● 水疱破裂；

● 水疱皮脱落，形成红色区域；

● 在红色区域形成灰色纤维蛋白覆盖物；

● 覆盖物变成黄色、棕色或绿色；

● 上皮细胞重新长出，分界线仍然存在；分界线随时间逐渐消退。

舌部偶尔形成"干性"病灶。水疱形成的过程中液体消失，上皮组织表层发生坏死和褪色，最终无法形成水疱。因此，病变看上去更像是坏死而不像水疱。

ii. 蹄部眼观病变　病牛趾间上皮组织由于受行动和体重压迫，通常形成较大的水疱。蹄冠部首先变白，随后皮肤和蹄壳分离。康复时长出新的蹄壳，但由于蹄冠炎症，在新长出的蹄壳边缘会出现一条分界线。

iii. 心脏和其他部位眼观病变　FMD死亡动物的心脏由于变性和坏死，心肌上可出现灰色或浅黄色条纹。这种病变即所谓的"虎斑心"，但在组织病理学上与所有心肌急性变性或病毒性炎症没有区别。骨骼肌病变偶有发生，但十分罕见。瘤胃上皮偶尔发生糜烂。

b. 猪

鼻镜部易形成较大水疱，里面充满透明或血液状液体。嘴部病灶通常为"干性"病灶，上皮坏死。蹄部病变通常严重，蹄壳可能脱落。死亡动物心肌可出现因变性、坏死而形成的浅灰或微黄色条纹（"虎斑心"）。

c. 羊

嘴部病变和蹄冠部水疱少，病灶小，不易发现。死亡小羊的心肌可出现因变性、坏死而形成的浅灰或微黄色条纹（"虎斑心"）。

8. 免疫应答

a. 自然感染

动物感染FMDV后产生短期的体液免疫应答，抗体具有病毒亚型特异性。在感染后7~14d产生针对FMDV衣壳结构蛋白的保护性抗体。免疫球蛋白以IgG$_2$以及鼻黏膜分泌的IgA为主。保护性抗体能够中和FMDV。另外，体内的巨噬细胞能通过吞噬作用清除调理过的病毒。感染动物针对FMDV细胞免疫应答的作用，仍知之甚少。

b. 免疫

对牛免疫FMDV疫苗已实行了50多年，效果良好。现用疫苗由灭活的全病毒与单油佐剂或双油佐剂乳化而成。FMD疫情暴发时，使用疫苗不仅能有效防止动物临床发病，还可有效防止疫情蔓延。尽管如此，目前的油佐剂疫苗也有许多局限性，包括：

- 疫苗生产需要大量繁殖活的强毒。这将带来极高的风险，对世界上无口蹄疫地区的疫苗生产厂家而言，需要具备高等级的生物防护水平。

- 在免疫接种地区，疫苗需匹配病毒的型和亚型。这导致不能对新的亚型进行快速免疫，需持续监测自然界中FMDV的抗原变异情况，以确保疫苗抗原与流行株抗原相匹配。

- 灭活油佐剂疫苗的免疫保护期较短。首免的保护期约6个月。免疫2~3次后，可1年免疫一次。

- 根据生产工艺不同，FMDV灭活疫苗可能被NSP污染，这给疫苗免疫（免疫动物只产生针对衣壳蛋白或结构蛋白的抗体）和自然感染动物（自然感染动物同时产生针对结构蛋白和非结构蛋白的抗体）的血清学鉴别诊断带来了困难。

- FMDV疫苗不能产生快速保护，因此在免疫动物产生主动免疫应答前会出现一个对FMDV易感的空窗期。

- 免疫动物在感染FMDV后，可能会成为带毒动物。

在将来新型技术可能提高FMDV疫苗的有效性。包括：空衣壳疫苗技术，这种疫苗包含所有必需的免疫原性蛋白，但是不包含感染性核酸，因此在免疫动物体内无法复制，此外也不含非结构蛋白；另一个有前景的技术是利用活病毒载体表达FMDV衣壳蛋白，特别是人腺病毒载体。这些活的FMDV——腺病毒不能在动物体内复制，而只能在用于疫苗生产的人工培养细胞上繁殖。初步结果显示，即使在暴发疫情时，这些腺病毒载体疫苗免疫一次就可以产生有效保护。

9. 诊断

a. 现场诊断

只要在偶蹄类家养或野生动物上发生水疱性损伤，就应怀疑发生了水疱性疾病。由于临床上无法区分各种水疱性疾病，因此务必将样本提交有资质的实验室。FMDV传播迅速，无论哪个国家一旦确诊口蹄疫疫情，将对其贸易产生严重影响，因此必须立即提交高质量的样品用于实验室诊断。此外，还需特别注意的是，羊曾发生过FMD，唯一的临床症状是羔羊的死亡，并伴有心肌坏死（"虎斑心"病变）。

b. 实验室诊断

i. 样品 理想样品（FMD或其他水疱性疾病）是：水疱液、水疱皮、糜烂处的碎屑或深部拭子、鼻腔拭子（进行RRT-PCR检测），以及急性发病期和恢复期血清。用食管探杯采集O/P液可用于带毒动物的检测。

ii. 实验室检测 诊断FMD和其他水疱性疾病的实验室检测方法有病毒检测（病毒分离），病毒抗原检测（抗原捕获ELISA、补体结合试验），抗体检测（病毒中和试验，琼脂免疫扩散试验，抗体检测ELISA），以及核酸检测新技术（实时RT-PCR技术，即RRT-PCR）。建立了许多新型检测方法可用于区分感染和免疫动物。虽然检测方法不同，但机理相同，感染动物（无论免疫与否）都可产生针对病毒NSPs的抗体。与之相反的是，商品化疫苗中不含有NSPs，免疫不感染的动物不产生针对NSPs的抗体。

c. 鉴别诊断

i. 牛 牛FMD与水疱性口炎的临床症状完全相同，因此每一头发生水疱性病变的牛必须同时进行水疱性口炎和FMD检测。此外，牛FMD还与其他一些疫病有共同特征，包括：牛瘟、黏膜病-牛病毒性腹泻、牛传染性鼻气管炎、蓝舌病、牛乳头炎、牛丘疹性口炎以及口腔和蹄部的其他化学或/和创伤性疾病。在乌拉圭和巴西南部有一种疫病，称为Bocopa（来自西班牙语：boca=嘴，cola=尾，pata=蹄），与FMD有一些相似之处，在口腔和蹄部出现大面积糜烂。Bocopa是由一种叫做棕黄枝瑚菌（*Ramaria flava-brunnescens*）的真菌分泌的一种生物碱毒素引起的，这种毒素与桉树（*Eucaliptus* spp.）林有关，有季节性（每年的2月至6月）。

ii. 猪 猪是唯一对所有水疱性疾病都易感的动物，因此必须对出现水疱性损伤的猪至少同时进行FMD、VS、SVD检测。猪水疱疹（Vesicular exanthema of swine，VES）基本上是一种历史性疫病，只有当猪与海洋哺乳动物或鱼有过接触时，才需要进行该病的检测。这对SVD流行的国家而言，特别重要。

10. 预防与控制

1870—1963年，文献中关于FMD疫情的相关记录有627次，其中多数疫情（＞68%）是由于合法或非法进口感染动物或感染动物产品引起的。因此，无FMD地区防御该病传入的第一道防线是对活体动物有适当的进口控制措施和检疫程序，以及对从FMD发病地区或国家进口动物产品可能带来的相关危害作出恰当的风险分析。美国等一些国家在入境港口收缴、销毁外国垃圾，并控制或禁止给猪饲喂含肉的垃圾，这对防止FMDV和家畜（主要是猪）其他严重疫病的传入而言，证实是一种有效的举措。

预防措施还包括开展识别和诊断FMD的教育和培训，以及维护那些使用有效、可控检测规程的有资质的实验室。国家动物健康实验室网络（NAHLN）的一些实验室现采用RRT-PCR技术检测FMDV和其他水疱性疾病病原。这是美国的一大优势。

由于FMDV传播速度快、传染性强，控制FMD疫情需要多措并举。首先，要及时、准确地作出诊断，然后迅速对病例来源农场检疫，主动追溯疫情暴发前3~4周内的动物移动；有效的控制策略多数会要求捕杀病例来源农场动物以及有接触史的动物，并且根据世界动物卫生组织（OIE）的指南，划分控制区和监测区。

英国等欧洲国家在控制2001年发生的FMD疫情时，对发病动物、接触动物以及没有暴露但存在风险的健康动物（预防性扑杀）采用了大规模扑杀。多数情况下，社会上和政治上并不认可这种做法。

2001年，荷兰、乌拉圭和阿根廷通过大规模疫苗接种来控制FMD，这说明疫苗接种策略可以用较低的损失来较快地控制疫情，即使所用疫苗并不是最理想的。

南美洲执行每年免疫2次的控制和根除计划。2岁以内的动物（只对牛，不对羊）每6个月免疫1次，2岁以后每年免疫1次。

令人欣慰的是，目前的FMD疫苗能通过减少感染动物的带毒时间和带毒数量来提供保护。为了有效实施控制策略，许多国家单独或联合起来建立了FMD疫苗库。北美洲FMD疫苗库（NAFMDVB）由加拿大、墨西哥和美国于1982年共同建立，这是最早建立和比较完善的疫苗库之一。NAFMDVB由2部分组成：①可迅速形成成品的浓缩疫苗抗原；②可长期生产更多剂量的疫苗种毒。

OIE制定了宣布为无FMD国家的指南，也制定了来自FMD疫区的动物和动物产品的安全贸易指南。

OIE指南归纳如下：

对于不进行疫苗接种地区

不免疫无FMD：

➢ 连续12个月没有疫情

➢ 连续12个月无FMDV感染的证据

➢ 连续12个月没有进行疫苗接种

恢复成为无FMD：

➢ 最后一例病例扑杀3个月后

➢ 捕杀所有免疫动物3个月以后，或者

➢ 没有捕杀，最后一次免疫6个月以后

对于接种疫苗地区

免疫无FMD：

➢ 连续24个月没有疫情

➢ 连续12个月无FMDV感染的证据

➢ 持续实施常规疫苗接种计划

恢复成为免疫无FMD：

➢ 最后一例病例扑杀6个月后

➢ 不进行捕杀，最后一次免疫接种18个月以后

需要指出的是，虽然许多国家流行一个或多个型FMDV，但是与美国一样，它们同样关注外来型入侵和所有型FMDV传入。例如，许多只存在A型和O型的南美洲国家，把C型作为一种外来动物疫病，一旦入侵将采取主动捕杀和/或疫苗接种。

地理分布

有些地区在历史上没有FMD，这些地区包括新西兰、所有中美洲国家或地区（危地马拉、洪都拉斯、尼加拉瓜、萨尔瓦多、哥斯达黎加和巴拿马）以及加勒比群岛。还有一些国家已经很长时间没有发生FMD，包括美国（1929年）、澳大利亚和加拿大（1952年）、墨西哥（1946—1954年）。20世纪最后20年中，许多国家达到了FMD无疫状态，包括大多数西欧国家、南美洲南部的智利、阿根廷和乌拉

圭。其中的许多国家因为在2001年暴发了FMD，失去了无疫地位，包括英国、法国、荷兰、爱尔兰、阿根廷和乌拉圭（欧洲暴发O型，南美洲暴发A型）。现在，其中的许多国家按照OIE指南通过不进行疫苗接种或进行疫苗接种，重新获得了FMD无疫状态。在OIE网页上可以查到所有FMD无疫国家名单（www.oie.int）。

■ 参考文献

[1] BAUER, K. 1997. Foot-and-Mouth disease as zoonoses. Ann Rev. Microbiol. 22: 201-244.

[2] BEARD, C. W. and P. MASON. 2000. Genetic determinants of altered virulence of Taiwanese foot-and-mouth disease virus. Journal of Virology, 74: 987-991.

[3] GRUBMAN, M.J. and BAXT, B. 2004. Foot-and-Mouth Disease. Clinical Microbiology Reviews. 17: 465-493.

[4] KEANE, C. 1927. The outbreak of foot-and-mouth disease among deer in the Stanislaus National Forest. Monthly Bulletin of the California State Dept. of Agriculture. 16: 216-226.

[5] McVICAR, J.W. et. al. 1974. Foot-and-mouth disease in white-tailed deer: clinical signs and transmission in the laboratory. Proc of 78th Annual Meeting U.S. Anim. Health Assoc. pp. 169 - 180.

[6] MEBUS, C., et al. 1997. Survival of several porcine viruses in different Spanish dry-cured meat products. Food Chem. Vol. 59 (4) : 555-559.

[7] RHYAN, J. et. al. Susceptibility of North American wild ungulates to foot-and-mouth disease virus: initial findings.

[8] http://www.fao.org/AG/AGAInfo/commissions/en/documents/reports/paphos/App23RhyanShalev.pdf

[9] SUTMOLLER, P., BARTELING, S.S., OLASCOAGA, R.C. and SUMPTION, K.J. 2003. Control and eradication of foot-and-mouth disease. Virus Research. 91: 101-144.

[10] THOMPSON, G.R., VOSLOO, W. and BASTOS, A.D. 2003. Foot-and Mouth Disease in wildlife. Virus Research. 91: 145-161.

[11] USDA: APHIS: VS: Centers for Epidemiology and Animal Health. Foot-and-Mouth Disease: Sources of outbreaks and hazard categorization of modes of virus transmission. December 1994.

[12] WOODBURY, E. L., SAMUEL, A.R. and KNOWLES, N.J. 1995. Serial passage in tissue culture of mixed foot-and-mouth disease virus serotypes. Archives of Virology, 140: 783-787.

[13] WOOLDRIDGE, M., HARTNETT, E., COX, A. and SEAMAN. M. 2006. Quantitative risk assessment case study: smuggled meats as disease vectors, Rev. sci. tech. Off. int. Epiz. 25: 105-117.

图片参见第四部分。

Alfonso Torres, DVM, MS, PhD, Associate Dean for Public Policy, College of Veterinary Medicine, Cornell University, Ithaca, NY, 14852. at97@cornell.edu

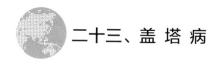

二十三、盖塔病

1. 名称

盖塔病[①]（Getah virus）。

2. 定义

盖塔病由蚊子传播，引起马短暂性发烧，主要特征是发热、下肢水肿及丘疹性皮炎。

3. 病原学

盖塔病毒是披膜病毒科（*Togaviridae*）甲病毒属（*Alphavirus*）塞姆利基森林病毒复合群（Semliki forest virus complex）成员。它是一种微小、有囊膜的正股单链RNA病毒。

4. 宿主范围

a. 家畜

虽然盖塔病毒可以感染多种哺乳动物，但只有马和猪表现临床症状。在实验室中，小鼠、仓鼠、豚鼠和兔子都可以通过试验方法被感染。

b. 野生动物

虽然在多种动物体内发现了该病的抗体，包括野生鸟类、爬行动物和有袋动物，但除了马之外其他任何动物都没有发病的记载。

c. 人

虽然在人体内发现了病毒的抗体，但是没有证据证明盖塔病毒是一种人类病原体。

5. 流行病学

a. 传播

病毒通过蚊子叮咬在动物之间传播。已知可以传播病毒的物种有三带喙库蚊和伊蚊。病毒在蚊子—脊椎动物—蚊子循环中维持，这种循环在虫媒病毒中非常典型。猪可能是它的放大宿主。有一些证据表明，在疫病暴发期间，含有大量病毒的

---

① 来自马来语"橡胶"之意。1955年首次分离于马来西亚橡胶林中的白雪库蚊（*Culex gelidus*）。

鼻液可造成马与马之间的直接传播。已知在小鼠试验中病毒可以通过牛奶垂直传播，但是没有数据表明这是否可以发生在马身上。

b. 潜伏期

在感染病毒2~9d后发病。

c. 发病率

临床发病率远小于感染率。在流行地区，在马群中可能会出现大量的血清学阳性，但是只有少数的出现临床病例。在流行时，发病率可达40%。

d. 病死率

感染盖塔病毒的病死率可以忽略不计。

6. 临床症状

a. 马

可引起食欲减退，发烧，流出浆液性鼻涕，颌下淋巴结肿大，四肢（尤其是后肢）水肿，并可能出现丘疹性皮疹，行动迟缓。患病期可持续7~14d。这些症状最大的特点是具有温和性和局限性，不会留下明显后遗症。

b. 猪

流产和新生猪死亡或发病是该病在猪身上的主要表现方式。通过试验方法感染的猪表现为精神沉郁和短暂的腹泻。

7. 病理变化

a. 眼观病变

本病通常不会导致死亡，因此病理变化描述的是在试验条件下接种病毒后安乐死的动物的临床病变。解剖发现其病变是在任何急性病毒感染过程中都可能出现的淋巴组织增生。

b. 主要显微病变

组织病理学上，可能在大脑出现血管周皮炎和血管周套。

8. 免疫应答

a. 自然感染

自然感染后，如果马中和抗体滴度高于1∶4，认为具有耐受性。

b. 免疫

在需要预防的地区可使用灭活疫苗。免疫后的马可得到保护。

9. 诊断

a. 现场诊断

发现与该病临床症状一致的病例，应迅速采集样品进行实验室诊断。

b. 实验室诊断

i. 样品　应采集血液和流出的鼻液。

ii. 实验室检测　病毒分离、血清中和试验、血凝抑制试验和补体结合试验均可用于盖塔病毒的诊断。

10. 预防与控制

如果一个地区发生该病，重要的是采取措施减少与蚊虫接触并避免马群聚集。可以使用灭活疫苗。

■ 参考文献

[1] BROWN, C.M. and TIMONEY, P.J. 1998. Getah virus infection of Indian horses. Tropical Animal Health and Production, 30: 241-252.

[2] FUKUNAGA, Y., KUMANOMIDO, T., and KAMADA, M. 2000. Getah virus as an equine pathogen. Veterinary Clinics of North America: Equine Practice. 16: 605-617.

[3] HINCHCLIFF, KENNETH W. 2007. Getah and Ross River Viruses, Miscellaneous viral diseases. In: Equine Infectious Diseases, D. Sellon and M. Long, eds., Saunders, St. Louis, MO. pp. 233-235.

[4] KAMADA, M., KUMANOMIDO, T., WADA, R., FUKUNAGA, Y., IMAGAWA, H., and SUGIURA, T. 1991. Intranasal infection of Getah virus in experimental horses. J Vet Med Sci. 53 (5) : 855-858.

[5] KUMANOMIDO, T., WADA, R., KANEMARU, T., KAMADA, M., HIRASAWA, K., and AKIYAMA, Y. 1988. Clinical and virological observations on swine experimentally infected with Getah virus. Veterinary Microbiology, 16: 295-301.

Corrie Brown, DVM PhD, Department of Pathology, College of VeterinaryMedicine, University of Georgia, Athens, GA 30602-7388, corbrown@uga.edu

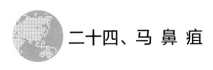 二十四、马鼻疽

1. 名称

Droes、马皮疽、鼻疽。

2. 定义

马鼻疽是由鼻疽伯克霍尔德氏菌（*Burkholderia mallei*）引起的单蹄兽（soliped）的高度接触性传染病。以肺和其他器官的结节性病变以及皮肤、鼻腔黏膜和呼吸道的溃疡性病变为主要特征。该病通常有一个渐进的、逐步严重的病程，对人类健康构成巨大的威胁。

3. 病原学

马鼻疽由鼻疽伯克霍尔德氏菌引起，为革兰氏阴性、无芽孢需氧球杆菌。该菌的原名称包括：鼻疽假单胞菌（*Pseudomonas mallei*）、鼻疽吕弗勒氏菌（*Loefflerella mallei*）、鼻疽斐弗菌（*Pfeifferella mallei*）、鼻疽菌（*Malleomyces mallei*）、鼻疽放线菌（*Actinobacillus mallei*）、马鼻疽杆菌（*Corynebacterium mallei*）、鼻疽分枝杆菌（*Mycobacterium mallei*）和鼻疽杆菌（*Bacillus mallei*）。在豚鼠感染试验中，鼻疽杆菌产生一种黏性很强的荚膜，可能具有防止被吞噬的作用。该菌与类鼻疽的病原体——假鼻疽杆菌接近，有时候二者很难用血清学方法区分。鼻疽杆菌和假鼻疽杆菌基因同源性接近70%。正因为如此，许多人认为它们是同型小种或同种型。该菌可被阳光直接照射杀灭，对干燥敏感。很容易被常用消毒剂杀死。在感染的厩舍里可以存活长达6周。

4. 宿主范围

a. 家畜

马鼻疽最初是一种单蹄兽病，尤其是马、驴和骡。传统上认为驴最可能呈急性型，马呈慢性型，骡则介于二者之间。最近有报道表明，骡呈慢性甚至是隐性感染的可能性相当大。肉食动物如果吃了患马鼻疽动物的肉则容易感染该病。猫科动物似乎比犬科动物更易感，几种实验动物包括仓鼠和豚鼠也易感。后者的易感性成为该病斯特劳斯反应的诊断基础。猪和牛对鼻疽杆菌感染有抵抗力，但山羊可被感染。

b. 野生动物

据报道，捕获的野生猫科动物发生过马鼻疽。

c. 人

人对马鼻疽也易感，这是兽医、蹄铁匠和其他动物工作者的一种重要职业病。人患该病后疼痛，通常致死。实验室工作人员和动物饲养员的感染风险最高。

人患马鼻疽的症状表现为脸、腿、胳膊以及鼻黏膜结节性皮疹，稍后发展成为脓胸和转移性肺炎。人鼻疽与伤寒、肺结核、梅毒、丹毒、淋巴管炎、脓胸、雅司病和类鼻疽等多种疫病容易混淆，可通过血清学和分离病原体来确诊。

5. 流行病学

a. 传播

该病由病畜或隐性感染动物传入马群。摄入感染动物分泌物中的病原体是马鼻疽的主要传播途径。试验表明，吸入病原体不太可能导致典型病例。尽管有可能通过皮肤损伤侵入，但被认为在该病的自然传播中起的作用很小。只是近距离接近，通常不会导致马鼻疽传播；但是，共用食槽和饮具，以及用鼻相互摩擦有助于该病的传播。马匹营养不良和马厩拥挤时尤其易感。

b. 潜伏期

经人工（气管内）感染后1~2d，发热达40℃（104°F），3~4d后呼吸困难，5d后可明显见到脓性鼻分泌物。自然感染数周或数月后，才能表现出明显的临床症状。这种潜伏性感染是马鼻疽的流行病学特征。

c. 发病率

当马、驴、骡集中在一起时，发病率很高。

d. 病死率

病死率高，但因公共卫生或贸易需要对患病动物实施了安乐死，统计数据可能不准确。

6. 临床症状

按临床症状的经典分类，该病可分为皮肤型、鼻型和肺型，但大多数疫情并不能被明确归为某种类型，而且可能同一只发病动物同时表现这几种类型。马鼻疽渐进性的慢性感染病例比急性病例更常见。急性型（驴、骡比马更常见）通常在1周内死亡。

鼻型鼻疽的特征是鼻的单侧或双侧流出分泌物，分泌物黄绿色且具有高度传染性。鼻黏膜有结节和溃疡，这些溃疡可能连成一片形成大面积的溃疡区域，或愈合为星状的黏膜疤痕，有时鼻隔膜甚至穿孔。鼻型病变通常伴有局部淋巴结肿大和硬化，或有时破裂和化脓。

皮肤型鼻疽在腿部和身体其他部位的皮肤上可出现多发性结节。这些结节可能破裂，导致溃疡，在皮肤表面渗出黄色的分泌液，愈合缓慢。局部皮肤淋巴管也可受到感染，淋巴管因充满黏稠的脓性分泌物而膨胀、坚硬（有人称之为淋巴管马皮疽）。肺型马鼻疽，肺部病变的形成与鼻型和皮肤型马鼻疽病变一致，可能是该病唯一的临床表现形式（典型的隐性病例）。肺部病变开始为坚硬的结节或者为弥散性肺炎病变。这些结节呈灰色或白色且坚硬，周围是出血区，随后变成干酪样或钙化。有肺部病变的患畜的临床症状有：从最初隐性感染到轻度呼吸困难、剧烈咳嗽和明显的下呼吸道症状。

肝脏和脾脏也可能发生病变。雄性动物的鼻疽睾丸炎是常见病变。

7. 病理变化

鼻疽的结节性病变大多出现在肺胸膜之下。但是，在一些急性病例中，可能出现更多的弥散型小叶性肺炎。通常，结节病变的直径大约为1cm，由灰色或白色坏死组织的核构成，这些坏死组织可能钙化，周围是出血和水肿带。类似的病变可能在其他的内脏上观察到。未去势的雄性动物可观察到鼻疽睾丸炎。

鼻型病变表现为黏膜下层结节，结节周围有一小圈出血带。这些结节可能破裂，形成渗出性溃疡。随着新病变的出现，不难发现小结节、溃疡和伤疤并排出现。相关淋巴结出现淋巴结炎。有时可观察到与鼻病变类似的喉部病变。

皮肤病变包括皮下淋巴管索状增粗，沿淋巴管分布一连串结节，其中一些已发生溃疡。

8. 免疫应答

马可从该病中自然康复，但往往容易复发。因此，目前没有研发出成功的疫苗不足为奇。

9. 诊断

a. 现场诊断

典型的结节、溃疡、疤痕及虚弱的健康状况足以诊断为马鼻疽。但令人遗憾的是，许多马鼻疽病例是隐性感染，无临床症状。因此，疫情暴发时，需要系统检查以确诊所有的感染动物。鼻疽菌素试验一直是现场诊断的主要依据。鼻疽菌素是鼻疽杆菌的裂解物，含有由该病合成的内毒素和外毒素。接种鼻疽菌素后，动物对鼻疽菌素产生变态反应，并表现出局部和全身超敏反应，与结核菌素试验相似。接种鼻疽菌素可引发补体结合反应抗体应答，一般认为这种血清转阳是暂时的，但反复进行鼻疽菌素试验也可能变为永久性的。当动物用于出口到以补体结合试验作为诊断标准的国家时，这一点要特别引起注意。

应用鼻疽菌素的首选方法是内眼睑法。将鼻疽菌素（0.1mL）注射入下眼睑真皮内。阳性病例可在12~72h之内出现眼睑水肿、化脓性结膜炎、畏光、疼痛和抑郁症状。通常，注射后48h观察试验结果。

眼鼻疽菌素试验是将鼻疽菌素滴入结膜囊内。阳性反应的特征是6~12h内出现严重的化脓性结膜炎。可皮下注射稀释的较大量的鼻疽菌素（2.5mL），引起发热、局部肿胀和疼痛者为阳性动物。

b. 实验室诊断

i. 样品 无菌采集整块或部分病变组织及血清样品。新鲜样品应保持冷藏并尽快放湿冰上运输。分泌物的风干涂片和浸泡在10%福尔马林缓冲液中的病变样品，应送至实验室进行显微镜检查。

ii. 实验室检测 可从新鲜病料和淋巴结分离培养病原体。也可以用这些病料涂片，用显微镜检查。

用鼻疽动物身上的感染病料腹腔注射到雄性豚鼠体内，可观察到斯特劳斯反应。在阳性病例中，豚鼠发生局限性腹膜炎，阴囊红肿。随后发展为鼻疽睾丸炎并伴有睾丸的疼痛性肿大。通常，睾丸逐渐肿大、疼痛并最终坏死。

已研究出了多种检测马鼻疽的血清学方法，敏感性和特异性都高于鼻疽菌素试验。补体结合试验应用广泛，据报道，总准确率达95%。已有对流免疫电泳试验的报道。最近研制的点酶联免疫吸附试验（dot-ELISA），其敏感性高于之前所提到的所有诊断方法。这一试验成本低、快速、操作简便，不受抗补体活性的干扰。马鼻疽的所有血清学试验存在与类马鼻疽病原体——假鼻疽杆菌的交叉反应现象。因此，这些试验对类马鼻疽疫区的动物会产生假阳性反应。

10. 预防与控制

鼻疽杆菌对许多抗生素敏感，但基于对其他马科动物或对人的传播感染风险，按规定感染动物必须被销毁。执行这项规定后，世界大多数地区已成功地消灭了马鼻疽。磺胺类药物传统上用于治疗人类感染病例。

目前尚无防护性疫苗。

在疫区，常规检测和销毁阳性动物已证明可成功根除该病。动物聚集地需要特别注意，尤其是用于军事目的的动物聚集地。在疫区，应避免群体饲喂和饮水。

鼻疽杆菌对热、干燥和常用消毒剂非常敏感。但是在温暖潮湿的环境中可存活数月。疫情暴发时，最重要的是深埋或焚烧所有被污染的牲畜垫草和饲料，以防止易感动物感染。厩舍和马具应彻底消毒。应将易感动物从污染的畜舍移出数月。

■ 参考文献

[1] ALIBASOGLU, M., YESILDERS, T., CALISLAR, T., INAL, T. and CALSIKAN, U. 1986. Malleus-Ausbruch bei Lowen im Zoologischen Garten Istanbul. Berl. Munch. Tierarztl. Wochenschr. 99: 57-63.

[2] AL-IZZI, S.A. and AL-BASSAM, L.S. 1990. In vitro susceptibility of Pseudomonas mallei to antimicrobial agents. Comp. Immunol. Microbiol. lnfect. Dis. 13: 5-8.

[3] JANA, A.M., GUPTA, A.K., PANDYA, G., VERMA, R.D. and RAO, K.M. 1982. Rapid diagnosis of glanders in equines by counterimmunoelectrophoresis. Indian Vet. J. 59: 5-9.

[4] RAY, D.K. 1984. Incidence of glanders in the horses of mounted platoon of 4th A.P. Bn. Kahilipara, Gauhati-19—a case history. Indian Vet. J. 61: 264.

[5] VAID, M.Y., MUNEER, M.A. and NAEEM, M. 1981. Studies on the incidence of glanders at Lahore. Pakistan Vet. J. 1: 75

[6] VAN DER LUGT, J.J. and BISHOP, G.C. 2005. Glanders. In: Infectious Diseases of Livestock, 2nd ed., JAW Coetzer, RC Tustin, eds., Oxford University Press, pp. 1500-1504.

[7] VERMA, R.D. 1981. Glanders in India with special reference to incidence and epidemiology. Indian Vet. J. 58: 177-183.

[8] VERMA, R.D., SHARMA, J.K., VENKATESWARAN K.S. and BATRA, H.V. 1990. Development of an avidin—biotin dot enzyme-linked immunosorbent assay and its comparison with other serological tests for diagnosis of glanders in equines. Vet. Microbiol. 25: 77-85.

图片参见第四部分。

R.O. Gilbert, BVSc, MMedVet, MRCVS, College of Veterinary Medicine, Cornell University, Ithaca, NY 14853-6401, rog1@cornell.edu

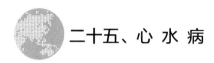 二十五、心 水 病

1. 名称

心水病（Heartwater，HW），考德里氏体病（Cowdriosis）。

2. 定义

心水病或考德里氏体病是一种反刍动物的急性非接触性传染病，由立克次氏体目的反刍动物埃利希氏体（Ehrlichia ruminantium）引起，感染牛、绵羊、山羊和某些种类的羚羊。心水病由钝眼蜱（Amblyomma）属的蜱传播。该病的特点是发热、呼吸困难、神经系统症状、心包积液、胸水、腹水、肺水肿和高病死率。该病有以下几种类型：超急性型、急性型、亚急性型和温和型。"心水病"的名字来源于该病的常见症状心包积水。

3. 病原学

HW由反刍动物埃利希氏体这种专性细胞内立克次氏体病原引起，该病原感染内皮细胞、巨噬细胞和中性粒细胞。反刍动物埃利希氏体以前被归类为反刍动物考德里氏体（Cordria ruminantium）。根据几个基因序列的比较，如16SRNA、groESL和编码主要外膜蛋白的基因，认为有必要重新分类，最近进行了重新命名。这些反刍动物埃利希氏体的基因与其他埃利希氏体病原的基因具有高度的序列同源性，如查菲埃利希氏体（E. chaffeensis）、犬埃利希氏体（E. canis）、埃文氏埃利希氏体（E. ewingii）和小鼠埃利希氏体（E. muris）。因此，立克次氏体目的所有埃利希氏体病原，包括反刍动物埃利希氏体都被归类为无浆体科（Anaplasmaceteae）埃利希氏体族。考德里氏体属已被取消。

反刍动物埃利希氏体在全身血管内皮细胞内繁殖，因此导致血管严重受损。该病原呈多形态，通常为球形的，偶呈环形，直径为400nm以上。在感染的毛细血管内皮细胞胞质内，通常少则不到5个，多则数千个病原体成团出现，在脑部很容易检测到。HW病原体极其脆弱，离开宿主超过几个小时便不能存活。由于其脆弱性，病原体必须保存在干冰或液氮中以保持其感染性。不同株的反刍动物埃利希氏体毒力各异，影响其临床感染症状。

4. 宿主范围

a. 家畜与野生动物

HW导致牛、绵羊和山羊严重发病，对一些本地非洲品种的绵羊和山羊致病较轻，非洲本地的几种羚羊呈隐性感染。在某些情况下能致非洲水牛（Syncerus Caffer）死亡。已证明的其他易感动物的种类还有白脸牛羚（Damaliscus albifrons）、黑角马（Connochaetes gnu）、旋角大羚羊（Taurotragus oryx）、长颈鹿（Giraffe camelopardalis）、大捻角羚（Tragelaphus strepsiceros）、黑马羚（Hippotragus niger）、泽羚（Tragdaphus speksi）、小岩羚（Raphicerus campestris）和驴羚（Kobus leche kafuensis）。人们认为这些动物是HW的贮存宿主，自然状况下，HW在这些动物中通常症状较轻或觉察不到。在南非，已有跳羚（Antidorcas marsupialis）死于心水病。试验感染表明，许多非洲反刍动物对HW易感，这些动物包括南亚的帝汶鹿（Cervustimorensis）和花鹿（Axisaxis）。有一例非洲象死于HW的报道，但是该象也感染了炭疽。怀疑对HW易感而缺少确凿证据的其他动物有蓝牛羚（Boselaphus tragocamelus）、扁角鹿（Dama dama）、喜马拉雅塔尔羊（Hemitragus jemlahicus）、巴巴里蛮羊（Ammotragus lervia）、欧洲盘羊（Qvis aries）、印度黑羚（Antilope cervicapra）、黑犀牛和白犀牛。

曾经有研究者认为，珍珠鸡和豹斑陆龟是反刍动物埃利希氏体的非反刍动物宿主，但最近资料证明，这两种动物并不易感，而且不能将其传播给通常在它们身上吸血的媒介蜱。中非兔对该病的易感性也尚未得到完全证实。虽然已经证明条纹鼠和多乳头鼠对反刍动物埃利希氏体有易感性，但是它们不是媒介蜱的宿主，认为它们在HW动物流行病学中没有作用。一些实验室近交系小鼠显示对反刍动物埃利希氏体易感，这有助于对疾病及其免疫机理的研究，但是对于疾病传播并不重要。

在美国，通过试验接种已证明白尾鹿（Odocoileus virginianus）这种最常见的鹿种对反刍动物埃利希氏体易感而且病死率较高。发现有严重的临床症状和典型的剖检病变。试验证明斑点钝眼蜱（Amblyomma maculatum）和卡延钝眼蜱（A. cajennense）是HW的传播媒介，也是美国南方白尾鹿常见的寄生虫。

b. 人

最近，南非有2例人的疑似HW感染报告。之所以疑为HW，是因为用PCR方法在两例病人的样本中都检测到反刍动物埃利希氏体序列，但到目前为止还没有分离到病原。

5. 流行病学

a. 传播

HW由钝眼蜱属的蜱经龄期和在龄期内传播。钝眼蜱是HW的生物媒介。能传播该病的13种钝眼蜱中，彩饰钝眼蜱（热带希伯来钝眼蜱）因为分布最广而最为重要。其他主要媒介蜱为希来伯钝眼蜱（A. hebraeum，分布在非洲南部）、宝石花蜱（A. gemma）和美丽花蜱（A. lepidum）（分布在索马里、东非和苏丹）。与彩饰钝眼蜱相比，希伯来钝眼蜱的传播效率更高，而且对多种反刍动物埃利希氏体易感（引起高感染率和严重感染程度），而彩饰钝眼蜱对其分布区域内存在的菌株易感，对希伯来钝眼蜱分布区域存在的菌株较不易感。

星彩宝石钝眼蜱（Amblyomma astrion，主要叮咬水牛）和A. pomposum（分布在安哥拉，扎伊尔和中非共和国）也是HW的自然媒介。试验证明，4种其他非洲蜱能传播HW，包括A. sparsum（主要叮咬爬行类动物和水牛）、花蜱（A. cohaerans，叮咬非洲水牛）、A. marmoreum（成蜱叮咬龟，未成熟阶段叮咬山羊）和索罗尼花蜱（A. tholloni，成蜱叮咬象）。

在实验室条件下，三种北美钝眼蜱能传播HW，分别为斑点钝眼蜱或海湾蜱（A. mamaculatum）、卡延钝眼蜱或卡延蜱和A. dissimile，但到目前为止，没有证据表明它们能自然传播HW。斑点钝眼蜱广泛分布于美国的东部、南部和西部，叮咬有蹄类动物（牛、绵羊、山羊、马、猪、野牛、猴、驴、骡、白尾鹿、黑鹿和花鹿）、各种肉食动物、啮齿类、兔类动物、有袋类动物、鸟类和爬行动物。现已证实斑点钝眼蜱和希来伯钝眼蜱（主要的非洲媒介之一）都是有效的传播媒介，对多种反刍动物埃利希氏体株易感。卡延钝眼蜱偏爱的宿主与斑点钝眼蜱相似，但不如后者分布广泛，是一种传播力不强的HW媒介。A. dissimile叮咬爬行类和两栖类动物。

钝眼蜱是三宿主蜱，生活周期可能需要5个月至4年才能完成。因为该蜱可在幼虫或若虫期感染，在若虫或成虫期传播病原，所以感染可持续很长时间（至少15个月）。感染不能经卵传播。在田间蜱的成虫和若虫都可传播HW，通常，成蜱较喜欢叮咬牛，而不是山羊和绵羊。因此，在田间可见大量的成蜱叮咬牛，相比之下，若虫却很少，而绵羊和山羊的感染主要是通过若虫阶段来传播。

除蜱传播外，在自然条件下HW也能垂直传播。有可能发生水平传播，因为带虫母畜的初乳中存在感染细胞，新生仔畜通过进食初乳可发生感染，尤其在出生48h内。用针头注射感染性血液、蜱组织匀浆或反刍动物埃利希氏体细胞培养物可以进行人工感染。

b. 潜伏期

在野外条件下，易感动物进入心水病流行区域后14~28d（平均18d）内会出现临床症状。

c. 发病率

发病率差异很大，主要取决于蜱的侵袭程度、动物先前接触感染蜱的机会以及杀虫剂的保护水平。

d. 病死率

一旦出现发病症状，非本地品种和外来品种的绵羊、山羊和牛预后不良。绵羊和山羊的病死率可高达80%或更高，相比之下，本地品种只有6%。安哥拉山羊对HW极为易感。牛的病死率达到60%~80%并不少见。HW感染的康复动物通常从发病过程中获得完全免疫力，但是仍然带菌。

6. 临床症状

根据宿主的易感性和病原不同菌株的毒力，HW有四种临床症状表现。

相对较少见的超急性型常见于非洲，发生于引进到HW流行地区的欧洲品种（非本地的）的牛、绵羊和山羊。这类病型的患畜通常在高烧、呼吸性窘迫、临终抽搐后而突然死亡。有时也可能出现严重的腹泻。

急性型最为常见，发生于非本土和本土的家养反刍动物。病畜发热后体温下降到正常水平并持续1d或2d，然后再上升，可持续长达3~6d。体温可高达42℃（107°F），随后表现为食欲不振、抑郁、精神倦怠和呼吸急促。进而发展为神经症状，最突出的症状有空嚼、眼睑颤搐、舌伸出和高抬腿转圈。动物可能会将两腿分开站立，头部下垂。之后神经症状更加严重，动物抽搐。死亡之前通常可观察到奔腾动作和角弓反张。疾病晚期常可观察到感觉过敏，还有眼球震颤和口吐白沫。偶尔出现腹泻，尤其是幼小动物。急性病例通常在出现临床症状后1周内死亡。

亚急性型很少发生，特征为长时间发热、咳嗽（由肺水肿引起）和轻度共济失调，1~2周康复或者死亡。温和型或亚临床型也可能见于部分免疫的牛或绵羊、不满3周龄的牛犊、羚羊以及一些对该病具有很强自然抵抗力的本地品种的绵羊和牛。该病型唯一的临床症状是短暂的发热反应。

7. 病理变化

a. 眼观病变

牛、绵羊和山羊的眼观病变非常相似。HW的名称来源于该病最显著的病变之一，即明显的心包积水。心包腔内有稻草样黄色至淡红色的积水，绵羊和山羊比牛更为常见。通常可观察到腹水、胸水、纵隔水肿和肺水肿，都是由于血管渗透性增强而导致的渗出。常见胸水，但是心包囊中未见明显的积液。常见气管内有泡沫，表明由于肺水肿而引起的晚期呼吸困难。常可观察到心内膜下点状出血，身体的其他部位可能发生黏膜下层和浆膜下层出血。虽然该病可观察到严重的神经症状，但是脑部的眼观病变极少或几乎没有，除了脑部轻微水肿可导致脑疝。

b. 主要显微病变

用显微镜检查脑涂片或脑组织切片中的病原体，是久经考验的诊断HW感染的方法。

8. 免疫应答

a. 自然感染

自然感染或人工接种病原体的康复动物，可获得坚强的免疫力，免疫期持续6~18个月。在此期间，动物重复感染将会增强免疫力，只要定期重复感染可一直保持免疫力。

b. 免疫

4周龄以下的犊牛和1周龄羔羊可通过静脉接种HW感染性血液进行免疫。接种之后，通常无症状或症状轻微，获得保护性免疫，并通过自然感染病原体不断得到刺激。年龄较大的动物或很珍贵的幼畜接种感染性血液后应当每天检查，一旦出现发热反应，就应当用抗生素治疗（理想的治疗时间是在发热反应的第2天）。在免疫感染的同时皮下注射强力霉素，可替代费力的四环素治疗法。随后产生的免疫力不受抗生素治疗的影响，因为这种治疗通常不会清除感染。绵羊群和山羊群的免疫可通过接种完成，在发热的第2天进行群体治疗。

已研制出细胞培养全病原灭活疫苗，可应用于受HW影响的所有动物种类。该疫苗并不能防止动物感染，但在强毒株攻击时能防止免疫动物死亡。该灭活疫苗已在南部非洲进行田间试验，目前正在商品化。

9. 诊断

a. 现场诊断

现场诊断HW必须先查明感染动物的一些基础病史。HW通常会给以前从未受到感染的动物（牛、绵羊和山羊或易感品种的鹿）带来最严重的后果，例如，动物从HW无疫区引进到HW流行区，或在农场防止HW传入，出现蜱控制失败时（未使用杀虫剂）。在这种流行病学状况下，HW能引起极高的病死率，因此，许多动物可能会受到感染。根据钝眼蜱（自然的或试验证实的媒介）的存在，再加上HW所特有的临床症状和病变，就可以对该病作出初步的现场诊断。

b. 实验室诊断

i. 样品 从活体动物采集10mL肝素抗凝血，然后加适量二甲基亚砜（DMSO）至浓度为10%，干冰冻存。该样品可用于感染健康的绵羊或山羊来复制该病（异体接种诊断法）。另外采集50mL肝素抗凝血和10mL血清。肝素抗凝血可用于内皮细胞体外分离反刍动物埃利希氏体，以及用分子方法检测反刍动物埃利希氏体。血清可用于抗体检测，但并不是HW诊断的可靠方法，因为如果采样时间不理想（见下文），就可能检测不到任何抗体。对于死亡动物，则需送检大脑皮质涂片，或未防腐的一半脑，和10%福尔马林缓冲液固定的一套组织。检查动物体表是否有钝眼蜱（成虫和稚虫），如果有，就将其放入装有70%酒精的干净试管里，用于检测反刍动物埃利希氏体的DNA序列，或者将蜱放入盖子透气的试管内以保持蜱的活力，用于病媒接种诊断。

ii. 实验室检测

病原检查： 确诊HW需要从动物组织中查到病原体。将脑压片用姬姆萨染料染色后，在显微镜下观察，反刍动物埃利希氏体呈紫蓝色。脑压片制作方法如下：取一小块大脑、小脑、海马或脑血管，将其夹在两张载玻片之间压成浆。然后以轻重交替的压力，将脑组织推移铺开，在玻片上形成"山脊和山谷"状。然后将玻片风干，甲醇固定，进行姬姆萨染色。在低倍镜下，在玻片的较厚的脑组织处，可观察到伸展的毛细血管。在油镜下观察毛细血管内皮细胞，将会观察到蓝色-紫红色的病原体团。

尽管显微镜检查姬姆萨染色的脑涂片仍然广泛应用于HW的诊断，但是用PCR方法检测蜱和感染家畜组织（特别是血液或其他靶标器官，如脑、肺、肾、胸积液）中的反刍动物埃利希氏体DNA已通过评价，具有较高敏感性和特异性。

抗体检测： HW血清学诊断的问题在于现有的所有方法特异性较差。间接荧光抗体检测试验曾被认为是检测反刍动物埃利希氏体抗体的最好方法。然而，由于敏感性、特异性较低，不能用于所有动物，因此，已经建立了一些其他诊断方法。这些方法包括竞争酶联免疫吸附试验（cELISA）、以免疫原性反刍动物埃利希氏体MAP-1抗原反应为靶标的免疫印迹试验和基于全病原体或重组抗原（MAP-1、MAP-2或MAP-1抗原区域，即MAP-1A和-1B）的间接ELISA。目前，MAP-1B间接ELISA被认为是HW最特异的血清学方法。然而，在反刍动物埃利希氏体和已知的埃利希氏体（如犬埃利希氏体、查菲埃利希氏体、埃文氏埃利希氏体）以及一些菌株和基因分型未完全鉴定的病原体之间仍然存在交叉反应。

HW的血清学诊断具有主观性，只能用于调查而不能用于确诊。确诊应当从组织涂片上找到病原体，或用pSC20巢式PCR试验进行PCR扩增，以及用内皮细胞培养分离反刍动物埃利希氏体。

10. 预防与控制

HW病原体十分脆弱，在宿主细胞外存活不超过几个小时。HW传入一个地区的主要模式是引入感染蜱或携带了HW病原体的动物。目前尚不清楚在自然界野生或家养反刍动物需要多长时间能成为蜱的感染源，不过，这个过程可能需要数月。蜱是反刍动物埃利希氏体稳定的贮存宿主，感染可至少持续15个月。对于运往无HW地区的反刍动物，建议进行仔细的药浴和人工体表敷药，然后再检查以确认没有蜱。

旨在通过对牛进行药浴消灭钝眼蜱的虫媒控制措施已经失败，主要是由于这种媒介蜱是一种繁殖率高的多宿主蜱。在非洲的流行地区，蜱的数量保持在足够使免疫动物重复感染的水平，以使增强动物免疫力，建立地方流行的稳定性。

对引进到HW流行地区的牛、绵羊和山羊，通过喂服或注射四环素（短效或长效）的预防性治疗，可避免发生HW。但是，对它们应进行持续监测，如发现临床症状则进行单独治疗。

四环素类抗生素（尤其土霉素）能有效治疗HW，特别是在动物发病早期进行治疗。在临床症状出现之前使用四环素类抗生素，可完全抑制HW的发生，而如果治疗时机合适的话，能产生免疫力。

■ 参考文献

[1] CAMUS, E., BARRE, N., MARTINEZ, D. and UILENBERG, G. 1996. Heartwater (cowdriosis: A Review, 2nd ed., Office International des Epizooties, Paris.

[2] ANDREW, H.R. and NORVAL, R.A.I. 1989. The carrier status of sheep, cattle and African buffalo recovered from heartwater. Vet. Parasitol. 34: 261-266.

[3] BOWIE, M.V., REDDY, G.R., SEMU, S.M., MAHAN, S.M. and BARBET, A.F. 1999. Potential value of Major Antigenic Protein 2 for serological diagnosis of heartwater and related ehrlichial infections. Clin. Diag. Lab. Immun. 6: 209-215.

[4] COLLINS, N.E., PRETORIUS, A., VAN KLEEF, M., BRAYTON, K.A., ZWEYGARTH, E. and ALLSOPP, B.A. 2003. Development of improved vaccines for heartwater. Annal NY Acad Sci. 990: 474-484.

[5] JONGEJAN, F. 1991. Protective immunity to heartwater (Cowdria ruminantium infection) is acquired after vaccination with in vitro-attenuated rickettsiae. Infect.

Immun. 59: 729-731.

[6] KATZ, J.B. BARBET, A.F., MAHAN, S.M., KUMBULA, D., LOCKHART, J, M., KEEL, M.K., DAWSON, J.E., OLSON, J.G. and EWING, S.A. 1996. A recombinant antigen from the heartwater agent (Cowdria ruminantium) reactive with antibodies in some southeastern U.S. white-tailed deer (Odocoileus virginianus) , but not cattle, sera. J. Wild. Dis. 32: 424-430

[7] MAHAN, S.M., KUMBULA, D., BURRIDGE, M.J. and BARBET, A.F. 1998. The inactivated Cowdria ruminantium vaccine for heartwater protects against heterologous strains and against laboratory and field tick challenge. Vaccine. 16: 1203-1211.

[8] MAHAN, S.M., KUMBULA, D., BURRIDGE, M.J., and BARBET, A.F. 2001. An inactivated Cowdria ruminantium vaccine for heartwater protects cattle, sheep and goats against field Amblyomma tick challenge in four southern African countries. Vet. Parasitol. 97: 295-308.

[9] MBOLOI, M.M., BEKKER, C.P.J., KRUITWAGEN, C., GREINER, M. and JONGEJAN, F. 1999. Validation of the indirect MAP1-B enzyme-linked immunosorbent assay for diagnosis of experimental Cowdria ruminantium infection in small ruminants. Clin. Diag. Lab. Immun. 6: 66-72.

[10] SUMPTION, K.J., PAXTON E.A. and BELL-SAKYI, L. 2003. Development of a polyclonal competitive enzyme-linked immunosorbent assay for detection of antibodies to Ehrlichia ruminantium. Clin. Diag. Lab. Immun. 10: 910-916.

[11] ZWEYGARTH, E., JOSEMANS, A.I., VAN STRIJP, M.F., LOPEZREBOLLAR, L., VAN KLEEF, M. and ALLSOPP, B.A. 2005. An attenuated Ehrlichia ruminantium (Welgevonden stock) vaccine protects small ruminants against virulent heartwater challenge.Vaccine. 23: 1695-1702.

图片参见第四部分。

Suman M Mahan BVM, MSc, PhD, Pfizer Animal Health, Kalamazoo, Michigan, 49001, suman.mahan@pfizer.com

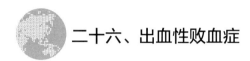

二十六、出血性败血症

1. 名称

出血性败血症（Hemorrhagic septicemia，HS）。

2. 定义

出血性败血症是由多杀性巴氏杆菌（*Pasteurella multocida*）引起的一种主要感染家牛和野牛并导致高病死率的细菌性传染病。该病发病急，如果不予治疗，病死率可达100%，致死原因据推测为内毒素休克。

3. 病原学

HS是由6∶B和6∶E两种血清型的多杀性巴氏杆菌引起的。字符表示荚膜抗原，数字代表菌体抗原。6∶B型主要发现于亚洲，而6∶E型主要发现于非洲。这两种血清型在以前使用的卡特−赫德尔斯顿分类系统中分别被称为B∶2和E∶2。现在新的定义方式是基于Namioka−Carter分类系统。

4. 宿主范围

a. 家畜

牛和水牛（*Bubalus bubalis*）是HS的主要宿主，并且普遍认为水牛更易感。虽然已经有羊和猪发生HS的报道，但是该病并不是一种经常发生或者特别严重的疾病。

b. 野生动物

很少有鹿、大象以及牦牛发病的报道。该病被认为是一种暴发于大群聚集的北美野牛中的地方流行性疾病。

c. 人

没有人感染的报道。

5. 流行病学

a. 传播

暴露于感染动物、带菌动物或者污染物可促使该病传播。病原菌无法在土壤中生存。病原菌入侵的部位可能为口鼻。疫情暴发后不久，20%的康复动物可能成为病原携带者；6个月后，康复动物中的病原携带者会少于5%。动物间的密切接触会加速传播该病。

b. 潜伏期

潜伏期很短，一般3~5d。

c. 发病率

发病率因畜群的免疫力水平和聚集程度不同而有所差异。密切接触的畜群以及潮湿的环境会导致更多动物感染。

d. 病死率

大多数表现出临床症状的动物都会死亡。

6. 临床症状

临床症状持续时间通常少于72h。最初的症状可能是病畜呆滞，不愿活动。也可能出现呼吸窘迫，病畜躺在地上口流白沫。可在下颌、颈静脉沟以及胸部观察到水肿。水牛发病时症状比家牛更严重。

7. 病理变化

a. 眼观病变

病变处可见伴随毛细血管床（网）广泛性损伤的严重败血症。对感染动物，最明显的组织变化是大面积出血和水肿。在几乎所有病例中都出现了头部、颈部以及胸部的水肿。刀切水肿部位时，切口处会渗出凝固的沾有淡黄色和血液样液体的浆液纤维素性团块。在多个器官以及浆膜表面出现瘀斑。在体腔内可能出现浆液性血样渗出物。肺间质反应呈现典型的中毒症状，表现为肺部弥散性充血，触摸时感觉肺脏呈橡胶样。有时，会发现非典型病例，这些病例表现为喉部不发生肿大或者发生更为广泛和严重的肺炎症状。

b. 主要显微病变

HS没有特征性显微病变，所有HS病变都呈现一致的严重内毒素性休克以及大量的毛细血管病变。

8. 免疫应答

a. 自然感染

感染败血性巴氏杆菌6：B和6：E的康复动物对该病具有坚强的免疫力。

b. 免疫

在疫病流行地区应按常规程序实行疫苗接种。目前使用两种制剂：明矾佐剂菌苗和油乳佐剂菌苗。一般认为油乳佐剂疫苗能提供1年以上的保护力，而明矾佐剂疫苗提供的保护期只有4~6个月。在一些亚洲国家已经使用针对亚洲菌株（6：B）的活疫苗。

9. 诊断

a. 现场诊断

该病突发性以及大范围的水肿和出血的特点，导致很难与其他具有相似临床病变的疾病作出鉴别诊断，如雷击、黑腿病和炭疽。

b. 实验室诊断

i. 采样　对于许多败血症，许多组织可用于诊断。脾脏和骨髓是实验室诊断的极好样品，因为它们在动物死后被其他病菌感染的时间相对较晚。

ii. 实验室检测　有氧培养以及随后的血清型鉴定是推荐程序。PCR可用于确定血清型。血清学方法通常不用于诊断该病。

10. 预防与控制

在疫病流行地区应按常规程序实行疫苗接种。避免畜群聚集也可以减少疾病发生，尤其是在潮湿的环境下。

■ 参考文献

[1] ANONYMOUS. 2005. Hemorrhagic septicemia (chapter 2.3.12) , In: Manual of Diagnostic Tests and Vaccines for Terrestrial Animals, OIE World Organization for Animal Health, www.oie.int/eng/normes/mmanual/A_0063.htm

[2] DE ALWIS, M.C. 1992. Haemorrhagic septicaemia - a general review. Br. Vet. J. 148: 99-112.

[3] MYINT, A., JONES, T.O. and NYUNT, H.H. 2005. Safety, efficacy and cross-protectivity of a live intranasal aerosol hemorrhagic septicaemia vaccine. Vet. Rec. 156: 41-45.

[4] VERMA, R. and JAISWAL, T.N. 1998. Haemorrhagic septicaemia vaccines. Vaccine.16: 1184-1192.

图片参见第四部分。

Corrie Brown, DVM, PhD, Department of Pathology, College of Veterinary Medicine, University of Georgia, Athens, GA 30602-7388, corbrown@uga.edu

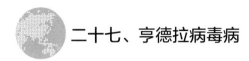

二十七、亨德拉病毒病

1. 名称

亨德拉病毒病（Hendra virus disease），曾称为麻疹病毒性肺炎。

2. 定义

感染亨德拉病毒（HeV）可引起急性发热性呼吸道疾病，马以发热、呼吸频率加快、流出大量鼻腔分泌物为特征，有时出现黄疸和神经症状，终归死亡。

3. 病原学

HeV是副黏病毒科（*Paramyxoviridae*）副黏病毒亚科新发现的病毒。最初被称为马麻疹病毒。后来的遗传学分析将它重新分类为一个新的属——亨尼帕属（*Henipavirus*），本属另一个已知的成员是尼帕病毒。

4. 宿主范围

a. 家畜

马是唯一自然感染HeV的家畜。

b. 野生动物

大果蝠（狐蝠科，*Pteropodidae*），俗称飞狐，是HeV的自然宿主。在澳大利亚共有4种狐蝠科蝙蝠体内有HeV抗体，包括黑果蝠（又叫中央狐蝠，*Pteropus alecto*）、灰头狐蝠（*P. poliocephalus*）、小红狐蝠（*P. scapulatus*）及眼圈狐蝠（又叫圈眼狐蝠，*P. conspicillatus*）。此外在新几内亚共和国巴布亚岛有6种果蝠检出血清阳性：光背狐蝠（*P. neohibernicus*）、四斑狐蝠（*P. capistratus*）、黑喉狐蝠（*P. hypomelanus*）、巴布亚狐蝠（*P. admiralitatum*）、大裸背果蝠（*Dobsonia moluccense*）和安氏裸背果蝠（*D. andersoni*）。

c. 人

HeV感染人4例，其中2例死亡。感染途径不清楚。

5. 流行病学

a. 传播

HeV从澳大利亚飞狐中分离到，而且在飞狐中已至少存在了20年，病毒存在于飞狐的胎盘液，也可能存在于尿中。在最初的暴发中，驯马师由于与马的密切接触可能无意中把病毒传给马或他自己。在其他人的病例中，感染途径不明。马最初通过鼻腔接种试验感染HeV，而不是通过空气传播。病毒存在于马的尿道中，没有证据表明能从结膜、鼻腔、粪便中排出病毒。根据临床感染数量较少和传播速率低的特点，说明病毒在环境中存活时间不长。

b. 潜伏期

试验感染马的潜伏期为5~10d。典型临床病例只有2d。

c. 发病率

在马中发病率较低。

d. 病死率

马感染后病死率较高。

6. 临床症状

感染的马呼吸频率迅速增加、呼吸困难、发热、心率增加、嗜睡，感染末期鼻腔出现泡沫样分泌物。最初暴发疫情的病马可见面部肿胀，黄疸。神经症状见于：最初暴发疫情马群中的2匹马，1匹试验感染马以及1例人死亡的病例。随后报道的马感染病例，临床症状包括严重的呼吸困难、共济失调、肌肉震颤、流出血性鼻涕，脸、嘴唇、颈部及眶上窝肿胀。

7. 病理变化

a. 眼观病变

马最显著的病变是弥漫性肺水肿，肺淋巴管堵塞和明显扩张，偶见胸腔积水及心包积液，肠系膜和肠淋巴结水肿。非试验感染的自然感染病例，可在气管看到从鼻腔延伸而来的黏性泡沫。

b. 主要显微病变

组织学观察，肺部发生弥漫性间质性肺炎和肺泡壁坏死，血管壁发生纤维素样坏死并形成血栓，肺泡水肿和肺泡巨噬细胞增加。通常不仅在肾，而且在心、胃肠道、淋巴和大脑均可见到血管损伤。血栓处发现多核细胞是该病的特征性病变。

8. 免疫应答

a. 自然感染

感染后可检测到抗体，由于该病为必须报告的人畜共患病，因此产生的抗体能否对再次感染起到保护作用无据可查。

b. 免疫

目前没有疫苗。

9. 诊断

a. 现场诊断

在感染过HeV的地区，如果马出现猝死、临床症状出现严重的呼吸系统疾病和死后剖检有肺水肿病变就应怀疑该病。在处理感染马和尸体剖检过程中，人员要穿防护服，戴手套并且采取措施防止病原到达呼吸道或消化道等黏膜表面。

b. 实验室诊断

i. 样品 HeV操作应在生物安全4级（BSL-4）实验室进行，样品应送到有相应防护设施的BSL-4实验室。尸体剖检时无菌采集肺、肾、脾，如果出现神经症状，则加上脑样品，用于病毒分离，运送时需冷藏。完整组织的运输应保存在10%福尔马林中送到实验室。在该病急性和康复阶段采集的血清样品都应送实验室进行血清学检测。

ii. 实验室检测 虽然非洲绿猴肾细胞和RK-13细胞是HeV分离最成功的两种细胞，但是事实上HeV可以在多种组织细胞上培养。一般3d内出现典型的致细胞病变效应（CPE），可以通过荧光抗体检测试验、电子显微镜观察和分子检测进行病毒鉴定。可用病毒中和试验或间接ELISA检测急性和康复阶段血清中的抗体。

10. 预防与控制

飞狐在澳大利亚的地理分布情况已经清楚，这些存在飞狐的地区，被认为马接触HeV的风险增加。由于具有潜在的人畜共患性，处理HeV感染的马匹必须小心。澳大利亚暴发HeV的处理措施为屠宰感染HeV病马、限制曾与病马接触的动物移动。飞狐是HeV已知的贮存宿主，飞狐的处理应由经验丰富的人非常谨慎地完成。临床观察和试验研究表明该病毒的传染性不强。

■ 参考文献

[1] DANIELS, P., KSIAZEK, T. and EATON, B.T. 2001. Laboratory diagnosis of Nipah and Hendra virus infections. Microb. Infect. 3: 289-295.

[2] HALPIN, K., YOUNG, P.L., FIELD, H.E. and MACKENZIE, J.S. 2000. Isolation of Hendra virus from pteropid bats: a natural reservoir of Hendra virus. J. Gen. Virol. 81: 1927-1932.

[3] HANNA J.N., McBRIDE, W.J., BROOKES, D.L., SHIELD, J., TAYLOR, C.T., SMITH, I.L., CRAIG, S.B. and SMITH G.A. 2006. Hendra virus infection in a veterinarian. Medical Journal of Australia. 185: 562-564.

[4] HOOPER, P.T., KETTERER, P.J., HYATT, A.D. and RUSSELL, G.M. 1997. Lesions

of experimental equine morbillivirus pneumonia in horses. Vet. Pathol. 34: 312-322.

[5] HOOPER, P.T. and WILLIAMSON, M.M. 2000. Hendra virus and Nipah virus infections. In: Veterinary Clinics of North America: Equine Practice. Emerging Infectious Diseases, P. Timoney, ed.; pp. 597-603.

[6] MURRAY, P.K., SELLECK, P., HOOPER, P.T., HYATT, A., GOULD, A., GLEESON, L., WESTBURY, H., HILEY, L., SELVEY, L., RODWELL, B, and KETTERER, P. 1995. A morbillivirus that caused fatal disease in horses and humans. Science, 268: 94-97.

[7] WILLIAMSON, M. 2004. Hendra virus. In Infectious Diseases of Livestock. Vol 2, 2nd ed. J.A.W. Coetzer, R.C. Tustin, eds., Oxford University Press, pp. 681-691.

[8] WILLIAMSON, M.M., HOOPER, P.T., SELLECK, P.W., GLEESON, L.J., DANIELS, P.W., WESTBURY, H.A. and MURRAY, P.K. 1997. Transmission studies of Hendra virus (equine morbillivirus) in fruit bats, horses and cats. Aust. Vet. J. 76: 813-818.

[9] WILLIAMSON, M.M., HOOPER, P.T., SELLECK, P., WESTBURY, H. and SLOCOMBE, R. 2000. The effect of Hendra virus on pregnancy in fruit bats and guinea pigs. J. Comp. Pathology. 122: 201-207.

[10] YOUNG, P.L., HALPIN, K., SELLECK, P, W., FIELD, H., GRAVEL, J, L., KELLY, M.A. and MacKENZIE, J.S. 1996. Serologic evidence for the presence in Pteropus bats of a paramyxovirus related to equine morbillivirus. Emerg. Infect. Dis. 2: 239-240.

图片参见第四部分。

Mark M Williamson BVSc (Hons）, MVS, MACVSc, PhD, Diplomate ACVP, Veterinary Pathologist, Gribbles Veterinary Pathology, The Gribbles Group, 1868 Dandenong Rd., Clayton, Victoria, Australia, 3168.mark.williamson@gribbles.com.au

二十八、鲑鱼传染性贫血

1. 名称

鲑鱼传染性贫血（Infectious salmon anemia，ISA），肾出血性综合征（Hemorrhagic kidney syndrome，HKS）。

2. 定义

鲑鱼传染性贫血是一种在大西洋鲑鱼中发现的、需要向OIE报告的重要传染性疾病。该病最早报道于1984年，而后在许多养殖大西洋鲑鱼的国家都有发生。

3. 病原学

ISA的病原体是鲑鱼传染性贫血病毒（ISAV）。ISAV是单链RNA、有囊膜的正黏病毒，暂时归于水生正黏病毒科。它有几种不同的基因型，其中欧洲和北美洲分离株是两个最主要的亚群。遗传分析表明该病毒可能已存在多年。

然而并非所有基因型都能致病，因此有人推断可能存在一种宿主适应性的、非致病性病毒变异体（目前还不能进行细胞培养），该病毒在适宜条件下能够发生突变，从而感染特定种群大西洋鲑鱼。另一种理论认为多年前可能同时存在多种病毒亚群，这些亚群可以进化成现在的病毒形式，这些病毒亚群一旦和野生宿主接触，便有可能被周期性的引入养殖的鲑鱼中。

4. 宿主范围

a. 养殖鱼类

人工饲养的大西洋鲑鱼（*Salmo salar*）在自然条件下易感。而其他种类鲑鱼，如红鲑（*Oncorhynchus mykiss*）和褐鲑（*Salmo trutta*）在自然和实验室条件下均易感，但不表现临床症状。关于ISA的报道目前主要见于欧洲和北美洲，但在智利，有一例家养银鲑（*Oncorhynchus kisutsch*）感染ISAV的模糊报道，通常认为这种鱼是不感染该病的。

b. 野生鱼类

野生大西洋鲑鱼无论生在何处均易感。但是该病在野生鱼群中是如何传播的，目前尚不清楚。海洋褐鲑天然易感，但是目前认为褐鲑可携带ISAV，并能传播给易感的大西洋鲑鱼。

c. 人

人对ISAV不易感。

5. 流行病学

a. 传播

海水鱼类的感染最开始主要是由与人工饲养的鲑鱼发生接触而受感染的野生鱼类引起。ISAV在海水中主要是横向传播，在淡水中也有可能通过卵液的鱼卵进行垂直传播（关于ISAV在卵内的确切传播机制，目前尚无定论）。

病毒通过病鱼的尿液、粪便排出体外，并存在于病鱼的皮肤黏液中。如果不及时将死鱼从产箱或者产笼中及时清除，那么病毒会迅速扩散。有证据表明海虱能够携带ISAV，在其寄生侵染过程中，可以将病毒从一条病鱼传染给另一条鱼。加工的废料（如内脏、鱼头、尸体、血水）和工具（如笼、网、加工工具、船等）也是传播该病的媒介。另外，一些收获和管理方式，例如用活鱼舱船运鱼等，也会导致病毒传播。

储鱼密度对传染速度有着一定的影响。接触其他感染、患病的鱼类或炼油厂则可能导致感染甚至传播病毒。转移受感染的鱼笼的速度对于减少病毒感染的风险至关重要。

ISAV在特定温度的海水或淡水中可以存活并保持传染性达数周之久。关于水的流动在病毒传播、疫病扩散中的部分作用已经得到了评估，其作用主要与鲑鱼的流行病学有关。

b. 潜伏期

潜伏期长短是由环境温度决定的，潜伏期一般为7~42d，平均2~4周。

c. 发病率

发病率为10%~100%不等。受许多因素如管理方式的影响，人们还没有计算出发病率的准确平均数字，但人们普遍认可平均发病率为50%的说法。

d. 病死率

病死率也是10%~100%。整体病死率受管理方式等多种因素影响。

6. 临床症状

ISA无典型临床症状。通过对几种濒死鲑鱼的解剖研究，为我们提供一些内部和外部临床症状的参照。外部临床症状包括食欲缺乏、皮肤颜色加深、眼球突出（单侧或双侧，眼眶前腔出血或者不出血）、皮肤上出现瘀点、倦怠无力、鱼鳃或可能变白。血液可能稀薄，血细胞比容低于5%。

7. 病理变化

a. 眼观病变

肝脏可能变黑或充血（虽然这可能因鱼的营养情况和贫血程度而异），脾脏通常肿大。可能有腹水（浆液性至血性）。另外在肝、肾、肠道浆膜和黏膜、内脏脂肪和气囊有出血点和瘀斑、鱼鳔。但很多病死鱼也可能很少甚至不会伴有上述剖检病变。受水温影响，死鱼也可能会迅速分解，一些自溶导致的非特定变化也可能存在。

b. 主要显微病变

ISA最主要的病理学特征是：肾脏间质充血、出血、坏死（但不是ISA独有），病灶充血和肝脏血窦扩张，在发病早期这些症状会导致红细胞浸润入狄氏腔中，后期则会在肝脏实质出现肝出血和坏死区域的带状交汇，而且这些区域也会扩散到未感染的地方，脾脏中会出现中度的窦状隙充血和噬红细胞现象。除了这些微观病变外，由组织坏死引发的肾脏或肝脏的功能性丧失会引起渗透压失衡和代谢紊乱。

8. 免疫应答

a. 自然感染

人们已经为受到ISAV威胁的大西洋鲑鱼研制出一种循环抗体，但目前这种抗体还不能完全行之有效的延缓患病过程，导致这一结果的原因可能有：病原体压力、不同种类鲑鱼的抗原性、温度和基因构成、营养状况及同时患有的其他传染病。ISAV与人类的流感病毒有相似之处：它们都能发生遗传漂移或漂变，无论其中哪种情况都会改变抗原性。然而，由于感染和患病鲑鱼的病死率低于100%，因此有可能是存在先天的或后天的免疫防御能够减缓病毒的传播和发病。患病后幸存的鲑鱼是否有长期的免疫力，这一点仍然不得而知。

b. 免疫

目前在已经研发了或者正在研发多种在大西洋鲑鱼中使用的疫苗，但这些疫苗的确切效果却很难阐述。

9. 诊断

a. 现场诊断

对ISA的现场诊断通常是结合病史、潜在传染途径、临床症状及对鲑鱼行为进行分析。对这些因素的分析都要以先前对特定种类的鲑鱼传染病知识为支撑，因为许多症状都不是特定的，也很可能是由其他并存的疾病导致的。

患有ISA的鲑鱼通常表现为倦怠乏力、发黑、眼球突出、腹鳍有瘀点、皮肤出血、经常在水的上层活动、鱼鳃或可变白。对刚刚死亡或濒死的鲑鱼进行快速剖检也可以为诊断提供更多依据。如果怀疑患有ISA，则立即取组织进行检查。另外病死率的规律也可以辅助诊断，通常情况下，病死率在几天之后会达到高峰，如果不采取措施，那么每天的病死率会达到1%~3%。然而，这种周期有很大的不稳定性，死亡过程也可能是缓慢的，或者死亡规模较小。

b. 实验室诊断

i. 样品　如果通过病毒分离法检测ISAV，需要提取脾和肾的组织样品，浸泡到磷酸盐缓冲液（PBS）或Hanks缓冲液（HBBS）中，置于冰上运输。由于病毒同样会吸附到红细胞上，因此，病鱼全血对于病毒分离和基于血清学的酶联免疫吸附试验也是有用的。也可以取有轻微瘀点的、感染的中肾切片进行间接荧光抗体检测试验。对于PCR分析，肾组织应该切成小片，保存在装有1.5mL RNA保护剂（如RNA-Later®）的2mL Eppendorf管中。

对于组织病理学研究，中肾、脾、肝脏和小肠样品应当保存在10%的福尔马林溶液中。如果出于特殊监控目的（比如动物流行病学调查），除了上述样本外，鱼鳃样品也应收集。同时还要用分子技术分析海水。

ii. 实验室检测　目前尚无验证的ISA检测方法。然而，针对目前可用的诊断方法来讲，准确实用的方法应该考虑到高特异性、中－高敏感性。利用SHK、CHSE-214或ASK细胞系进行病毒分离，是检测的黄金标准。PCR对于病毒的确诊和快速筛选是有用的。也可以采用基于ISAV单抗的间接荧光抗体检测试验。血清学方法（ELISA）目前尚在研发中。

10. 预防与控制

可以通过采用一系列措施加强管理来达到预防的目的，比如在每一片养殖区都制定详细的生物安全实施细则，对可能感染的鱼种进行健康预筛，同年产储，取消点对点进行海运鲑鱼，减少饲养密度，减少应激，收获后以及收获间期应用蒸汽、氯水或碘伏对笼、网进行彻底消毒，所有饲养物和加工鲑鱼的设备使用前都应例行消毒。此外，为了减少海虱侵染，应在指定区域使用标准化害虫综合管理程序。可以选用基于陆地的种鱼设施或者全部基于陆地的生产系统以降低通过水源接触的潜在风险。在一些国家已经开始采用专用活鱼舱船的方式运输待宰活鱼。

除了预防之外，如果能及时准确地报告鲑鱼感染病例、对家养和野生鲑鱼进行连续监控、一旦感染快速启动收获已感染和未感染的鱼笼，对于降低ISAV的传播都是行之有效的控制方法。

■ 参考文献

[1] BOUCHARD, D., KELEHER, W., OPITZ, H.M., BLAKE, S., EDWARDS, K.D. and NICHOLSON, B.L. 1999. Isolation of infectious salmon anemia virus (ISAV) from Atlantic salmon in New Brunswick, Canada. Diseases of Aquatic Organisms. 35: 131-137.

[2] CIPRIANO, R. and MILLER, O., session coordinators. 2002. International Response to ISA: Prevention, Control and Eradication. USDA APHIS ISA Symposium, New Orleans, LA.

[3] DANNEVIG, B.H., FALK, K. and NAMORK, E.1995. Isolation of the causal virus of infectious salmon anaemia (ISA) in a long-term cell line from Atlantic salmon head kidney. J. Gen. Virol. 76: 1353-1359.

[4] FALK, K., NAMORK, E., RIMSTAD, E., MJAALAND, S. and DANNEVIG, B.H. 1997. Characterization of infectious salmon anemia virus, an orthomyxo-like virus isolated from Atlantic salmon (Salmo salar L.) . J. Virol. 71: 9016-9023.

[5] JONES, S.R.M., MACKINNON, A.M. and GROMAN, D.B. 1999. Virulence and pathogenicity of infectious salmon anemia virus isolated from farmed salmon in Atlantic Canada. Journal of Aquatic Animal Health. 11: 400-405.

[6] NYLUND, A., HOVLAND, T., HODNELAND, K., NILSEN, F. and LOVIK, P. 1994. Mechanisms for transmission of infectious salmon anaemia (ISA) . Dis. Aquat. Org. 19: 95-100

[7] SPEILBERG, L., EVENSEN, O. and DANNEVIG, B. H. 1995. A sequential study of the light and electron microscopic liver lesions of infectious anemia in Atlantic salmon (Salmo salar L.) . Vet. Pathol. 32: 466-478.

Peter Merrill, DVM, PhD, Aquaculture Specialist, USDA APHIS Import Export, Riverdale, MD. Peter. Merrill@aphis.usda.gov

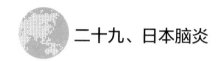 二十九、日本脑炎

1. 名称

日本脑炎（Japanese encephalitis，JE），又称日本乙型脑炎（Japanese B encephalitis）。

2. 定义

日本脑炎是由蚊传播的一种黄病毒疾病，引起马、人、猪的临床疾病。马和人表现为神经症状；猪主要表现为妊娠母猪流产、公猪不育、仔猪神经系统疾病。病毒一般在蚊子和野鸟之间循环。猪为增殖宿主。

3. 病原学

日本脑炎病毒（JEV）是黄病毒科黄病毒属的成员。JEV与其他能引起特别重要的公共卫生疫病的黄病毒属成员，如圣路易斯脑炎病毒（St. Louis encephalitis virus）、西尼罗病毒（West nile virus）和墨莱溪谷脑炎病毒（Murray valley encephalitis virus）亲缘关系相近。

JEV只有一个血清型，但有数个毒株得到鉴定。

4. 宿主范围

a. 家畜

在家畜中，马是JE最主要的受害者。猪是增殖宿主，出现较高的病毒血症，然后感染蚊群。发病猪主要表现在生殖方面：母猪流产和死胎、公猪无精。偶见出生后的仔猪感染后出现神经系统病变。许多家畜禽，包括牛、羊、犬、鸡、鸭也许都感染但不表现临床症状，也没有足够的病毒滴度感染蚊子。

b. 野生动物

鹭科鸟类（苍鹭和白鹭）是JEV的自然储存宿主。它们感染后无临床症状但是有很高的病毒血症。

c. 人

在疫区，JE成为主要的公共卫生问题。临床病例中约25%会致死，50%会留下神经症状后遗症，包括精神病学障碍、共济失调和紧张症。

5. 流行病学

a. 传播

JEV通过感染的蚊子叮咬传播。主要蚊子种类为三带喙库蚊（*Culex tritaeniorhynchus*）、棕头库蚊（*C. fuscocephala*）、白雪库蚊（*C. gelidus*）、白吻家蚊（*C. vishnui*）、环斑按蚊（*Anopheles annularis*）。在温带和亚热带地区，该病主要发生于夏末秋初，病毒在蚊子体内大量繁殖之后（春季，病毒首先出现在蚊子体内）。蚊子之间可垂直传播。在热带地区，季节性变化很小，该病发生于雨季结束时。不管该病在什么地区发生，库蚊和鸟类都是JE流行的主要因素；在亚洲猪较多的地区，猪在该病的流行病学中也发挥作用。温带地区病毒越冬的机制还不清楚，可能通过感染的冬眠蚊子或卵越冬。

b. 潜伏期

试验感染马的潜伏期为4~14d，平均为10d。试验感染仔猪的潜伏期仅为3d，感染7d后出现严重的临床症状。

c. 发病率

同许多虫媒传播的疾病一样，发病率取决于蚊子感染的范围和接触感染蚊子的动物种群。

d. 病死率

对于马来说，隐性感染比临床发病更为常见。在出现临床症状的病例中，病死率为5%~30%。成年猪的病死率很低。因母源感染后发生的垂直传播，可导致小猪整窝死亡。无免疫力的仔猪感染后，病死率接近100%。

6. 临床症状

a. 马

最初症状为发热、跛行、麻痹和磨牙，重症病例症状为失明、昏迷和死亡。有少部分病例表现过度兴奋，也有病例状如摇头综合征。

b. 猪

猪主要表现为产出死胎或木乃伊胎。活下来的仔猪死前会震颤或发癫。偶见刚出生仔猪感染后临床表现正常，但会出现短期的神经症状随后死亡。感染的公猪精子数量下降或活力降低。

7. 病理变化

a. 眼观病变

马的眼观病变类似于东方马脑炎和西方马脑炎，没有特征性病变。感染母猪产出胎畜呈木乃伊样、发黑，脑积水和小脑发育不全。

b. 主要显微病变

组织学病变，有弥漫性、非化脓性脑脊髓炎，伴有明显的血管套。这点有助于区分东方和西方马脑炎，但不足以确诊。

8. 免疫应答

a. 自然感染

自然感染可产生长期免疫。

b. 免疫

建议在疫区给马和猪接种疫苗，包括小鼠脑或细胞培养的减毒疫苗或灭活疫苗。

9. 诊断

a. 现场诊断

如马表现为中枢神经系统疾病并伴随发热，可初步诊断为该病，尤其该病流行期间或在疫区某些特殊的季节。同样，在疫区，根据出生仔猪高死胎率或弱胎率可作出疑似诊断。但是，实验室确诊非常重要。

b. 实验室诊断

i. 样品　如果进行病毒分离，采集样品首选感染动物的脑脊液和/或大脑。此外，需采集血清进行血清学诊断。

ii. 实验室检测　病毒分离、病毒中和试验、血凝抑制试验、补体结合试验都可用于诊断JEV。

10. 预防与控制

控制措施包括消灭媒介、防止病毒在鸟—猪感染循环间的扩增，或者对马、猪和人进行免疫。预防该病有两种措施：接种疫苗和控制传播媒介。马接种疫苗预防发病。减少蚊子数量可减少该病的传播。因为猪是蚊—鸟传播的增殖宿主，所以在疫区要对猪进行免疫接种以防止该病在疫区暴发。对猪群进行普遍免疫是减少损失、降低自然感染最有效的方法。日本和中国台湾地区用减毒疫苗。一般认为继续饲养的种用动物仍会保持免疫力，因为具有免疫力或者处于疾病的低传播季节，这些动物能抵抗感染并生出正常仔猪。尽管控制猪的疾病降低了病毒在自然界的散播，但其他来源的JEV对马和人依然是一种威胁。

■ **参考文献**

[1] ANONYMOUS. 2004. Japanese encephalitis. In: Manual of Diagnostic Tests and Vaccines for Terrestrial Animals. 5th edition, OIE.

[2] www.oie.int/eng/normes/mmanual/A_00092.htm.

[3] ELLIS, P.M., DANIELS, P.W. and BANKS, D.J. 2000. Japanese encephalitis, in Emerging Infectious Diseases, P.J. Timoney, ed., Veterinary Clinics of North America: Equine Practice. 16 (3) : 565-578.

[4] ENDY, T.P. and NISALAK, A. 2002. Japanese encephalitis virus: ecology and epidemiology. Curr Top Microbiol Immunol. 267: 11-48.

[5] YAMADA, M. NAKAMURA, K., YOSHII, M., and KAKU, Y. 2004. Nonsuppurative encephalitis in piglets after experimental inoculation of Japanese encephalitis flavivirus isolated from pigs. Vet. Pathol. 41: 62-67.

Corrie Brown, DVM, PhD, Department of Pathology, College of VeterinaryMedicine, University of Georgia, Athens, GA 30602-7388, corbrown@uga.edu

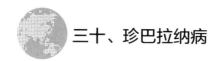 三十、珍巴拉纳病

1. 名称

珍巴拉纳病（Jembrana disease，JD）。

2. 定义

珍巴拉纳病是由慢病毒引起的一种严重的急性疾病，病畜表现为食欲不振、发烧、嗜睡、淋巴结病变、口腔溃烂和腹泻。该病最早于1964年在巴厘牛（驯化自爪哇野牛，*Bos javanicus*）中发现。三十年后发现其病原体是一种慢病毒。

3. 病原学

早期认为其病原为立克次氏体，现已证实是错误的。珍巴拉纳病病毒（JDV）实际上是一种慢病毒，与牛免疫缺陷病毒（BIV）亲缘关系接近，但有差异。两种病毒的主要和免疫决定蛋白——26K衣壳蛋白存在交叉反应。该病毒体外培养尚未成功。

4. 宿主范围

a. 家畜

严重症状仅见于巴厘牛。其他牛［包括黄牛（*Bos taurus*）和瘤牛（*Bos indicus*）以及沼泽水牛（大水牛*Bubalus bubalus*）］可试验感染，但症状轻微。除巴厘牛外，未见其他物种自然感染的报道。巴厘牛杂交品种不会发病，但病毒血症可持续3~6个月。沼泽水牛感染后病毒血症可持续9个月。

b. 野生动物

巴厘牛是驯化了的爪哇野牛。除此之外，未见其他野生动物发生该病的报道。

c. 人类

无证据表明JDV能感染人。

5. 流行病学

a. 传播

确切传播机制尚不明了。未感染动物与感染动物接近是必要的外部条件，因此推测接触传播可能是主要的传播途径。病毒存在于唾液和乳汁中，并可通过各种黏膜实现感染。临床症状期的病毒血症很高（$ID_{50}10^8/mL$），因此吸血昆虫也可能是该病的传播媒介。

b. 潜伏期

5~12d。

c. 发病率

1964年，该病首次出现时发病率很高。现在该病已在巴厘牛普遍流行，但发病率要低得多。

d. 病死率

目前流行情况下，巴厘牛病死率约为20%。

6. 临床症状

a. 巴厘牛

该病病程可长达12d。出现发烧、嗜睡和淋巴结病变。在血液变化方面，伴有严重的白细胞减少和贫血。发病严重时，病死率可高达20%。

b. 其他品种的牛

试验感染的黑白花奶牛出现发热、淋巴结病变和白细胞减少症。康复率接近100%。

7. 病理变化

a. 眼观病变

淋巴结和脾脏肿大。多处黏膜表面出现浆液性出血性分泌物。有明显的血液学变化，包括淋巴细胞、嗜酸细胞、中性粒细胞和血小板减少以及贫血（除单核细胞外，各类血细胞均减少）。

b. 主要显微病变

许多淋巴器官出现明显的成淋巴细胞样应答，破坏T细胞区域而留下B细胞区域。此外，许多内脏器官出现淋巴细胞性炎症，肾肺尤甚。

8. 免疫应答

a. 自然感染

康复动物对该病具有抵抗力。抗体在感染几周后方可出现，但能持续1年以上。实验表明，在感染过程中动物对其他病原的抗体应答有所下降。

b. 免疫

无商品化疫苗。试验表明，用含有灭活病毒的病牛组织悬液接种动物可产生部分保护。

9. 诊断

a. 现场诊断

对出现发热和浅表淋巴结肿大的巴厘牛应判为疑似病例，采样送实验室确诊。

b. 实验室诊断

i. 样品　收集血清、淋巴结、脾脏和用福尔马林固定的各种组织。

ii. 实验室检测　可用ELISA，也可用PCR和组织病理学方法进行诊断。

10. 预防与控制

巴厘牛康复后可携带病毒长达2年之久，并成为重要的传染源。其他品种的牛感染后也可产生持续的病毒血症，但是时间相对较短，为3～6个月。巴厘牛以外的其他牛症状轻微，因此感染可能难以发现而传至新的区域。牛的移动控制很重要。该病尚无疫苗。

■ 参考文献

[1] SOEHARSONO, S., WILCOX, G.E., DHARMA, D.M., HARTANINGSIH, N., KERTAYADNYA, G. and BUDIANTONO, A. 1995. Species differences in the reaction of cattle to Jembrana disease virus infection. Journal of Comparative Pathology, 112 (4) : 391-402.

[2] SOEHARSONO, S., WILCOX, G.E., PUTRA, A.A., HARTANINGSIH, N., SULISTYANA, K. and TENAYA, M. 1995. The transmission of Jembrana disease, a lentivirus disease of Bos javanicus cattle. Epidemiology and Infection, 115: 367-374.

[3] WAREING, S., HARTANINGSIH, N., WILCOX, G.E. and PENHALE, W.J. 1999. Evidence for immunosuppression associated with Jembrana disease virus infection of cattle. Veterinary Microbiology. 68: 179-185.

[4] WILCOX, G.E. 1997. Jembrana Disease. Australian Veterinary Journal. 75: 492-493.

[5] WILCOX, G.E., CHADWICK, B.J. and KERTAYADNYA, G. 1995. Recent advances in the understanding of Jembrana disease. Veterinary Microbiology. 46: 249-255.

Corrie Brown, DVM, PhD, Department of Pathology, College of VeterinaryMedicine, University of Georgia, Athens, GA 30602-7388, corbrown@uga.edu

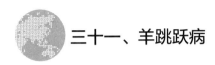

三十一、羊跳跃病

1. 名称

羊跳跃病（Louping-ill，LI），绵羊脑脊髓炎（Ovine encephalomyelitis），传染性羊脑脊髓炎（Infectious encephalomyelitis of sheep），颤抖病（Trembling-ill）。

2. 定义

羊跳跃病是由蜱传播的一种急性病毒性传染病，主要发生在羊和红松鸡，典型症状是发烧、神经症状以及死亡。人也可感染。

3. 病原学

羊跳跃病病毒是黄病毒科黄病毒属中的一种蜱媒传播病毒。该属中其他亲缘关系相近的成员包括黄热病病毒、蜱媒脑炎病病毒、科萨努尔森林病病毒和日本乙型脑炎病毒。所有这些病毒都是有囊膜的小型单链RNA病毒。

4. 宿主范围

a. 家畜

很多物种都可以感染该病毒，包括绵羊、牛、马、猪、山羊、犬以及美洲驼。绵羊是家畜中最易感物种。老鼠可以作为有效的实验动物模型。目前认为羊可能是该病的贮存宿主。

b. 野生动物

红松鸡、鹿、野兔、家兔、老鼠、鼩鼱、田鼠和姬鼠易自然感染。红松鸡和野兔感染后的病毒血症滴度很高，因此可以导致该病传播。由于红松鸡的病死率很高，因此人们认为它们对于维持病毒在自然界中的存在并不重要。在自然界中，野兔具有最强的维持病毒在自然界中存在的能力。在该病的流行病学中，其他哺乳动物似乎并不重要。

c. 人

人可以通过被蜱叮咬而感染，病毒可以通过皮肤伤口（尤其是屠宰场工人）、实验室中的气溶胶或者喝牛奶等途径进入体内。人感染后临床症状有多种表现形式：局限性的流感样症状、脑炎、类脊髓灰质炎综合征或者出血热。

5. 流行病学

a. 传播

病毒通过三宿主羊蜱——蓖子硬蜱（*Ixodes ricinus*）传播。这种蜱以多种动物为宿主，包括羊、鹿和松鸡。成年蜱主要叮食大型动物，例如羊和鹿。幼虫和虫蛹时期则叮食各种小型哺乳动物和鸟类。该病的传播是阶段性的。没有证据显示会经卵传播。蜱的最活跃期是在春季，所以绝大多数病例在这个时期出现。虽然其他蜱也能成为有效的传播媒介，特别是扇头蜱属（*Rhipicephalus appendiculatus*）、全沟硬蜱（*Ixodes persulcatus*）和璃眼蜱（*Haemaphysalis anatolicum*），但是一般认为它们在该病的流行病学中不重要。研究显示该病毒存在于感染母羊和母鹿的奶中，并且可能通过饮食传染给小羊羔或者人。

b. 潜伏期

羊的潜伏期为6~18d。

c. 发病率

羊的发病率取决于其免疫力和病毒感染的严重程度。在广泛接种疫苗的地区，发病仅见于母源抗体正在减弱的小羊羔或为了更新繁殖群而引进的动物。

d. 病死率

红松鸡和羊的病死率最高。红松鸡的病死率可能会高达80%。羊的病死率取决于羊的品种和病毒的流行程度，但是很少高于15%。

6. 临床症状

该病的最初临床症状为发烧、精神沉郁和厌食。发烧趋于双相性，随着神经症状的发生出现第二个发烧高峰。可以看到脑干和小脑功能紊乱，表现为共济失调、动作不协调、典型的跳跃或羊跳姿态。随着病情的发展，更多的脑皮质功能受损，如过度敏感、头部压迫痛、抽搐和昏迷。临床症状可持续7~12d。即使感染动物康复，也会持续有不同程度的中枢神经障碍。

7. 病理变化

a. 眼观病变

羊跳跃病感染后没有特征性的病理损伤。最明显的病理学变化在中枢神经系统，并且只能观察到组织学上的变化。

b. 主要显微病变

羊跳跃病病毒的攻击目标是神经元。因此中枢神经系统的变化包括神经元坏死和嗜神经细胞现象。同时会出现非化脓性脑脊髓炎，伴随血管周和脑膜出现淋巴细胞、浆细胞和组织细胞浸润。

8. 免疫应答

a. 自然感染

自然感染可能仅仅降低部分免疫力和出现周期性败血症，因此饲养自然感染动物会有助于病毒传播。在这些宿主动物身上可能没有明显的临床症状。

这些充当病毒贮存宿主的动物没有任何发病迹象。

b. 免疫

目前可用的商业疫苗是一种福尔马林灭活苗。理想的保护效果需要2倍量免疫。为了让羔羊获得足够的被动免疫力，建议在妊娠母羊孕期最后3个月接种疫苗。如果羔羊在母源抗体水平降低时再接种疫苗就能得到完全保护。

9. 诊断

a. 现场诊断

在该病流行区域，如果动物出现中枢神经系统症状，就应该怀疑感染该病，但是必须经过实验室诊断才能确诊。

b. 实验室诊断

i. 样品　肝素化血液、大脑、脊髓和血清都需要采集。

ii. 实验室检测　羊跳跃病可以使用很多方法诊断，包括病毒分离和鉴定、RT-PCR、血清学［酶联免疫吸附试验（ELISA）、过氧化氢酶试验（CFT）、血凝抑制试验（HI）］、组织病理学和免疫组织化学方法。

10. 预防与控制

最有效的控制措施是接种疫苗。使用杀螨剂来减少蜱虫的数量也是有效的预防方法。

■ 参考文献

[1] GILBERT, L., JONES, L.D., HUDSON, P.J., GOULD, E.A. and REID, H.W. 2000. Role of small mammals in the persistence of Louping-ill virus: field survey and tick co-feeding studies. Medical and Veterinary Entomology. 14: 277-282.

[2] LAURENSON, M.K., NORMAN, R., REID, H.W., POW, I., NEWBORN, D. and HUDSON, P.J. 2000. The role of lambs in louping-ill virus amplication. Parasitology. 120: 97-104.

[3] MARRIOTT, L., WILLOUGHBY, K., CHIANINI, F., DAGLEISH, M.P., SCHOLES, S., ROBINSON, A.C., GOULD, E.A., and NETTLETON, P.F. 2006. Detection of Louping ill virus in clinical specimens from mammals and birds using TaqMan RT-

PCR. Journal of Virological Methods. 137: 21-28.

[4] SHEAHAN, B.J., MOORE, M. and ATKINS, G.J. 2002. The pathogenicity of louping ill virus for mice and lambs. Journal of Comparative Pathology. 126: 137-146.

[5] TIMONEY, P.F. 1998. Louping-ill, in Foreign Animal Diseases, eds. W Buisch, JL Hyde, C Mebus, USAHA, Richmond, Virginia. pp. 292-302.

Corrie Brown, DVM, PhD, Department of Pathology, College of VeterinaryMedicine, University of Georgia, Athens, GA 30602-7388, corbrown@uga.edu

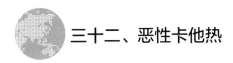

三十二、恶性卡他热

1. 名称

恶性卡他热（Malignant catarrhal fever，MCF），德语名称：bösartiges katarrhalfieber；snotsiekte（非洲语）；coryzagangréneux（法语）。

2. 定义

恶性卡他热是一种能导致反刍动物尤其是牛、北美野牛及欧洲野牛和鹿死亡的病毒性疾病。临床症状在各个物种之间有所不同，但在物种内部趋于一致。家养牛最常见的症状包括发烧、鼻炎、沉郁及双侧角膜炎。北美野牛及易感的鹿科动物临床症状包括沉郁、腹泻及临床病程极短的死亡。

MCF有两大主要的流行病学类型，并且都是以其感染的自然宿主，也就是反刍动物种类来定义的。一类是角马相关性恶性卡他热（WA-MCF），亦称非洲型；另一类是绵羊相关性恶性卡他热（SA-MCF）。

3. 病原学

MCF是由疱疹病毒科的反刍动物疱疹病毒丙亚科中亲缘关系相近的几种病毒之一引起的。反刍动物疱疹病毒科中的恶性卡他热病毒家族包括10个已知成员。其中只有四种被证明是在自然条件下可以致病。致病性病毒包括角马疱疹病毒1型（AlHV-1）、绵羊疱疹病毒2型（OvHV-2）、山羊疱疹病毒2型（CpHV-2）和一种能引起白尾鹿MCF的未知起源的病毒（MCFV-WTD）。这些病毒感染动物之后通常不会引起各自的携带物种发病，因此病毒适应性强而且感染广泛。

AlHV-1是角马相关性MCF的病原，在非洲和动物聚集区由于角马和临床易感动物的混合使之成为一个严重的问题。

OvHV-2引起绵羊相关性MCF，这也是高易感物种在野生动物聚集区的重要问题。这些物种包括巴厘牛、驯养鹿、北美野牛及欧洲野牛和许多有蹄类物种。

CpHV-2在家养和野生的山羊中具有地方流行性。迄今为止，有记载显示这种病毒可导致2个种群发病：白尾鹿和梅花鹿。临床特点是脱毛、体重缓慢下降和慢性皮炎。CpHV-2对其他物种的潜在影响未知。

MCFV-WTD能引起北美白尾鹿一种经典的MCF综合征（如下所述）。还未找出携带该病毒的动物。对MCFV-WTD的系统发育分析及相关宿主分析显示

MCFV-WTD的宿主物种与驯养的山羊及绵羊亲缘关系很近。

还没有MCF病毒家族中剩下的6个成员引发临床疾病的报道。最近在发病的巴厘马鹿中出现了AlHV-2的MCF病毒，这表明在某些环境条件下MCF病毒家族的其他成员也会引起动物发病。

4. 宿主范围

a. 驯养动物及野生动物

MCF病毒会感染一系列偶蹄动物如牛科、鹿科及长颈鹿科等宿主动物。这些宿主可以分为两类：对病毒具有良好适应性且无症状的携带者和会引起疾病和亚临床感染的适应性差的宿主。具有良好适应性的宿主包括角马亚科、羊亚科及马羚亚科。主要的携带物种是角马、绵羊和山羊。宿主将病毒散播到环境中并能够在紧密接触或病毒的间接传播（如通过合适的污染物）传染给临床易感动物。对病毒适应性差的宿主动物（或者临床易感动物）一般认为不能散播传染性病毒粒子，因此成为终末宿主。临床易感动物通常是鹿科、长颈鹿科及牛亚科。

MCF已经在33种有蹄类动物中报道过。据可靠记录，这些动物包括：家养牛（黄牛Bos taurus 和瘤牛B. indicus）、印度野牛（Bos gaurus）、爪哇野牛或巴厘牛（Bos javanicus）、水牛（Bubalus bubalis）、美洲野牛（Bison bison）、马鹿（Cervus elaphus）、梅花鹿（Cervus nippon）、白尾鹿（Odocoileus virginianus）、黑尾鹿（Odocoileus hemionus）、花鹿（Axis axis）、麋鹿（Elaphurus davidiansus）、褐色角鹿（Mazama gouazoubira）、黑鹿（Cervus timorensis）、獐子（Hydropotes inermis）和驼鹿（Alces alces）。由OvHV-2在家猪引起的MCF，可产生致死性的急性综合征。关于家猪的MCF的流行病学和致病机制知之甚少。在实验室，家兔能够被AlHV-1和OvHV-2感染并且发展成为类MCF样疾病。

对疾病敏感性逐渐增加： ————————➤

自然宿主	适度易感	高度易感
家养绵羊	黄牛	美洲和欧洲野牛
蓝色和黑色角马	瘤牛	巴厘牛、水牛、许多鹿科动物、印度野牛、羚羊
没有病变	明显血管炎/淋巴结病	明显出血症状和肠炎

b. 人

没有证据表明MCF病毒可以传播给人，并且在人疾病中从未有过记载。

5. 流行病学

a. 传播

尽管AlHV-1和OvHV-2引起易感宿主的疾病临床上难以区分，但是他们的流行病学和携带这两种病毒的自然携带宿主还是有明显差别的。大多数角马幼畜在围产期通过水平或子宫传播被感染，并且散播病毒直到3~4月龄。角马可终生感染。成年角马很少散布病毒，但是受到应激或激素注射诱导时也能散毒。因此，非洲角马MCF的暴发与角马的产犊季节是相吻合的。相反，大部分羔羊是不能被OvHV-2感染的，直到在它们2~3月龄时在自然聚群的情况下才被感染。在绵羊中，子宫内传播非常少见。感染的绵羊在大约6月龄时开始散毒，散毒时间短但是很强烈。大约10月龄后，散毒的频率逐渐减低。成年绵羊散毒频率低而且数量少。6~9月龄的青年羊群是传播疾病的高危群体。

MCF病毒从带毒动物到临床易感宿主的自然传播主要是通过与眼睛、鼻分泌物的直接接触或不太确定的空气传播。机械性媒介、污染的水或饲料原料可能在疾病传播过程中发挥重要作用。

该病的最大传播距离与影响病毒存活时间的几个因素有关，诸如病毒携带量和气候条件。最近在北美野牛大牧场暴发的绵羊MCF表明当这些野牛接触到饲育场的20000只青年羊群后，病毒成功传播了近5km。基于有限的数据得知，CpHV-2的流行病学特征与其在绵羊群中有相似的流行病学特点。

b. 潜伏期

在角马相关性和绵羊相关性MCF病程中都观察到了比较长的潜伏期。试验研究表明，AlHV-1感染的牛的平均潜伏期是20d，波动范围是11~34d。试验条件下牛群大剂量注射感染了AlHV-1的牛血液后，其平均潜伏期是30d，波动范围是11~73d。在自然感染的情况下，感染AlHV-1的北美野牛在感染40~70d后病毒峰值开始降低。已经报道的那些潜伏期超过数月的病例可能反映了先前已经建立的感染再次复发了。

c. 发病率

在非洲，家养牛感染角马MCF的发病率为6%~7%，偶尔可达50%。家养牛感染OvHV-2的概率一般低于1%。在个别畜群也有很高发病率的报道：8.3%（怀俄明州），16.6%和10%（加利福尼亚），33%（爱尔兰），37%（科罗拉），50%（密歇根），50%（南非）。由于不正常的高发病率，这些报道才能进入文献范围。较低的发病率（1%）更为常见。当野牛和绵羊群之间接触比较近时和（或者）暴露于大型畜群时，野牛的发病率可以接近50%。个别野牛群曾经发生过非常严重的损失（发病率94%和90%）。在一些野牛觅食地，在放牧期间，会有多达5%的野牛死于MCF。其他的易感物种中，当MCF流行时，记载的发病率有65%（鹿），20%（巴厘牛）和28%（水牛）。

d. 病死率

具有MCF临床症状的牛的病死率一般是80%~90%。目前痊愈的记录也有很多，但是这些牛可能还会复发或者一直保持不健康的状态。完全康复是可能的。一旦出现临床症状，美洲和欧洲野牛、易感的鹿科动物、水牛和爪哇野牛的病死率会接近100%。

6. 临床症状

a. 普通牛和水牛

发病初期的1~3d里，起始临床症状为严重的沉郁和发烧（40~42℃），并且眼鼻有分泌物。由AlHV-1和OvHV-2引起的牛MCF的临床过程相似，病程可以从2d延长到21d（平均6.25d）。水牛的临床症状平均延续时间为7.4d（1~30d）。黑鹿的临床过程为4~34d。在牛中"头眼型"症状是最常见的类型。牛会出现双侧鼻黏液分泌物进而转变为极多的黏脓状分泌物，有些牛还会出血。感染牛可能会因呼吸困难而张口呼吸。严重的口腔炎和疼痛可能会导致牛流涎，与口蹄疫症状相似。同时会出现严重的双侧性角膜炎，其表现为伴随泪溢和眼前房积脓的角膜浑浊。此类牛畏光并且会部分失明。神经系统症状如转圈可能也会发生。在某些牛中会有腹泻症状。MCF最常见于1周龄和2周岁动物。据科罗拉多州的调查报道，72%的MCF病例发生于1~2岁的牛。在一些大型的暴发中也有6周龄的犊牛发病的报道，但大部分MCF发生于动物断奶后。

b. 美洲野牛，巴厘牛和许多其他易感的鹿科动物

病程要比普通牛短1~3d，有些会死亡。如果用金属笼（Chutes）来对付看起来明显表现轻微沉郁的野牛时可能会造成突然死亡或者吸入性肺炎。主要症状为严重沉郁、离群、脱水和体重下降。会有排尿困难、血尿、腹泻和黑粪症出现。鼻腔分泌黏液和鼻口部结痂以及角膜混浊，这些症状在野牛和鹿中发生时没有在普通牛发生时那么明显。由于野牛厚密的头部毛发，因此很难从一定距离外注意到它们的泪溢现象。野牛和鹿科动物感染MCF的年龄范围要比普通牛广。尽管6月龄以上的野牛和鹿更容易发病，但发现犊牛也会发病。

c. 绵羊

试验条件下，绵羊接触到高剂量的OvHV-2会产生类似于家牛MCF的临床症

状。一些零星暴发的绵羊中型血管炎综合征（也称为结节性多动脉炎，Polyartertis nodosa）可能与这种试验条件下的症状有自发的关联性。患有MCF的猪表现为虚弱、食欲减退、发烧、有神经症状、口唇糜烂和皮肤性病变。

7. 病理变化

a. 眼观病变

急性型MCF的眼观病变是独特的，主要影响淋巴组织、消化道和上呼吸道、泌尿生殖系统以及眼睛。肠道病变很难确认，特别是尸体发生一定程度的自溶时。家牛和野牛患急性MCF时，膀胱炎极为常见，从多灶性黏膜瘀斑到腔内充血的严重出血性膀胱炎，其严重程度不同。沿横截面切断输尿管会观察到相似的病变。其他病变有口腔黏膜（尤其是舌头和硬软腭）、咽喉、食道、前胃和皱胃的糜烂与溃疡。相同病变也发生在喉部，但是很少延伸到气管以下部分。溃疡通常很小（2~5mm）、很浅并且不引人注意。不会发生水疱性损伤。

野牛和鹿科动物感染一般会扩散为节段性的盲肠结肠炎，这是进一步发展为腹泻和黑粪症的前提和基础。是否能把肠腔内容物冲洗去是最好的检测方法，如果有些物质仍然附着在尸体里细小的自溶位点上，这就明显表明是盲肠结肠炎。在一些鹿科动物（如黑鹿）中，肠道病变还可能伴有黏膜出血并且会发展到出血肿大。淋巴结肿胀（为正常大小的2~5倍）在牛的临床和病理诊断中发挥很有效的作用，但是在鹿科和野牛诊断中其作用微乎其微。

感染家牛、鹿及鹿科动物的角膜会呈扩散性或者焦点式的（边缘区域）浑浊，病变是恒定的双相性。病程更长一些的动物（大于7d）会有前房渗出液。在一些动物，角膜炎会发展到角膜溃疡穿孔。被感染牛和野牛的口吻处呈扩散式的结痂和溃疡，以至于上皮组织在尸体剖检时可以轻松剥落。这有助于露出鼻腔通道从而核查是否有黏液物质存在。

少数动物中会出现皮炎，这可以通过触诊毛发稀少区域（大腿、腋下、乳头、外阴、乳房、头冠或趾间皮肤）来进行检测。野牛普遍存在的症状就是晚期吸入性肺炎。患病晚期的野牛可能会被牛群同伴攻击，这样的病例曾经被误诊为由外伤导致的病死。一些野牛和水牛的心脏和（或）骨骼肌肉苍白，大概是由"捕捉性肌病综合征"演变而来。患有慢性MCF的动物（野牛、普通牛、梅花鹿）在多个器官可见明显的封闭型动脉病变。

b. 主要显微病变

MCF的标志是伴随有血管炎的淋巴细胞增生性炎症。典型病变有：

● 涉及中等口径动脉和静脉的弥散性血管炎。在野牛和一些鹿科动物中，这可能与以弥漫性血管内凝血（DIC）为特征的内血管血栓症有关。

- 上皮细胞广泛凋亡，进而发展为上皮层坏死，紧接着是消化道、上呼吸道、膀胱、输尿管和皮肤的糜烂/溃疡。
- 淋巴结内淋巴细胞增生（家牛和许多鹿科动物）。这使得许多病理学家有充足理由相信这些病变部位正要接近或已经转变为肿瘤病灶。

这种血管炎很容易用显微镜在死于急性MCF的牛的大部分器官中检测到。血管炎在鹿、水牛和野牛中不是很常见，但病变程度一致。可感染反刍动物的其他传染病很少引起这种弥散性的动脉炎和静脉炎。该病的其他特征如始终存在的非化脓性脑炎和全眼球炎可以进一步加强对MCF的怀疑。

虽然兽医文献中将MCF的病变看作"特征性的"，但在控制该病时，确定具体是哪一个属的MCF还是非常重要的，尤其是在有外来性或研究者不太熟悉的物种时，这种认为MCF可以引起特征性病变的观念是值得怀疑的。一旦发现可能为MCF的病变时，应该采用分子生物学方法（聚合酶链式反应）来进行确诊。试图建立免疫组织化学方法检测感染家牛和野牛组织中的OvHV-2，但到现在也没有成功。

8. 免疫应答

a. 自然感染

在绵羊相关性MCF临床症状发展过程中，通过检测对应于15-A抗原表位的抗体的竞争ELISA方法可以发现大部分牛（超过95%）都显示血清学阳性。但是，用同样的竞争ELISA方法检测带有MCF临床症状的野牛时，只有约70%的样品是血清学阳性。因此对这种物种不推荐单独依靠竞争ELISA方法来确诊MCF。

b. 免疫

目前没有针对非洲角马或绵羊相关MCF的疫苗。试图研制AlHV-1疫苗的努力没有获得成功。由于不能在体外扩增OvHV-2，因此还没有开展OvHV-2疫苗的相关研究。

9. 诊断

a. 现场诊断

当观察到家牛典型的头部和眼部症状时，结合其最近与绵羊的接触史，便可作出MCF初步诊断。

因患有MCF而濒临死亡的野牛和鹿，往往有没有任何前兆而突然死亡；或精神沉郁，脱离群体。若消化道和上呼吸道出现多病灶性溃疡，尤其是发现有出血性膀胱炎时，可视为MCF。在动物聚集区或者混有蓝色或黑色角马野生农场内，若发现易感的鹿科动物死亡或伴有腹泻的严重抑郁时，在任何鉴别列表中都应将该病排在前面。

b. 实验室诊断

i. 样品　当MCF出现在鉴别列表上时，最好的采样方法是从消化道、呼吸道和尿道以及脑、心、淋巴结和血清（如果有的话）中大范围采集新鲜样品。当严重的坏死性动脉炎在多个器官被确认时病理学家会作出疑似MCF的诊断。病毒最容易从膀胱、肾脏、肝脏、心脏、颈动脉丛（围绕脑下垂体周围的丰富血管丛）和精索静脉曲张中检测到。用PCR方法对MCF进行检测时，最低检测量是2份新鲜组织。常规尸检中的几乎所有类型的组织都可用PCR方法确诊，但是淋巴组织（如淋巴结和脾脏）是最理想的样品。样品组织的收集对排除那些类似MCF的疾病很重要。

ii. 实验室检测

1）病毒鉴定方法

● 病毒分离（AlHV-1）

● PCR

2）血清学检查

● 竞争酶联免疫吸附试验法

● 间接免疫荧光抗体检测法

● 免疫过氧化物酶试验

● 病毒中和试验（AlHV-1）

10. 预防与控制

目前没有绵羊或角马MCF疫苗可使用。预防带毒动物与易感动物之间的接触是控制该病的首要方法。严格注意避免羊、角马和其他病毒携带者与鹿、野牛、巴厘牛和水牛之间的接触。对混合性种群的预防，例如宠物动物园、狩猎场和动物聚集区，另一控制策略可能有用，即使用未感染的绵羊和山羊来保护临床敏感的种群免于该病的损失。靠商业运作来生产不携带OvHV-2的绵羊一般不太实际。

难以精确测算带毒动物与易感动物相距多远才能完全避免MCF的损失。许多因素影响病毒的传播，特别是宿主的易感性和病毒的排毒量。建立适当但有效的间隔距离，是预防该病最重要的因素。

在北美洲、欧洲、东南亚、澳大利亚、新西兰和南非地区，牛很少发生绵羊相关性MCF。牛和绵羊一起饲养时发生该病最为常见。最有效的降低损失的方法是使绵羊和牛保持适当的距离（如1 600m或更远）分开饲养。在很多情况下这种方法不太可行。随着对SA-MCF的认识，许多畜主倾向于保持低损失和在不采取预防和间隔措施的情况下管理牛群和羊群。

在东南亚，在一些情况下采取将小反刍动物（山羊、绵羊）与巴厘牛和爪哇野牛分开饲养的方式。考虑到这些畜种的高发病率，分开饲养可能较为经济合理。

■ **参考文献**

[1] BRIDGEN, A. and REID, H.W. 1991. Derivation of a DNA clone corresponding to the viral agent of sheep-associated malignant catarrhal fever. Res. Vet. Sci. 50: 38-44.

[2] CRAWFORD, T.B., LI, H. and O'TOOLE, D. 1999. Diagnosis of sheep-associated malignant catarrhal fever by PCR on paraffin-embedded tissues J Vet Diagn Invest. 11: 111-116.

[3] CRAWFORD, T.B., O'TOOLE, D. and LI, H. 1999. Malignant Catarrhal Fever. In: Current Veterinary Therapy: Food Animal Practice, 4th ed. J Howell, RA Smith, eds., Oklahoma: W.B. Saunders Company, pp. 306-309.

[4] LI, H., SHEN, D.T., DAVIS, W.C., KNOWLES, D.P., GORHAM, J.R. and CRAWFORD, T.B. 1994. Competitive inhibition enzyme-linked immunosorbent assay for antibody in sheep and other ruminants to a conserved epitope of malignant catarrhal fever virus J Clin Microbiol, 32: 1674-1679.

[5] LI, H., GAILBREATH, K., FLACH, E.J., TAUS, N.S., COOLEY, J., KELLER, J., RUSSELL, G.C., KNOWLES, D.P., HAIG, D.M., OAKS, J.L., TRAUL, D.L. and CRAWFORD, T.B. 2005. A novel subgroup of rhadinoviruses in ruminants J Gen Virol 86: 3021-3026.

[6] O'TOOLE, D., LI, H., SOURK, C., MONTGOMERY, D.H. and CRAWFORD, T.B. 2002. Malignant catarrhal fever in a bison (Bison bison) feedlot 1994-2000. J Vet Diagn Invest 14: 183-193.

[7] PLOWRIGHT, W. 1990. Malignant catarrhal fever virus In: Virus Infections of Vertebrates, series ed. M.C. Horzinik, vol. 3, Virus Infections of Ruminants, eds. Z. Dinter and B. Morein Elsevier, pp.123-150.

[8] WOBESER, G., MAJKA, J.A. and MILLS, J.H. 1973. A disease resembling

malignant catarrhal fever in captive white-tailed deer in Saskatchewan. Can Vet J 14: 106-9.

图片参见第四部分。

Donal O'Toole, DVM, PhD, Wyoming State Laboratory, Laramie, WY 82070, dot@uwyo.edu

Hong Li, DVM, PhD, Animal Disease Research Unit, USDA-ARS, Pullman, WA 99164-6630, hli@vetmed.wsu.edu

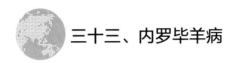

三十三、内罗毕羊病

1. 名称

内罗毕羊病（Nairobi sheep disease，NSD）。

2. 定义

内罗毕羊病是一种由蜱传播的非接触性病毒性传染病，感染东非和中非绵羊和山羊，以发热、出血性胃肠炎、流产和高群体病死率为特征。甘贾姆（Ganjam）病毒是内罗毕羊病病毒（NSDV）的亚洲变异株，在印度和斯里兰卡引起类似的疾病。这两种病毒可引起人温和的自然感染和实验室感染，属于生物安全3级病原体。

3. 病原学

NSDV属于布尼亚病毒科（*Bunyaviridae*）内罗毕病毒属（*Nairovirus*）。该属包括一些动物和人最重要的蜱传病原，分为7个血清型，其中34个成员主要通过蜱传播。NSDV与能感染牛和人的Dugbe病毒和克里米亚-刚果出血热（CCHF）血清群的病毒亲缘关系相近。

NSDV呈球形或多形性，有囊膜，分3个片段，单链，是负义或双义RNA。小片段（S）编码病毒的核衣壳蛋白，中片段（M）编码小型表面糖蛋白，大片段（L）编码病毒复制用的RNA聚合酶。NSDV之间的亲缘关系由L和S片段保守区序列和他们各自编码的聚合酶多肽决定。病毒对脂溶剂和去污剂敏感，在较高或较低的pH条件下均可迅速灭活。在最适pH（7.4~8.0）且含2%血清条件下，病毒的半衰期在0℃时为6.8d，37℃时为1.5h。

4. 宿主范围

a. 家畜

脊椎动物中，只有绵羊和山羊是NSDV的自然宿主。牛、猪、马和家禽不易感，虽然山羊的病死率也很高，仍认为山羊没有绵羊易感。病毒感染也存在品种差异，与预期相反的是本地品种的绵羊比外来品种病死率高。例如，东非绒毛羊和波斯肥尾绵羊（Persian fat-tailed sheep）病死率可达75%或更高，而进口毛用品种如罗姆尼羊（Romney）和考力代羊（Corriedale）病死率仅有30%~40%。

与NSD相反，进口绵羊比地方品种和杂交品种对甘贾姆病毒更易感，但该病毒在进口绵羊中即使暴发也没有NSD严重。

b. 野生动物

在野外和动物园里的蓝霓羚（*Cephalophus monticola*）都有死亡病例的报道。在一项研究中发现非洲田鼠（*Arvicanthus abyssinicus nubilans*）人工接种病毒后出现病毒血症。然而对于任何生长阶段的具尾扇蜱（*R. appendiculatus*），啮齿类动物都不是首选寄主。非洲大羚羊（*Kobus ellipsiprymnus*）和其他非洲野生反刍动物可被具尾扇蜱反复叮咬，但抗体流行率较低。非洲水牛不易感。总之，一般认为野生反刍动物和野生啮齿类动物在维持病毒的持续感染过程中作用不是很大。

c. 人

自然条件下，人很少感染NSDV或甘贾姆病毒。即使是被针刺伤或处理感染动物时，实验室感染NSDV的病例也很少见。然而在印度，有多起甘贾姆病毒实验室感染的报道。临床表现为伴有发烧、颤抖、腹痛、背痛、头痛、恶心和呕吐的自身限制性疾病。实验室工作人员、乌干达和印度的普通人群以及斯里兰卡的某个山羊场工作人员都曾检测出抗体。因此，NSDV和甘贾姆病毒属于生物安全3级病原体。

5. 流行病学

a. 传播

NSDV和甘贾姆病毒不能通过接触传播，只能通过蜱传播。虽然病毒可随尿液和粪便排出，但似乎不能通过接触或气溶胶传播。试验条件下，易感动物接种有感染性的血液、血清或组织悬液，可导致该病传播。给绵羊口服大剂量（50mL）带毒血液或血清也能引起感染。

在东非，NSD的主要传播媒介是具尾扇蜱，但是丽色扇头蜱（*R. pulchellus*）、拟态扇头蜱（*R. simus*）和彩饰钝眼蜱（*Amblyomma variegatum*）也能传播病毒，但传播效率不高。在索马里和埃塞俄比亚北部的豪德（haud）高原（有洋槐灌木丛和草原的丘陵地），丽色扇头蜱是主要的传播媒介。所有易感蜱都能经期传播，具尾扇蜱和丽色扇头蜱的索马里株可经卵巢传播，但丽色扇头蜱的肯尼亚株却不能通过卵巢传播。在印度和斯里兰卡，甘贾姆病毒主要通过媒介血蜱（*Haemaphysalis intermedia*）传播，尽管在印度偶尔也曾从微型血蜱（*H. wellingtoni*）和杂麟库蚊（*Culex vishnui*）中分离到。

当绵羊和山羊从无蜱的干旱地区迁移至感染蜱数量较多的潮湿森林和草地时，或当雨季延长导致蜱群生存区域扩大时，就会暴发NSD。在流行地区的大多数绵羊和山羊都有该病毒的抗体且具有保护作用。大多数羔羊具有保护性的母源抗体，首次接触蜱和病毒相当于进一步的刺激免疫。

b. 潜伏期

自然感染情况下，病毒的潜伏期通常为蜱叮咬后3~6d。通过实验室注射感染，潜伏期一般为1~4d，最长6d。潜伏期的长短取决于攻毒的剂量、途径、病毒株的毒力和个体的抵抗力。

c. 发病率和病死率

像其他经蜱传播的疾病一样，发病率取决于蜱的叮咬和机体的抗体水平。田间暴发NSD时，本地绵羊病死率可达70%~90%，而外来和杂交品种的病死率为30%~40%。一般认为山羊易感性较差，但是本地山羊感染病死率可达90%。据报道，甘贾姆病毒能引起和NSD类似的疾病，但在非洲还没有大规模暴发的报道。

6. 临床症状

易感绵羊或山羊转入含有具尾扇蜱的羊圈内，通常在5~6d后发病。首先出现的临床症状为发热，超过41℃（106°F），可持续1~7d。伴随着发热出现白细胞减少和病毒血症，体温下降前24h病毒血症消失。通常发热后1~3d出现腹泻。随后几天，腹泻加重呈水样腹泻，有恶臭，常含有黏液和血液。动物表现为渐进性的精神沉郁、食欲减退、垂头、直肠损伤及有时呼气时呻吟。约半数病例有黏液脓性鼻液，同时可能伴有结膜炎和流泪症状。妊娠母羊经常流产。

超急性和急性病例通常持续2~7d，但是亚急性病例可持续11d。山羊的临床症状与绵羊相似，但没有绵羊严重。绵羊和山羊感染甘贾姆病毒症状表现也不严重。

7. 病理变化

a. 眼观病变

最明显的病变是出血性和卡他性胃肠炎。后腿及臀部表面沾满粪便或粪便和血液的混合物，内部则是出血性和卡他性炎症。出血主要发生在皱胃（纵褶）黏膜、回肠末端、回盲瓣、盲肠和结肠。盲肠和结肠黏膜的纵向条纹样充血或出血是最显著的特征，有时候是剖检的唯一病变。如果有结肠内容物，则呈黏稠液体，含有少量血液。盲肠和结肠的浆膜也会出血。此外，在胆囊黏膜下层、肾被膜下区域、心内膜、心外膜、下呼吸道和母羊生殖道黏膜也有出血病变。鼻腔黏膜常有卡他性炎症。流产胎畜的组织和器官有多处出血，胎膜水肿出血。

全身淋巴组织增生也是一个显著特点。脾脏充血，比正常肿大数倍。外周淋巴结肿大，特别是那些被蜱叮咬后血流经的淋巴结，肠系膜淋巴结增大和水肿。

b. 主要显微病变

病毒在淋巴组织、肝脏、肺脏、脾脏和其他器官的网状内皮系统内繁殖，对血管内皮细胞有偏嗜性。常见的肾脏显微病变是肾小球肾小管肾炎，肾小球肾小管上皮细胞出血、坏死，肾小管呈透明管型和细胞管型病变，这些病变具有重要诊断意义。心肌细胞坏死严重，常出现胆囊黏膜凝固性坏死。

8. 免疫应答

a. 自然感染

NSD康复后可获得终身免疫。由于流行地区的绵羊和山羊经常接触带病毒的蜱，所以它们能维持良好的免疫状态，患病时没有临床症状。流行地区的羔羊和小山羊通过初乳的抗体获得保护，随后通过感染蜱的叮咬获得主动免疫。

b. 免疫

已经研制了两种疫苗，分别是经鼠脑连续传代致弱后改良的活病毒疫苗（MLV）和经细胞培养后灭活的油佐剂疫苗。这两种疫苗都在试验阶段，临床上还没有广泛应用。单剂量的MLV疫苗能快速诱导免疫，但必须每年免疫。它也能诱导病毒血症，但不会发生毒力返强，因为具尾扇蜱不能传播疫苗株病毒。灭活疫苗免疫持续时间有限，需要每隔一个月进行双倍剂量免疫。用来预防进入地方流行区的绵羊和山羊感染。

9. 诊断

a. 现场诊断

NSD的暴发总是与易感动物迁入有大量具尾扇蜱活动的流行地区有关。如果本地成年绵羊和山羊都健康，而新入群的绵羊和山羊出现严重肠炎和流鼻涕症状，并且接触了具尾扇蜱，应该首先怀疑该病。引进的羊群在几周内非常容易受到该病的危害。

b. 实验室诊断

i. 样品 应采集发热期动物的血液（凝血和抗凝血）。对于急性死亡动物（或发热期处死的动物），采集的最佳组织是脾脏、肺和肠系膜淋巴结。发病存活后的动物，应采集急性期和恢复期双份血清。病毒冻存后活性可能会降低。

ii. 实验室检测 确诊需要通过实验室诊断。诊断NSDV的可靠方法是用感染的组织悬液、全血或血清接种细胞，培养24~48h后，使用耦联荧光（直接荧光抗体检测试验，DFAT）或免疫过氧化物酶细胞染色。该方法并不以细胞病变为诊断依据，因为在细胞培养中，最初的病毒培养物可能不出现细胞病变。通过乳鼠脑组织分离病毒、用直接荧光试验或补体结合试验来检测抗原，该方法比细胞培养敏感，但费时费力。用组织和全血悬液接种绵羊是检测NSDV最敏感的方法。

急性濒死的动物组织悬液中的病毒，可用琼脂凝胶免疫扩散试验（AGID）和

ELISA来检测。AGID简单快速，能够应用到由于缺乏设施而不能进行细胞培养或荧光抗体检测的基层实验室。病毒抗体可通过补体结合试验、病毒中和试验、AGID、间接FAT和间接血凝试验（IFA）来检测。补体结合抗体仅能在感染后6~9月检测到，病毒中和抗体常检测不到。在体温降到正常后的几天内可首次检测到抗体，至少持续15个月，补体结合抗体除外。ELISA方法已经建立，但还未得到验证。

10. 预防与控制

在具尾扇蜱的定植地，最好使病毒相对稳定存在。即使偶尔会发生NSD死亡病例，也不提倡长期实施控制蜱的策略，因为既昂贵又破坏环境，且很难使蜱远离易感的绵羊和山羊群。在NSD稳定流行的边界地区，当强降水使蜱扩散到未感染的小反刍动物群时，需要对小反刍动物群灌注拟除虫菊酯类杀虫剂进行治疗。卫星遥感技术有助于防疫部门或杀虫治疗计划预测这些区域的范围。边界地区的动物和从无疫区迁入感染区的动物应进行疫苗免疫。从感染区迁往无疫区的动物应除蜱。

因为该病不能通过直接接触传播，所以检疫程序不需要像高度接触性疾病那么严格。

■ 参考文献

[1] ANONYMOUS. The Universal Virus Database of the International Committee on Taxonomy of Viruses Developed and maintained by BuchenOsmond C. Accessed online January 6, 2006, Last updated June 15, 2004: www.ncbi. nlm.nih.gov/ICTVdb.

[2] DAVIES, F.G. 1988. Nairobi sheep disease. In: The Arboviruses: Ecology and Epidemiology, vol. 4, T.P. Monath, ed., CRC Press, Boca Raton, FL, pp. 191-203.

[3] DAVIES, F.G. and TERPSTRA, C. 2004. Nairobi sheep disease. In: Infectious Diseases of Livestock, 2nd ed., J.A.W. Coetzer, R.C. Tustin, eds., Cape Town (South Africa) : Oxford University Press; 2004. pp. 1071-1076.

[4] HONIG, J.E., OSBORNE, J.C. and NICHOL, S.T. 2004. The high genetic variation of viruses of the genus Nairovirus reflects the diversity of their predominant tick hosts. Virology 318: 10-16.

[5] MARCZINKE, B.I. and NICHOL, S.T. 2002. Nairobi sheep disease virus, an important tick-borne, pathogen of sheep and goats in Africa, is also present in Asia. Virology 303: 146-151.

[6] PEIRIS, J.S.M. 2001. Nairobi sheep disease. In: The Encyclopedia of Arthropod-transmitted Infections, M.W. Service, ed., Wallingford (UK) : CABI Publishing, Wallingford (UK) , pp.364-368.

William R. White, BVSc, MPH, USDA-APHIS-VS-NVSL, Foreign Animal Disease Diagnostic Laboratory, Plum Island, PO Box 848, Greenport, NY 11944, William.R.White@aphis.usda.gov

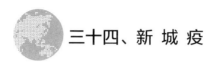 三十四、新 城 疫

1. 名称

外来新城疫（Exotic Newcastle disease，END）、禽肺脑炎（Avian pneumoencephalitis）、亚洲新城疫（Asiatic Newcastle disease）、伪鸡瘟（Atypische geflugelpeste）。

2. 定义

新城疫（ND）是一种可感染家禽和多种鸟类的急性、病毒性疾病，在世界范围内广泛存在。在美国，由新城疫病毒（NDV）强毒株引起的疾病暴发称为外来新城疫（END），是法定报告的疫病，可导致贸易限制。新城疫所引起的临床症状与感染毒株的毒力、感染禽的品种以及感染毒株对呼吸道、消化道和/或对神经系统的组织嗜性有关。该病不能单纯依靠出现明显的临床症状进行诊断，还需要对病毒分离株进行实验室评价。

3. 病原学

NDV也称为禽副黏病毒1型（APMV-1），属于副黏病毒科（*Paramyxoviridae*）禽腮腺炎病毒属（*Avulavirus*）。与其他副黏病毒一样，病毒表面的两种膜蛋白对于病毒的鉴定和病毒特性起至关重要的作用。首先，血凝素-神经氨酸酶（HN蛋白）除了在血清学鉴定中起重要作用外，在病毒与宿主细胞的吸附和释放方面也具有十分重要的作用。融合蛋白（F蛋白）是另一个非常重要的表面蛋白，在该病的致病机理方面发挥关键作用。禽副黏病毒至少包括9种已知的血清型，其中最重要的是APMV-1。

NDV根据其致病性可分为三类：缓发型、中发型和速发型，其毒力水平逐渐增强。毒力最强的（速发型）分离株根据其引起的鸡临床症状不同可进一步分为嗜神经型和嗜内脏型。目前，NDV毒株是按照世界动物卫生组织（OIE）所采用的方法进行分类的。这种方法是基于2种毒力测定试验之一的测定结果进行分类。一是脑内接种致病指数（ICPI），该指数反映了将病毒接种到10只1日龄鸡后，每天的发病数和死亡数。ICPI值范围从0.0~2.0，其中ICPI值大于等于0.7的毒株判定为NDV强毒株，这种毒株引起的感染需要上报，是导致外来新城疫发生的原因。另外一种是根据分离株融合蛋白裂解位点的序列分析——在此位点具有多个碱性氨基酸和苯丙

氨酸的毒株，可判定为NDV强毒株。不符合这些条件的毒株则判定为低致病性分离株。一般来说，NDV强毒株包括前面所描述的中发型和速发型毒株。

4. 宿主范围

a. 家畜和野生动物

NDV可感染超过250种鸟类。NDV也许是所有病毒性疾病中宿主范围最为广泛的，尽管至今报道的所有宿主仅局限于鸟类（人例外）。

b. 人

人感染NDV有过多次报道，通常表现为短暂的结膜炎。可迅速恢复，并且4~7d后病毒就从眼液中消失。感染常见于养禽的工人，尤其是在缺乏足够的眼部保护条件下进行疫苗喷雾免疫时。

5. 流行病学

a. 传播

ND传播是通过接触感染禽类的分泌物、排泄物和粪便等感染性材料造成的。一旦传播到家禽、散养鸟类或者其他圈养鸟，病毒可通过隐性感染禽和/或被污染的靴子、麻袋、蛋盘以及筐等物品的移动在禽舍之间传播。经过免疫但仍被感染的家禽会成为隐性带毒动物，还有一些易感动物感染后不表现临床症状，它们都会发生ND。因此，这种看似健康的感染禽引入禽群时也会发生传播。

b. 潜伏期

在自然感染的情况下，ND的潜伏期为2~15d（通常5~6d）。潜伏期的长短取决于感染病毒的量、宿主种类、年龄、免疫状态、有无其他感染及环境条件等。

c. 发病率

END的发病率与感染的禽种有关。在完全易感的鸡或其他鸡形目鸟类中，发病率接近100%。

d. 病死率

病死率与感染的毒株及禽的特异性免疫状态有关。END对完全易感的鸡和其他鸡形目鸟类的病死率达70%~100%。

6. 临床症状

a. 鸡

美国发生NDV强毒感染后，通过对家禽进行扑杀根除了NDV强毒的感染。后来在家禽当中呈地方流行的NDV的感染则是由低致病性毒株引起，以轻微的呼吸道症状和生产性能下降为典型特征。但不能忽视采食量降低和饮水减少等温和症状，因为这也是免疫良好的禽群发生NDV强毒感染的典型症状。

　　与免疫良好的禽群感染后表现温和临床症状相比，未免疫的任意日龄的鸡发生END后可产生毁灭性的后果。蛋鸡通常首先表现出显著的产蛋减少，随后在24~48h内出现大量死亡。发病初期，禽群在24h内可出现10%~15%的死亡。7~10d后死亡逐渐平息，存活12~14d的禽一般不会死亡，但可能表现出永久性麻痹和其他神经症状。该病可永久性破坏生殖系统，因此产蛋率无法恢复到以前的水平。免疫鸡或者具有母源抗体的雏鸡，感染后一般不表现严重的临床症状，这与保护性抗体的水平有关。嗜内脏型毒株可造成嗜内脏速发型新城疫（VVND），以出血为特征。这种毒株在感染早期最显著的特征是在2~3d出现结膜肿胀和红肿。感染禽精神沉郁、羽毛竖立，也可能出现腹泻。感染5d后可出现神经症状，可能同时出现大量死亡。对于未免疫的鸡群，以突然死亡而不表现任何临床症状为典型特征。

　　嗜神经型NDV毒株在感染早期可能不表现明显的临床症状。首先出现短期的精神沉郁，随后在感染5~7d后出现神经症状并伴有死亡。这些神经症状包括：肌肉震颤、腿翅麻痹、斜颈和角弓反张。

b. 火鸡

　　火鸡对嗜内脏型和嗜神经型毒株感染的抵抗力比鸡强。虽然发病率高，但临床表现较轻，病死率相对较低。

c. 其他禽类

　　鸭和鹅感染NDV强毒一般很少引起临床病例，但也有报道。鹦鹉品种不同，产生临床疫病的易感性存在差异。鸽感染NDV强毒株通常表现为神经症状和腹泻。除鸡形目以外的其他鸟类品种，即使是由嗜内脏型NDV毒株引起的感染，也以神经症状为主要的临床表现形式。

7. 病理变化

a. 眼观病变

　　END可造成广泛的病变。对于嗜内脏型毒株感染，最典型的特征包括：脾脏肿大、易碎和大理石样病变（坏死），盲肠扁桃体和其他肠道淋巴结出血。常见胸腺和法氏囊出血，但日龄较大的禽出血不明显。咽部底端和气管连接处出血是加利福尼亚2003 ENDV毒株最显著的特征。也可能出现胰腺坏死、肺水肿等其他症状。对于嗜神经型毒株，即使出现明显的神经症状，包括脑在内的所有组织，肉眼观察可能没有明显的病变。

b. 主要显微病变

　　只有嗜内脏型NDV毒株感染发生END时，感染禽的脾脏淋巴组织和盲肠扁桃体淋巴组织才会出现坏死，同时相关的上皮细胞发生重叠坏死。当嗜神经型毒株感染时，可能只在脑部出现显微病变。该病主要侵害小脑和脑干，同时伴有蒲金野氏（Purkinje）细胞和多病灶神经胶质结节坏死，通常位于小脑和髓质的坏死神经元附近。

8. 免疫应答

a. 自然感染

禽自然感染后病毒可在全身进行复制，并产生中和抗体。

b. 免疫

用弱毒活疫苗和/或油乳剂灭活苗免疫，可显著降低禽群因ND造成的损失。任何国家进行免疫的频率和使用疫苗的种类与ND在当地所造成的严重程度直接相关。有效的ND疫苗可以介导主动免疫，防止相应毒株攻击发病，但对于已感染禽则不能提供保护。然而，毋庸置疑的是疫苗免疫会使禽群在接触到病毒时对感染更有抵抗力，同时可减少感染禽的排毒量。排毒量的减少可以降低病毒传播到其他鸟类的潜在风险。

9. 诊断

a. 现场诊断

对于嗜内脏速发型NDV毒株感染引起的END，可根据其发病史、临床症状和肉眼病变进行初步诊断，但由于该病与其他疫病，如禽霍乱和高致病性禽流感等症状相似，故需要通过病毒分离和鉴定进行确诊。

b. 实验室诊断

i. 样品　采集于发病或新近死亡禽的咽喉、气管和泄殖腔棉拭子是最好的样品。还可选择新鲜的或福尔马林保存的脾、肺、气管、脑、肠道（尤其是盲肠扁桃体）等内脏组织。可采集血液样品用于血清学检测。

ii. 实验室检测　采用鸡胚进行病毒分离是从临床样品中获得病毒优先选用的方法。病毒鉴定的标准方法是检测尿囊液的血凝活性和采用NDV特异性抗血清进行血凝抑制试验。分离株的致病性可通过1日龄SPF鸡脑内致病指数（ICPI）进行测定，或者通过融合蛋白裂解位点的序列分析来确定。由于禽类感染NDV较为常见，因此对病毒分离株完成致病性评价非常重要，依此判定该分离株是否是强毒株，是否属于必须上报的疫病或者是不须上报的低毒力毒株。致病性评价可以由参考实验室完成。2002—2003年美国暴发END期间建立的荧光定量RT-PCR方法可作为对从棉拭子样品中分离到的病毒进行检测和致病性评价的快速手段。

血清学试验通常采用血凝抑制试验（HI）或ELISA。HI试验检测的抗体是病毒吸附糖蛋白——HN蛋白所产生的抗体，而ELISA试验主要是利用全病毒作为抗原，检测到的抗体是针对全部病毒蛋白的，因此HI试验检测到的抗体水平比ELISA方法检测到的抗体水平能更好地预测抵抗疾病的保护水平。

10. 预防与控制

防止该病传入是降低END造成经济损失最可靠的方法。防止疫病传入最重要的因素包括：避免接触隐性感染禽，或避免将隐性感染禽引入到易感禽群，良好的饲养管理措施，也包括如移动控制、饲料来源、粪肥和废弃物管理，以及对飞鸟和啮齿类动物的控制。一旦一个国家或地区引入该病，扑杀、免疫和加强生物安全管理对根除措施都有帮助。目前ND疫苗的缺陷是没有有效的商品化标记疫苗和配套的可区分经疫苗免疫还是被NDV感染禽的鉴别诊断方法。

■ 参考文献

[1] ALEXANDER, D. J. 2003. Newcastle disease. In: Diseases of Poultry, 11th ed., Y.M. Saif, H.J. Barnes, J.R. Glisson, A.M. Fadly, L.R. McDougald, D.E. Swayne, eds., Iowa State University Press, Ames, IA, pp. 64-87.

[2] BROWN, C., KING D.J. and SEAL, B.S. 1999. Pathogenesis of Newcastle Disease in Chickens Experimentally Infected With Viruses of Different Virulence. Veterinary Pathology 36: 125-32.

[3] BRUGH, M. and BEARD, C.W. 1984. Atypical disease produced in chickens by Newcastle disease virus isolated from exotic birds. Avian Dis. 28 (2) : 482-488.

[4] KINDE, H., HULLINGER, P.J., CHARLTON, B., McFARLAND, M., HIETALA, S.K., VELEZ, V., CASE, J.T., GARBER, L., WAINWRIGHT, S.H., MIKOLON, A.B., BREITMEYER, R.E. and ARDANS, A. A. 2005. The isolation of exotic Newcastle disease (END) virus from nonpoultry avian species associated with the epidemic of END in chickens in Southern California: 2002-2003. Avian Diseases 49: 195-98.

[5] KINDE, H., UTTERBACK, W., TAKESHITA, K. and McFARLAND, M. 2004. Survival of exotic Newcastle disease virus in commercial poultry environment following removal of infected chickens. Avian Diseases 48: 669-74.

[6] KING, D.J. and SEAL, B.S. 1998. Biological and Molecular Characterization of Newcastle Disease Virus (NDV) Field Isolates with Comparisons to Reference NDV Strains. Avian Diseases 42: 507-16.

[7] OIE (World Organization for Animal Health) . 2004. Newcastle disease. In: Manual of Diagnostic Tests and Vaccines for Terrestrial Animals, Chapter 2. 1.15., 5th edition, Volume 1, pp. 270-282. Available online at http: //www.oie.int/.

[8] PIACENTI, A.M., KING, D.J., SEAL, B.S., ZHANG, J. and BROWN, C.C. 2006. Pathogenesis of Newcastle disease in commercial and specific pathogen free turkeys experimentally infected with isolates of different virulence. Veterinary Pathology, 43: 168-178.

[9] WAKAMATSU, N., KING, D.J., KAPCZYNSKI, D.R., SEAL, B.S. and BROWN, C.C. 2006. Experimental pathogenesis for chickens, turkeys, and pigeons of exotic Newcastle disease virus from an outbreak in California during 2002-2003. Veterinary Pathology 43: 925-933.

[10] WILSON, T.M., GREGG, D.A., KING, D.J., NOAH, D.L., PERKING, L.E.L., SWAYNE, D.E., and INSKEEP, W. 2001. Agroterrorism, Biological Crimes, and Biowarfare Targeting Animal Agriculture - The Clinical, Pathological, Diagnostic and Epidemiological Features of Some Important Animal Diseases. Clinics in Laboratory Medicine. 21 (3) : 549-591.

[11] WISE, M.G., SUAREZ, D.L., SEAL, B.S., PEDERSEN, J.C., SENNE, D.A., KING, D.J., KAPCZYNSKI, D.R. and SPACKMAN, E. 2004. Development of a Real-Time Reverse-Transcription PCR for Detection of Newcastle Disease Virus RNA in Clinical Samples. Journal of Clinical Microbiology 42: 329-38.

图片参见第四部分。

Daniel J. King, DVM, PhD, Southeast Poultry Research Laboratory, USDAARS, Athens, GA 30605,

jack.king@ars.usda.gov

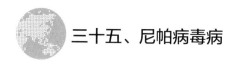 三十五、尼帕病毒病

1. 名称

尼帕病毒病（Nipahvirus disease），猪吼叫综合征（Barking pig syndrome），猪呼吸与神经综合征（Porcine respiratory and neurological syndrome），猪呼吸与脑炎综合征（Porcine respiratory and encephalitis syndrome）。

2. 定义

尼帕病毒（NiV）是一种新出现的可引起猪急性、热性呼吸系统和/或神经系统疾病的副黏病毒，后来传播到人并具有较高的病死率。该病最早于1998年出现在马来西亚，病毒来源于呈亚临床感染并通过尿排毒的果蝠。

3. 病原学

NiV属于副黏病毒科，是根据马来西亚确诊的首例人病例所在的城镇来命名的。最初的分类属于麻疹病毒属，现在NiV和亨德拉病毒（Hendra virus）已被归于一个新的属——亨尼帕病毒属（*Henipavirus*），属于副黏病毒科，副黏病毒亚科。由于NiV已造成多人死亡，因此被列为生物安全4级（BSL4）病原体。

4. 宿主范围

a. 家畜

猪是主要的扩增宿主，也是人感染的主要来源。可自然感染NiV的宿主范围广泛，包括犬、猫、马和山羊。豚鼠和仓鼠也可试验感染。

b. 野生动物

果蝠（大蝙蝠亚目），尤其是飞狐（狐属），是NiV的自然宿主。此外，一些食虫蝙蝠（小蝙蝠亚目）也能感染。

c. 人

人对NiV易感，可引起严重的临床疾病。人感染的病死率很高，已报道的不同疫情中病死率为40%~75%。

5. 流行病学

a. 传播

临床和流行病学研究充分表明猪是通过直接接触果蝠体液或组织（唾液、尿液、粪便、死尸或胎盘组织和胎液）感染的。猪群内传播和人的感染是由气溶胶引

起的，病毒在呼吸道中大量复制，使感染猪出现剧烈咳嗽。此外，直接接触排泄物或分泌物（尿液、唾液、鼻咽分泌物）也可能是猪之间和猪到人传播的一种方式。

b. 潜伏期

猪的潜伏期是7~14d。

c. 发病率

临近分娩的猪发病率很高，4周龄至6月龄的猪发病率可近100%。

d. 病死率

猪高病死率主要出现在仔猪（40%），忽视患病母猪可能是导致仔猪死亡的主要原因。1~6月龄猪病死率较低（1%~5%）。

6. 临床症状

a. 猪

乳猪的临床症状包括呼吸困难、无力和中枢神经系统症状。1~6月龄的猪可出现发烧和呼吸困难，咳嗽，严重病例会出现咳血。尽管这个年龄的猪群更普遍的是出现呼吸系统症状，也有一些病例表现出神经症状，如肌阵挛或痉挛性麻痹。在更重的病例可见侧卧划水和应激引起的癫痫发作。超过6月龄的猪常见突然死亡、早期流产或急性发热；这些猪如果出现神经症状，可能包括摇头、抽搐、眼球震颤、咀嚼和吞咽困难，还可能伴有呼吸系统症状。

b. 犬

报道很少，其症状类似于犬瘟热，表现为发热、呼吸困难、结膜炎、脓性鼻液和眼分泌物。

c. 猫

猫试验感染后可出现发热，精神沉郁，呼吸加速、呼吸困难、张口呼吸。

d. 马

只报道过一个单独的病例，在死亡之前都没有出现特征性神经症状。

7. 病理变化

a. 眼观病变

猪死于NiV感染后，气管和支气管充满清亮的或混有血液的泡沫性液体。肺实质化、肺气肿、肺小叶间隔肿胀，有弥漫性出血点或出血斑。大脑充血、水肿，肾皮质充血。

b. 主要显微病变

大部分病理描述都是关于感染猪的。通常出现伴有纤维素性坏死的单核细胞血管炎，形成血栓。出现间质性肺炎。如果脑部感染，可出现围管现象和神经胶质细胞增多。感染的血管内皮细胞和肺泡上皮通常会出现多核细胞和病毒合胞体。

8. 免疫应答

a. 自然感染

NiV能诱导动物和人的体液免疫应答。ELISA和中和试验的依据是IgM首先达到高峰，随后IgG上升。

b. 免疫

试验证实采用重组G蛋白或F蛋白免疫动物，或采用高免血清进行被动免疫，可对致死性攻击提供保护。目前还没有可用的商品化疫苗。

9. 诊断

a. 现场诊断

如果果蝠存在的地区出现猪群大量发病，应怀疑NiV感染。如果幼仔猪出现死亡，较大仔猪出现呼吸系统疾病，有的有神经症状，都需引起注意。因为此病毒从根本上是果蝠病毒，仅间歇性感染家畜（或人），对任何可疑病例调查时需小心谨慎，采取适当的生物安全防护措施。

b. 实验室诊断

i. 样品　NiV属于生物安全4级（BSL4）病原体，也是一种受管制病原体（select agent）。样品的采集、运输、提交必须同政府当局密切协商，由经过充分培训的工作人员来完成，以免造成病原体泄露或散播事故。

ii. 实验室检测　用于诊断NiV的方法很多，包括：病毒分离、病毒/血清中和试验、ELISA、组织病理学检测、免疫组化、RT-PCR和电镜。

10. 预防与控制

预防该病暴发的最好措施是使果蝠和其分泌物远离猪群的饲养管理环境。

由于该病在猪群中的高发病率，也是一种严重的人畜共患病，所以推荐对感染动物采用扑杀的方式进行控制。在根除计划中要确保所有的工作人员经过个人防护培训。

目前没有可用的疫苗用于预防尼帕病。

■ 参考文献

[1] ANONYMOUS. Manual of Diagnostic Tests and Vaccines for Terrestrial Animals, 5th ed., July 2004, Chapter 2.10.10 World Organization for Animal Health (OIE) , www.oie.int

[2] ANONYMOUS. Manual on the diagnosis of Nipah virus infection in animals. Food

and Agriculture Organization of the United Nations Regional Office for Asia and the Pacific & Animal Production and Health Commission for Asia and the Pacific. RAP Publication no. 2002/01; January 2002

[3] FIELD, H., YOUNG, P., MOHD YOB J., MILLS, J., HALL, L. and MACKENZIE, J. 2001. The natural history of Hendra and Nipah viruses. Microbes and Infection 3: 307-14.

[4] GUILLAUME, V., CONTAMIN, H., LOTH, P., GEORGES-COURBOT, M.C., LEFEUVRE, A., MARIANNEAU, P., CHUA, K.B., LAM, S.K., BUCKLAND, R., DEUBEL, V. and WILD, T.F. 2004. Nipah virus: vaccination and passive protection studies in a hamster model. Journal of Virology 78 (2) : 834-40.

[5] HSU, V.P., HOSSAIN, M.J., PARASHAR, U.D., ALI, M.M., KSIAZEK, T.G., KUZMIN, I., NIEZGODA, M., RUPPRECHT, C., BRESEE, J. and BREIMAN, R.F. 2004. Nipah virus encephalitis reemergence, Bangladesh. Emerging Infectious Diseases 10: 2082-87. MIDDLETON, D.J., WESTBURY, H.A., MORRISSY, C.J., VAN DER HEIDE, B.M., RUSSELL, G.M., BRAUN, M.A. and HYATT, A.D. 2002. Experimental Nipah virus infections in pigs and cats. Journal of Comparative Pathology 126: 124-36.

[6] MOHD NOR, M.N., GAN, C.H., ONG, B.L. 2000. Nipah virus infection of pigs in peninsular Malaysia. Rev Sci Tech Off Int Epiz; 19 (1) : 160-65.

[7] WEINGARTL, H., CZUB, S., COPPS, J., BERHANE, Y., MIDDLETON, D., MARSZAL, P., GREN, J., SMITH, G., GANSKE, S., MANNING, L. and CZUB, M. 2005. Invasion of the central nervous system in porcine host by Nipah virus. Journal of Virology; 79: 7528-34.

Fernando J. Torres-Vélez, DVM, Department of Pathology, College of Veterinary Medicine, University of Georgia, Athens, GA, 30602-7388, ftorres@vet.uga.edu

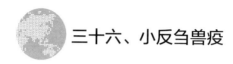

三十六、小反刍兽疫

1. 名称

小反刍兽疫（Peste des petits ruminants，PPR）、羊瘟（Goat plague）、小反刍兽瘟（Pest of small ruminants）、肺肠炎或口腔炎-肺肠炎复合症或综合征（Pneumonia-enteritis or stomatitis-pneumoenteritis complex or syndrome）、伪牛瘟（Pseudo-rinderpest）、卡他（黏膜炎的俗称，Kata）。

2. 定义

小反刍兽疫是山羊和绵羊的急性、亚急性传染性病毒病，特征为发热、结膜炎、糜烂性口腔炎、胃肠炎和肺炎。该病的临床症状和病理变化与牛瘟非常相似，因此又名伪牛瘟。山羊通常比绵羊易感，而且病情更严重。

3. 病原学

小反刍兽疫病毒（PPRV）是单链RNA病毒，属于副黏病毒科（Paramyxoviridae）麻疹病毒属（Morbillivirus）。麻疹病毒属其他成员包括牛瘟病毒、麻疹病毒、犬瘟热病毒、鳍足类（海豹和海狮）海豹瘟热病毒和鲸类麻疹病毒（海豚麻疹病毒和鼠海豚麻疹病毒）。作为有囊膜病毒，PPRV相对比较脆弱，在光照、加热、脂质溶剂、酸性、碱性条件下很容易失活。

4. 宿主范围

a. 家畜和野生动物

PPR主要感染山羊和绵羊。但是有两例圈养野生有蹄动物自然感染PPR的报告，分别来自三个科：瞪羚亚科（小鹿瞪羚）、羊亚科（努比亚羱羊和拉雷斯坦盘羊）、马羚亚科（南非长角羚）。此外，曾在牛瘟样患病印度水牛（Bubalus bubalis）中分离到PPRV，怀疑为PPR。试验条件下，美洲白尾鹿（Odocoileus virginianus）完全易感。在非洲，野生动物在PPR流行病学中的作用还有待研究。

骆驼、牛和猪对PPRV易感，但是都不表现临床症状。这种亚临床感染导致血清转阳，可以保护牛不被强毒株牛瘟病毒攻击。但是骆驼、牛和猪在PPR的流行病学中没有作用，因为它们似乎是终末宿主。

b. 人

没有关于人感染PPRV的报道。

5. 流行病学

a. 传播

PPRV通过密切接触传播，因为病毒在环境中不是很稳定。病毒存在于眼、鼻、口腔分泌物和粪便中。主要通过吸入患病动物打喷嚏和咳嗽产生的气溶胶而接触感染。像垫草之类的污染物也可能导致疫情暴发。感染动物在潜伏期能传播病毒。已知没有带毒状态。

b. 潜伏期

小反刍兽疫潜伏期为4~6d，变化范围为3~10d。

c. 发病率

山羊临床症状更加普遍更加严重。在易感山羊群中，发病率80%~90%。

d. 病死率

在易感山羊群中，病死率50%~100%。在地方性流行区，持续存在低感染率。当形成易感群体时，疫病便周期性暴发。其特征是感染山羊和绵羊群病死率几乎为100%。

6. 临床症状

该病常呈急性发作，潜伏期为4~5d，随后体温突然升高到40~41℃（104~106°F）。高热通常持续5~8d，随后慢慢恢复到正常体温并康复，或者突然降到正常体温以下后死亡。患病动物显得病恹恹，焦躁不安，皮毛无光泽，口鼻干燥，食欲减退。伴随这些非特异性症状，还出现了一系列高度特异的综合征症状。发热初期，多数动物会有水样鼻分泌物，逐渐变为黏脓性。鼻分泌物可能变少或者继续发展，变成大量的卡他样分泌物，形成硬壳，阻塞鼻孔。在这一阶段，动物呼吸困难，经常打喷嚏试图通畅鼻腔。鼻口腔黏膜可见小面积坏死。角膜通常充血，内眼角会有眼屎。会有严重的卡他性结膜炎导致眼睑粘连。

常见坏死性口腔炎。首先在门齿牙龈出现小的、粗糙的、红色、浅表坏死点。这些区域会在48h内康复或者逐渐蔓延到牙床、硬腭、面颊及颊乳头和舌前部背面。坏死会导致口腔感染部位出现浅表性不规则非溶血性糜烂斑，舌头出现深裂纹。坏死组织碎片在嘴角堆积，沿着嘴唇黏膜与皮肤结合处会形成结痂。会大量流涎，但没到淌口水的程度。

在口腔病变最严重的时候，大多数动物出现严重的腹泻，通常剧烈但不是出血性的。随着病程发展，出现严重的脱水、消瘦和呼吸困难，随后体温降低，通常5~10d后死亡。支气管肺炎，表现为咳嗽，是PPR后期的共同特征。妊娠动物会流产。通常会发生继发性细菌感染或者激发潜在的感染，从而使临床病情更加复杂。

急性PPR的预后通常很差。患病动物个体病情的严重程度及结果与口腔病变的程度相关。口腔病变在2~3d内恢复的动物预后良好。如果坏死面较大并继发细菌感染，导致动物呼气难闻有恶臭，则预后不良。呼吸困难也是预后不良的迹象。幼畜（4~8个月）病情更为严重，发病率和病死率更高。野外和实验室观察都表明，感染PPR后绵羊病情没有山羊严重。不过，据报道，非洲西部潮湿地区暴发的疫情中，山羊和绵羊的病死率没有差异。营养状况不良、运输引起的应激、寄生虫和细菌的并发感染都会加重临床症状。

7. 病理变化

a. 眼观病变

PPRV引起的病理变化主要为口腔和胃肠道的坏死和炎性病变。也有明显但多变的呼吸系统病变，所以又称为口腔炎-肺肠炎综合征。常见的病变为动物消瘦、结膜炎和糜烂性口腔炎（涉及下唇板内侧及临近齿龈、面颊结合处和舌头游离部分）。严重的病例中，动物的硬腭、咽部和食道的上三分之一处也会有病变。因为坏死性病变未进入扁平上皮基层，所以不会发展成为溃疡，除非发生继发细菌感染。

瘤胃、网胃和瓣胃很少发生病变。有时候，瘤胃脊会有病变。皱胃常见有病变，且常出血。小肠内的病变通常比较轻，局限于条纹状出血，有时病变出现在十二指肠第一部分和回肠末端。派氏淋巴结大量坏死，会导致严重的溃疡。大肠通常病变更严重，回盲瓣周围、回肠盲肠结合处和直肠等部位充血。在结肠和直肠的后部分，在黏膜褶皱凸面上形成不间断的条纹状充血（斑马条纹或虎纹）。这些条纹是由腹泻导致的肠道下坠和里急后重引起的。

呼吸系统中，鼻黏膜、鼻甲、喉头和气管可见小的病变和瘀血点。肺部通常表现为支气管间质型肺炎，特征为充血、实质化和局部淋巴结增大。由继发性细菌感染引起的化脓性支气管肺炎通常局限于颅颈交界腹侧区，可见气管深部有黏膜-脓性渗出物，感染部位肺萎陷。会发生浆液纤维素性胸膜炎，胸腔内有炎性渗出。脾脏轻微肿大和充血。全身大部分淋巴结增大、充血和水肿。可见与口腔皮肤黏膜结合处病变类似的糜烂性外阴阴道炎。

b. 主要显微病变

消化道的显微病变包括黏膜上皮细胞脱落坏死，这与病变周围的黏膜及黏膜下层充血和炎性渗出有关。扁平上皮中出现明显的多核合胞体细胞。另外，上皮细胞中有嗜酸性胞质内和核内包含体。在派氏结中可见淋巴样细胞衰竭，偶见合胞体。在上呼吸道系统，病变与上面所描述的上消化道病变相似。肺部有支气管间质性肺炎，特征为淋巴细胞、中性粒细胞和 II 型肺细胞渗出。另外，巨细胞和肺泡巨噬细胞内可见大的多核合胞体以及胞质内和核内嗜酸性内含物。这些病变常因浆液纤维素性肺炎和化脓性肺炎而更加复杂。淋巴组织可见淋巴细胞溶解，偶见形成合胞体。

8. 免疫应答

a. 自然感染

感染PPRV后康复的动物获得针对该病毒的中和抗体，可达4年，能保护动物免于再次感染。但是，强毒株自然感染能引起严重的免疫抑制，导致白细胞减少症和淋巴细胞减少症，会瞬间降低机体对其他病原体的免疫应答。

b. 免疫

一种安全有效的改良活疫苗可用于PPR免疫。牛瘟改良活疫苗也可安全有效地预防PPR。还没有方法可以区分疫苗免疫和自然感染动物。鉴于这个原因，并不建议用非同源的RP疫苗来控制PPR，因为RP也会自然感染山羊和绵羊。

9. 诊断

a. 现场诊断

在现场，基于临床症状、病理变化和动物流行病学结果可作出推断性诊断。但是实验室确诊是绝对必要的，尤其在那些先前没有报道PPR的国家和地区。

b. 实验室诊断

i. 样本　送交进行实验室诊断的样品应当包括：EDTA抗凝血、凝固的全血用于分离血清（可能的话，两份血清）、肠系膜淋巴结、脾、肺、扁桃体、一段回肠和大肠。水样鼻和泪腺分泌物的棉拭子也很有用。所有样本应在采集后12h内置于冰上保鲜（不能冷冻）运输。

ii. 实验室检测　可采用许多实验室手段，最常用的有：可用琼脂凝胶免疫扩散、病毒分离、基于单克隆抗体的抗原捕获ELISA和RT-PCR等方法检测病毒；可用血清中和试验和基于单克隆抗体的竞争ELISA检测抗体。

10. 预防与控制

没有治疗PPR的有效方法。但是，使用药物控制细菌和寄生虫并发症可以降低病死率。在新发PPR的地区建议实行扑杀策略。在很多地区成功用于根除牛瘟的方法也适用于PPR。这些方法包括隔离检疫、扑杀并恰当处理动物尸体及接触的污染物、净化消毒以及限制从疫区输入绵羊和山羊。

■ 参考文献

[1] ABU ELZEIN, E.M.E., HOUSAWI, F.M.T., BASHAREEK, Y., GAMEEL, A.A., AL-AFALEQ, A.I. and ANDERSON, E. 2004. Severe PPR infection in gazelles kept under semi-free range conditions. J. Vet. Med. B 51: 68-71.

[2] BARRETT, T., PASTORET, P.-P. and TAYLOR, W.P. (editors) . 2006. Rinderpest and Peste des petits ruminants: virus plagues of large and small ruminants. Elsevier Academic Press, New York. 341 pp.

[3] BROWN, C.C., MARINER, J.C. and OLANDER, H.J. 1991. An immunohistochemical study of the pneumonia caused by peste des petits ruminants virus. Vet. Pathol. 28: 166-170.

[4] BUNDZA, A., AFSHAR, A., DUKES, T.W., MYERS, D.J., DULAC, G.C. and BECKER, S.A.W.E. 1988. Experimental peste des petits ruminants (goat plague) in goats and sheep. Can. J. Vet. Res. 52: 46-52.

[5] DIALLO, A. 2004. Peste des petits ruminants. In : Manual of Diagnostic Tests and Vaccines for Terrestrial Animals, 5th ed., OIE, Paris, France, pp. 153-162.

[6] GIBBS, E.P.J., TAYLOR, W.P., LAWMAN, M.J.P. and BRYANT, J. 1979. Classification of peste des petits ruminants virus as the fourth member of the genus Morbillivirus. Intervirol. 11: 268-274.

[7] ROSSITER, P. B. 2004. Peste des Petits Ruminants. In: Infectious diseases of livestock, 2nd ed., JAW Coetzer, RC Tustin, eds., Oxford University Press, Oxford, UK, pp. 660-672.

[8] SALIKI, J.T., HOUSE, J. A., MEBUS, C.A. and DUBOVI, E.J. 1994. Comparison of monoclonal antibody-based sandwich ELISA and virus isolation for detection of peste des petits ruminants virus in goat tissues and secretions. J. Clin. Microbiol. 32: 1349-1356.

[9] SCOTT, G.R. 1988. Rinderpest and peste des petits ruminants. In: Virus Diseases of Food Animals , Vol . II, E.P.J. Gibbs, ed., Academic Press, London, UK, pp. 401-432.

[10] TAYLOR, W.P. 1984. The distribution and epidemiology of peste des petits ruminants. Prev. Vet. Med. 2: 157-166.

图片参见第四部分。

Jeremiah T. Saliki, DVM, PhD, College of Veterinary Medicine, University of Georgia, Athens, GA
30602M, jsaliki@vet.uga.edu.

Peter Wohlsein, Dr. Med. Vet., School of Veterinary Medicine, Hannover, Germany, Peter. Wohlsein@
tiho-hannover.de

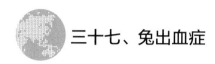

三十七、兔出血症

1. 名称

兔出血症（Rabbit hemorrhagic disease，RHD）、兔杯状病毒病（Rabbit calicivirus disease）、兔病毒性出血症（Viral hemorrhagic disease of rabbits）。

2. 定义

兔出血症是欧洲兔（*Oryctolagus cuniculus*）最急性到急性的病毒病，具有高致病率和病死率，以大面积的肝脏坏死和弥漫性的血管内凝血为特征。

3. 病原学

致病病原为兔出血症病毒（RHDV），是一种杯状病毒。目前认为该病毒只有一个血清型。一种亲缘关系较近的病毒，欧洲棕毛野兔综合征病毒（EBHS），能在野兔中引起相似病症。然而，这两种病毒抗原完全不同，并且宿主范围没有交叉重叠。RHD的病原对物理和化学条件具有抵抗力。

4. 宿主范围

a. 家畜

只有欧洲兔能感染RHD。由于所有的家兔都属于该属和种，它们都易感。尽管所有年龄的兔都易感染，但小于40日龄的幼兔具有抵抗力。

b. 野生动物

穴兔属（*Oryctolagus*）中的野兔完全易感。试验证实，其他兔形目动物，包括墨西哥火山兔（火山兔属，*Romerolagus diazzi*），黑尾长耳大野兔（加利福尼亚黑尾兔属，*Lepus californicus*）和棉尾兔（佛罗里达棉尾兔属，*Sylvilagus floridanus*）不易感。目前没有其他动物感染RHD的报道。

c. 人

人对RHD不易感。

5. 流行病学

a. 传播

该病通过直接接触感染动物或间接接触被病毒污染的物体进行传播。病毒较顽强，在环境中存活良好，因此污染的分泌物和排泄物能导致该病在当地持续存在。兔子临床康复后至少排毒4周。通过接种口、鼻或皮下、肌肉、静脉注射等途径可造成人工感染。由于血液中含有大量病毒并且病毒能在冷冻条件下存活良好，通过进口感染的兔肉导致其污染物传播到易感兔群，已经成为该病传播到新区域的一种普遍方式。

b. 潜伏期

潜伏期短，1~3d。

c. 发病率

发病率高，且与兔之间的接触程度有关。在群居环境中，发病率接近80%。对不同的群体，如果兔子可通过空气流向控制或笼具进行有效的隔离，则呈现零星发病。

d. 病死率

RHD病死率高，通常为40%~80%。

6. 临床症状

该病最主要的特征是青年兔和成年兔在发热6~24h后突然死亡，而很少表现临床症状。体温可能较高（到40.5℃），但不易发现，经常要到兔子濒死时才能检测出来。大多数兔子在最后数小时内出现精神沉郁，并可能有各种神经症状，如亢奋、共济失调、角弓反张和划动。有时发出垂死的尖叫。一些兔子死前鼻孔可流出红色泡沫状液体。

7. 病理变化

a. 眼观病变

由于病毒可在肝脏中大量复制，剖检时常见广泛的肝脏坏死。肝脏呈花斑状或棕褐色，有时伴有明显出血，并且可能肿大和变软。病毒也在单核吞噬细胞系统中复制，因此在脾脏和淋巴结中经常出现肿大、坏死或出血。常见脾脏肿大。病毒在固定的血管内巨噬细胞中进行复制，这是死前常见的弥散性血管内凝血的成因。多个器官可见出血和/或血栓。

b. 主要显微病变

肝门静脉周的大量坏死是RHD最典型的组织病理学特征。未见有病毒包含体形成的报道。多个器官中常见微血栓。

8. 免疫应答

a. 自然感染

自然感染后可产生较强的免疫保护。然而，由于病毒在环境中比较顽强，该病在群体中变成地方流行，可造成康复动物再次感染，因此长期的保护力可能归因于循环重复的免疫刺激。

b. 免疫

在流行地区如果要控制该病，可使用并含有佐剂的肝脏组织悬液制备的灭活疫苗。这种灭活疫苗最初间隔2周免疫两次，以后每年免疫一次。一些国家已有商品化的疫苗。

9. 诊断

a. 现场诊断

当兔群中出现多起短暂昏睡和发热后突然死亡病例，并且以肝坏死和出血症为特征，就可以作出初步诊断。如果养殖场兔子数量较少，或者像研究性试验群体一样兔子相对隔离，则进行现场诊断的难度较大。

b. 实验室诊断

i. 样品 采集的样品包括：新鲜的肝脏和血液，福尔马林固定的肝脏、脾脏和其他器官。

ii. 实验室检测 病毒还不能进行体外增殖。检测抗原或核酸的方法很多，包括：血凝（用人O型血红细胞）、ELISA、免疫印迹、电子显微镜和免疫组化。血清学方法包括血凝抑制和竞争ELISA。

10. 预防与控制

该病最好的控制方法是防止传入。无该病的国家应当禁止从VHD流行的国家进口兔子、冻兔肉、生兔皮和安哥拉兔毛。该病也可以通过购买种畜或生安哥拉兔毛从流行地区传入。

如果野兔不易感，可以通过捕杀进行控制。然而，一旦野兔发病，控制措施便更多集中在免疫或对家畜群进行隔离，就像在欧洲兔中发生的一样，以防止疫病从野生动物传入。

■ 参考文献

[1] ANONYMOUS. 2004. Rabbit Haemorrhagic Disease, Chapter 2.8.2, In: Manual of Diagnostic Tests and Vaccines for Terrestrial Animals, OIE, www.oie.int.

[2] FERREIRA, P.G., COSTA-E-SILVA, A., OLIVEIRA, M.J., MONTEIRO, E., CUNHA, E. and AGUAS, A.P. 2006. Severe leukopenia and liver biochemistry changes in adult rabbits alter calicivirus infection. Res. Vet. Sci. 80: 218-225.

[3] GREGG, D.A., and HOUSE, C. 1989. Necrotic hepatitis of rabbits in Mexico: A parvovirus. Vet. Rec. 125: 603-604.

[4] RAMIRO-IBANEZ, F., MARTIN-ALONSO, J.M., PANCIA, P.G., PARRA, F. and

ALONSO C. 1999. Macrophage tropism of rabbit hemorrhagic disease virus is associated with vascular pathology. Virus Research, 60: 21-28.

图片参见第四部分。

Corrie Brown, DVM, PhD, Department of Pathology, College of VeterinaryMedicine, University of Georgia, Athens, GA 30602-7388, corbrown@uga.edu.

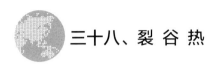

三十八、裂谷热

1. 名称

裂谷热（Rift valley fever，RVF），地方动物传染性肝炎（Enzootic hepatitis），Slenkdalkoors（非洲语）。

2. 定义

裂谷热（RVF）是超急性或急性节肢动物传播的病毒病，其特点是反刍动物的流行性肝炎。绵羊、山羊和牛发病最为严重，造成幼畜高发病率和妊娠母畜流产。骆驼可能在亚临床感染后流产。人可以因接触感染动物的组织或被蚊子叮咬而感染。人发病表现为严重的流感样病症、出血热、脑炎，偶见死亡。

3. 病原学

RVF病毒是布尼病毒科（*Bunyaviridae*）白蛉病毒属（*Phlebovirus*）成员，是直径90~110nm的有囊膜的二十面体病毒。病毒含有3个节段的负股单链RNA。大（L）、中（M）和小（S）节段分别编码病毒聚合酶、囊膜糖蛋白G1和G2、N核蛋白。所有病毒毒株属于一个血清型。病毒毒株被分为3个不同谱系：埃及、西非和中–东非，提示不同的地理来源。脂类溶剂、洗涤剂和低pH可以使病毒灭活。

4. 宿主范围

a. 家畜和野生动物

RVF的宿主范围较广。绵羊、山羊、牛和骆驼全都是RVF病毒的易感宿主。该病的易感程度取决于年龄和品种。下表详细列出了RVF病毒感染的宿主易感性。

脊椎动物对裂谷热病毒感染的易感性

极度易感	高度易感	中等易感	较不易感	耐受
羔羊	牛犊	牛	骆驼	鸟类
小山羊	绵羊	山羊	马	爬行动物
幼犬		水牛	猪	两栖动物
幼猫		人类	犬	

（续）

极度易感	高度易感	中等易感	较不易感	耐受
小鼠		南美猴	猫	
仓鼠		亚洲猴	豚鼠	
			兔	

b. 人

RVF在人身上表现为急性的流感样疾病。发病突然，患者感到不适、发热、发冷、颤抖、腹泻、呕吐、后眼窝疼痛、严重头痛、全身疼痛和背痛。在1977年埃及和2000年沙特阿拉伯暴发期间，1%的病人发展为单侧或双侧视网膜炎。少数病人发展为眼病变、脑炎或严重肝炎，不到1%有出血临床表现。发展为肝炎的患者病死率接近50%。

5. 流行病学

a. 传播

好几种节肢动物通过生物和机械方式参与了病毒传播。生物媒介包括嗜血昆虫如伊蚊、库蚊、按蚊、沼蚊（Eretmopodites）和曼蚊（Monsonia）等品种的蚊子。病毒的机械传播者包括叮咬昆虫如库蠓属（蠓）、白蛉属（如白蛉）、螫蝇属（如螫蝇）和蚋属（如黑蝇），以及其他叮咬昆虫。该病在非洲撒哈拉沙漠以南地区流行，就是因为新黑蚊（Aedes Neomelaniconion）的经卵巢传播。

疫病流行期间，来自节肢动物病毒血症血的气溶胶会传播疫病，接触感染动物的内脏也会传播疫病。有报道喝生牛奶是暴露于疫病的途径之一。RVF病毒不在人与人之间传播。

b. 潜伏期

新生羔羊、小山羊和牛犊的潜伏期为12~72h；成年绵羊、山羊和牛的潜伏期为24~72h；人的潜伏期为3~6d。

c. 发病率

发病率高度变化，取决于宿主的易感性和昆虫媒介的存在与否。发病率可以非常高并感染整个畜群。

d. 病死率

新生羔羊和小山羊的病死率可能达到70%~100%。较大的羔羊和小山羊，以及成年绵羊和山羊较不易感，病死率为10%~70%。

流行期间，所有年龄的牛病死率小于10%，牛犊小于20%。流产率为40%~100%。妊娠母畜可能因胎畜感染或因发热反应导致流产。

6. 临床症状

在南非和东非，RVF的暴发与特大暴雨相关，而在较为干旱的非洲北部和西部地区，RVF的暴发与灌溉工程相关。在自然界中疫病循环流行，特点为疫病流行间隔时间很长，在潮湿地区为5~15年，在干旱地区为15~30年或更长。

新生羔羊和小山羊的发病特征为高热，死亡前体温突然下降。在出现最初的症状后，羔羊很少能够存活24~36h以上。2周龄以上的羔羊和小山羊发热持续24~96h、厌食、乏力、精神萎靡、呼吸频率加快。一些动物可能出现黑便或恶臭的腹泻、返流、淡血红色的黏脓性鼻分泌物。牛犊的症状类似于羔羊和绵羊，有较高比例的牛犊发生黄疸。一般在感染后的2~8d内死亡。

成年牛通常为亚临床感染，但一些动物出现急性病症，特点为高烧持续24~96h、厌食、流泪、流涎、流鼻涕、出血性或恶臭腹泻。牛的病程为10~20d。

不管处于孕期哪一阶段，感染的妊娠绵羊、山羊、牛和骆驼出现流产潮，流产的胎畜往往发生自溶。

7. 病理变化

a. 眼观病变

肝坏死是RVF感染动物最常见的病变，严重程度与年龄有关。新生羔羊以及绵羊和牛的流产胎畜病变最为严重。新生羔羊的病变包括肝脏增大、易碎、变软、变为红至黄棕色。整个肝实质散布着瘀点到瘀斑出血、不均匀充血、直径1~2mm的灰白色小病灶。皱胃黏膜可见大量瘀血点和瘀血斑，由于血液部分溶解而呈暗巧克力色。胆囊壁和肝淋巴结可能有水肿和出血。

牛犊、成年绵羊和牛可见更多的局部肝病变。真胃皱褶可见坏死灶，伴随出血和水肿，有时肠腔内可见大量血液。脾脏轻微肿大，囊内有出血。其他变化包括大范围的皮下和内脏出血，体腔内有轻微到中度的渗出液，肺部充血和水肿。成年绵羊常见黄疸。

在所有被感染的动物品种中，都可见外周和内脏淋巴结肿大、坏死、水肿，偶见瘀斑。

b. 主要显微病变

最常见的组织病理变化是肝坏死。流产胎畜和新生幼畜肝脏可见严重的溶解性坏死，伴随细胞与核碎片的密集聚集，可见纤维蛋白与巨噬细胞，几乎没有中性粒细胞浸润。感染肝脏高达50%的细胞中可见嗜酸性椭圆形或杆状核内包含体。在成年动物中，肝坏死较少是扩散性的，主要是多灶性的。许多器官可见纤维蛋白血栓。

8. 免疫应答

a. 自然感染

家养反刍动物在感染后4~5d出现抗体反应。免疫母畜产的幼畜在出生后3~4个月内有被动的母源免疫力。

b. 免疫

目前使用的疫苗是减毒活RVF病毒Smithburn株，自1952年起一直在南非使用。这种疫苗能诱导家畜产生终身免疫。免疫绵羊和山羊产的后代，在6月龄时母乳免疫力减弱，这时接种单剂量疫苗可获得终生免疫保护。妊娠母畜接种疫苗可能诱发流产、胎畜畸形或新生畜死亡。

牛接种Smithburn疫苗抗体反应较差。为给牛提供有效免疫保护，首次免疫采用福尔马林灭活疫苗，在初免后的3~6个月加强免疫一次，以确保将母乳免疫力传给后代。由于免疫力仅持续1年，所以每年必须在雨季之前对牛进行加强免疫。

用于免疫动物的福尔马林灭活疫苗包括Entebbe疫苗株（南非生产）和ZH501疫苗株（埃及生产）。这些疫苗表现为抗体反应延迟，要求每6个月加强一次。一种新的由美国陆军传染病研究所生产的福尔马林灭活疫苗TSU-GSD-200株，已经证明是人用安全的，当注射2个剂量时能提供长期免疫力。因为非常昂贵、难以生产而且供应紧缺，所以这种疫苗只提供给高危人员。

其他正在开发的疫苗包括突变减毒MP12疫苗株和克隆13疫苗株。MP12疫苗株通过在5-氟尿嘧啶选择压下，L、M和S节段发生多处突变而研制。对新生羔羊，该疫苗具有免疫原性，用野生型病毒攻毒时不发病。然而，牛使用该疫苗产生低病毒血症，处于孕期前3个月的妊娠绵羊使用该疫苗导致流产。克隆13疫苗株在S节段中有一段较大的缺失，不太可能恢复毒力。该疫苗免疫原性高，已经证明对绵羊提供终生免疫。在非流行国家发生疫情时，可以作为供人和家畜使用的候选标记疫苗。对人和妊娠动物的安全性尚不确定。

9. 诊断

a. 现场诊断

疫病暴发时一旦观察到如下情况，在鉴别诊断中就应该考虑RVF：处于所有妊娠阶段的反刍动物发生急性流产；年幼反刍动物急性发热，病死率高；所有病例出现肝病变；人特别是同家畜打交道的人员出现流感样疾病；高发病率与高蚊子群体数量、下雨和/或洪水相一致。

b. 实验室诊断

i. 样品　从活体动物采集的样品为肝素抗凝血、EDTA抗凝血和不加抗凝剂的全血。尸检采集的样品为肝脏、脾脏、脑、肾脏、淋巴结和心脏血。提供10%福尔马林浸泡的全套组织用作组织病理学检查。间隔2周成对采集的血清样品用于证明抗体滴度的升高很有用。

ii. 实验室检测　病毒分离可以采用各种类型的细胞培养物（Vero、BHK，牛犊和羔羊的初代肾细胞或睾丸细胞）、乳鼠和成年的小鼠、仓鼠、鸡胚或2日龄的羔羊。快速诊断可以通过以下方法：利用负染电子显微镜检测肝脏匀浆液中的病毒粒子；用反转录-聚合酶链式反应（RT-PCR）检测病毒RNA；对肝脏、肾脏、脑或感染的细胞培养物进行压涂片荧光抗体染色；或者，对取自发烧阶段的血清，采用酶联免疫吸附试验（ELISA）或免疫扩散法检测病毒。

感染动物血清中的抗体检测可以采用病毒中和试验、检测IgG和IgM的ELISA、血凝抑制试验。其他较少采用的血清学试验包括荧光抗体检测试验、补体结合试验和免疫扩散。

10. 预防与控制

RVF预防控制面临的主要挑战是疫情暴发的散发性，以及疫病流行国家较长的流行间隔期。因而，迫切需要开发RVF的早期预警系统，用于指导改进疫病控制和家畜的国际贸易。在特定的地理区域，当特定的气候事件和环境变化更有可能与蚊子媒介数量增加及RVF病毒活动增强相关时，这种早期预警系统可以进行预测。这将理想地提供足够的提前期来免疫易感动物，控制虫媒数量以减少对人的传播机会。

可以采用以下控制措施：

➢ 对贸易和出口进行流动控制。

➢ 在媒介产卵地点用杀虫剂进行媒介控制，而不是用飞机喷雾杀灭成虫。

➢ 家畜免疫接种非常重要，原因有两个：家畜使病毒数量扩增，年幼和新生家畜死亡风险最高，但初乳免疫力可对抗强毒感染提供保护。

➢ 高危人员在处理传染性材料时应使用适当的个人防护设备。

➢ 已经证实抗病毒药物如利巴韦林和α干扰素能保护感染RVF病毒的非人类灵长类动物。

■ 参考文献

[1] ANONYMOUS. 2004. Rift Valley fever. Chapter 2.1.8. Manual of Diagnostic Tests and Vaccines for Terrestrial Animals, OIE, www.oie.int.

[2] BRAY. M. and HUGGINS J. 1998. Antiviral therapy of hemorrhagic fevers and arbovirus infections. Antiviral Therapy. 3: 53-79.

[3] COETZER, J.A.W. 1977. The pathology of Rift Valley fever. I. Lesions occurring in natural cases in new-born lambs. Onderstepoort J. Vet. Res. 44: 205-212.

[4] GERDES, G.H. 2004. Rift Valley fever. Rev. Sci., tech. Off. Int. Epiz. 23: 613-623.

[5] GERDES, G.H. 2002. Rift Valley fever. Veterinary Clinics Food Animal Practice. 18: 549-555.

[6] PAWESKA, J.T., BURT, F.J., ANTHONY, F., SMITH, S.J., GROBBELAAR, A.A., CROFT, J.E., KSIAZEK, T.G. and SWANEPOEL, R. 2003. IgG-sandwich and IgM-capture enzyme-linked immunosorbent assay for the detection antibody to Rift Valley fever virus in domestic ruminants. J. Virological Methods. 113: 103-112.

[7] PITTMAN, P.R., LIU, C.T., CANNON, T.L., MAKUCH, R.S., MANGIAFICO, J.A., GIBBS, P.H. and PETERS, C.J. 2002. Immunogenicity of an inactivated Rift Valley fever vaccine in humans: a 12-year experience. Vaccine 18: 181-189.

[8] SWANEPOEL, R. and COETZER, J. A.W. 2002. Rift Valley fever. In: Infectious Diseases of Livestock, 2nd ed., J.A.W. Coetzer, R. Tustin, eds., Oxford Press, UK, pp. 1037-1070.

[9] VIALAT, P., MULLER, R., HANG VU, T., PREHAUD, C. and BOULOY, M. 1997. Mapping of the mutations present in the genome of the Rift Valley fever virus attenuated MP12 Strain and their putative role in attenuation. Virus Research 52: 43-50.

Samia Metwally, DVM, PhD, Foreign Animal Disease Diagnostic Laboratory, USDA-APHIS-VS-NVSL, Plum Island, Greenport, NY 11944, Samia.a.metwally@aphis.usda.gov

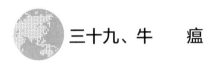

三十九、牛　瘟

1. 名称

牛瘟（Rinderpest，RP），牛疫（Cattle plague）。

2. 定义

牛瘟是牛、水牛和某些品种野生动物的接触性病毒病。特征为发热、口腔糜烂、腹泻、淋巴坏死和易感群体的高病死率。

3. 病原学

牛瘟病毒（RPV）是单链RNA病毒，属于副黏病毒科（*Paramyxoviridae*）麻疹病毒属（*Morbiuivirus*）。麻疹病毒属的其他成员包括小反刍兽疫病毒（PPRV）、人类麻疹病毒（MV）、犬瘟热病毒（CDV）、鳍足类（海豹和海狮）海豹瘟热病毒（PDV）和鲸类麻疹病毒（海豚瘟热病毒和鼠海豚瘟热病毒）。作为有囊膜病毒，RPV相对较脆弱，在阳光、加热、脂类溶剂、酸性和碱性等条件下很容易失活。

4. 宿主范围

a. 家畜和野生动物

大多数野生和家养偶蹄动物能感染牛瘟。牛和非洲水牛高度易感。在野生有蹄动物中，非洲水牛、角马、大弯角羚、大羚羊、长颈鹿和疣猪高度易感，而汤普森氏瞪羊和河马只是比较易感。山羊和绵羊较不易感，呈亚临床感染，或表现比牛温和的临床症状。亚临床感染或康复的山羊和绵羊可以产生针对牛瘟和小反刍兽疫的保护性免疫。猪也能被自然感染，某些品种（如泰国和马来半岛的驼背猪）可以出现临床症状并死亡。

b. 人

没有人感染RPV的报道。

5. 流行病学

a. 传播

从表现临床症状前的1~2d一直到出现临床症状后8~9d，分泌物和排泄物含有大量病毒，特别是眼鼻分泌物和粪便。牛瘟通过与感染动物直接和间接（污染的地面、水源、设备和衣物）接触而传播。气溶胶传播不是重要的传播方式，只在一定范围内短距离发生。在非洲，牛瘟之所以这么容易传播，一个主要原因与牛群逐草而长距离流动的游牧系统有关。而且，在干旱季节，很多畜群使用相同的水井或饮水区域，有大量的交叉感染机会。一般认为好的隔离围栏可以控制牛瘟。没有垂直传播、节肢动物媒介或带毒状态。尽管很多品种野生动物可以感染牛瘟，但没有证据表明野生动物可以作为病毒的贮存宿主。事实上，人们普遍相信如果牛群中没有牛瘟病毒，那么病毒就会在野生动物中消失。

b. 潜伏期

自然感染后，潜伏期为4~5d，变动范围3~15d。潜伏期长短因病毒毒株、剂量和暴露途径而不同。感染动物在潜伏期内能传播病毒。

c. 发病率

牛瘟可以感染所有年龄的牛，高毒力毒株感染时，易感动物发病率可达100%。

d. 病死率

当高毒力毒株感染时，易感动物病死率可达100%。

6. 临床症状

根据毒株、感染动物免疫状态和并发感染等不同情况，牛瘟可表现为超急性、急性或温和感染。超急性型通常出现于没有初乳免疫力的高度易感的幼畜中，唯一病症是发热至40~41.7℃，黏膜充血，并在发烧后2~3d内死亡。急性或典型形式的特征是依次出现以下症状：发烧至40~41.1℃、浆液性至黏液脓性眼鼻分泌物、沉郁、食欲减退、便秘、口腔糜烂造成的大量泡沫流涎、水性和/或出血性腹泻、脱水、消瘦、衰弱、发病后6~12d死亡。都可发现白细胞减少症。

7. 病理变化

a. 眼观病变

最显著的病变出现在消化道。一些RPV毒株导致口腔溃疡，而另一些不会。口腔病变最初为小的灰色病灶，可能会融合。灰色（坏死）上皮细胞脱落并留下红色糜烂斑。口腔病变出现在牙龈、嘴唇、硬腭和软腭、脸颊和舌根部。早期病灶为灰色坏死性针尖大小区域，后来融合、糜烂、留下红色区域。在消化道前段的其余部位，食管发生褐色坏死或糜烂，瓣胃偶见糜烂和出血，真胃可见充血和水肿。瘤胃和网胃很少有病变。

在小肠、空肠和回肠毗邻派氏结的肠上皮可见坏死或糜烂（被纤维蛋白渗出物粘在肠黏膜上的食物提示坏死上皮区域）。在大肠，盲肠和结肠壁可能会有水肿，管腔可能有血液，黏膜上可能有血液凝块。结肠上端通常病变更为严重（肠壁水肿、黏膜糜烂和充血）。在盲肠结肠连接处，病变可能加重。在结肠末端，结肠脊可能充血，被称为"老虎纹"。在其他原因的腹泻中也可见老虎纹，可能由于里急后重引起。肠道病变的严重程度因RPV毒株而异。

除了淋巴组织以外，其他器官极少病变。淋巴结通常肿胀和水肿，脾脏稍微增大。胆囊可能有从瘀点到瘀斑大小的出血。肺脏可能会出现肺气肿、充血和继发性支气管肺炎。

b. 主要显微病变

牛瘟的显微病变是病毒导致细胞病变的直接结果。通常，病变的严重程度与病毒毒株的毒力直接有关。温和毒力和高致病毒力的牛瘟毒株都有上皮和淋巴细胞趋向性。上消化道黏膜病变特征是棘层上皮细胞气球样变性、坏死、形成多核合胞体和嗜酸性胞质内包含体。坏死细胞脱落，病灶周围单核细胞和中性粒细胞轻度浸润导致糜烂。糜烂可能愈合，或者在细菌继发感染的情况下发展为溃疡。根据感染的牛瘟病毒毒株毒力不同，淋巴组织表现出不同程度的淋巴细胞减少。

8. 免疫应答

a. 自然感染

RPV只有一种血清型。康复或正确接种疫苗的动物终生免疫。

b. 免疫

最常用的牛瘟疫苗是Walter Plowright于20世纪60年代在肯尼亚研制的细胞培养减毒疫苗。该疫苗可供多种动物安全使用，对牛可产生终生免疫力（对免疫7年后的动物进行攻毒仍能保护）。在牛已经被免疫的流行地区，母乳免疫力会干扰11~12月龄内犊牛的免疫。因为母乳免疫力持续时间不同，建议每年对牛犊进行免疫，持续3年。

人工构建的含有牛瘟病毒融合蛋白基因和血凝素基因的重组痘病毒载体疫苗，对强毒攻毒可提供保护。在血清学上能够区分重组疫苗免疫的动物和有活病毒抗体的动物。目前，牛瘟根除在即，这些疫苗很有用，能使各国不使用改良的活疫苗而保持畜群对RP的免疫力。

9. 诊断

a. 现场诊断

一旦所有年龄的牛都出现快速传播的急性发热疾病，并伴有上述临床症状和病变时就应当考虑是牛瘟。"所有年龄"这一限定非常重要，因为这是牛瘟与牛病毒性腹泻-黏膜病最重要的区别之一，后者主要感染4~24月龄的动物。

b. 实验室诊断

i. 样品　因为高热退下后腹泻开始时病毒滴度下降，所以最好从高热并有口腔病变的动物采集样品。活体动物采集下列样品：EDTA或肝素抗凝血、凝固的全血用于分离血清、泪液拭子、口腔坏死组织和浅层淋巴结穿刺活检样品。尸检时，应采集以下样品：脾脏、肠系膜淋巴结和扁桃体。为采集最佳样品，应该屠宰正在发烧的动物并采集样品。如果做不到，那就对濒死动物实施安乐死后再采集样品。所有样品应当置于湿冰上（不能冷冻）运到实验室。应当采集全套组织包括所有病变部分，用10%福尔马林浸泡备用。

ⅱ. 实验室检测　许多实验室手段可供使用。最经常采用的是：用琼脂糖凝胶免疫扩散、病毒分离、基于单抗的抗原捕获ELISA和RT-PCR检测病毒。用血清中和试验和基于单抗的竞争ELISA检测抗体。在无疫病区域为了进行首例确诊，必须进行病毒的分离和鉴定。

10. 预防与控制

在过去的20年，牛瘟存在于非洲撒哈拉沙漠以南、印度次大陆和近东地区。在2005年底，大多数国家自我认定无疫状态。然而，许多国家还没有得到OIE的无疫状态认证，而且由于内乱无法获得某些国家的疫病状况信息。不管怎样，从"全球牛瘟消灭计划"的成功实施来判断，在可预见的将来有望实现全球消灭牛瘟的目标。

牛瘟无疫国家和地区应该禁止从牛瘟疫区或者实施牛瘟免疫地区不受限制地引进牛瘟易感动物和生肉制品。由于康复动物不带毒，并且有很好的血清学技术可用，经过适当的检疫和检测后可以进口猪和动物园用的反刍动物。如果疫情暴发，该地区应对感染和暴露的动物进行隔离。动物应当扑杀并且掩埋或焚烧，应考虑环状免疫策略。

高风险国家（与传染国有贸易往来或者地理上接近）可以通过将所有易感动物进行进口前免疫，或免疫国内畜群，或者同时采用这两种方法来保护自己。如果暴发疫情，应该对该地区进行隔离检疫和环状免疫。

流行国家应当免疫国内畜群。由于在没有适当运输冷藏链的地区，疫苗效价不稳定，建议每年免疫一次，至少持续4年，随后每年对牛犊免疫。疫点的动物应当被隔离检疫并且扑杀。应当进行野生动物、绵羊和山羊的血清学监测。如使用牛瘟疫苗预防小反刍兽疫，那么绵羊和山羊的血清学监测就会很复杂。

■ 参考文献

[1] BARRETT, T., PASTORET, P.P. and TAYLOR, W.P. (eds). 2006. Rinderpest and Peste des petits ruminants: virus plagues of large and small ruminants. Elsevier

Academic Press, New York. 341 pp.

[2] BROWN, C.C. and TORRES, A. 1994. Distribution of antigen in cattle infected with rinderpest virus. Vet. Pathol. 31: 194-200.

[3] PLOWRIGHT, W. 1984. The duration of immunity in cattle following inoculation of rinderpest cell culture vaccine. J. Hyg. Camb. 92: 285-296.

[4] ROSSITER, P.B. 2004. Rinderpest. In: Infectious Diseases of Livestock, 2nd ed., JAW Coetzer, RC Tustin, eds., Oxford University Press, Oxford, United Kingdom. pp. 629-659.

[5] TAYLOR, W.P. and ROEDER, P. 2004. Manual of Diagnostic Tests and Vaccines for Terristrial Animals, 5th ed., OIE, Paris, France. pp. 142-152.

[6] WAMWAYI, H. M. and FLEMING, M. and BARRETT, T. 1995. Characterization of African isolates of rinderpest virus. Vet. Microbiol. 44: 151-163.

[7] WOHLSEIN, P., TRAUTWEIN, G., HARDER, T.C., LIESS, B. and BARRETT, T. 1993. Viral antigen distribution in organs of cattle experimentally infected with rinderpest virus. Vet. Pathol. 30: 544-554.

[8] WOHLSEIN, P., WAMWAYI, H.M., TRAUTWEIN, G., POHLENZ, J., LIESS, B. and BARRETT, T. 1995. Pathomorphological and immunohistological findings in cattle experimentally infected with rinderpest virus isolates of different pathogenenicity. Vet Microbiol. 44: 141-149.

[9] YILMA, T. HSU, D., JONES, L., OWENS, S., GRUBMAN, M., MEBUS, C., YAMANAKA, M. and DALE B. 1988. Protection of cattle against rinderpest with infectious vaccine virus recombinant expressing the HA or F gene. Science. 242: 1058-1061.

图片参见第四部分。

Jeremiah T. Saliki, DVM, PhD, College of Veterinary Medicine, University of Georgia, Athens, GA 30602, jsaliki@vet.uga.edu

Peter Wohlsein, Dr. Med. Vet., School of Veterinary Medicine, Hannover, Germany, Peter. Wohlsein@ tiho-hannover.de

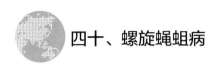 四十、螺旋蝇蛆病

1. 名称

螺旋蝇蛆病（Screwworm myiasis），又称古萨诺（Gusanos），摩斯卡佛得角（Mosca verde），Gusano barrenador，Gusano tornillo，Gusaneras。

2. 定义

蝇蛆病是指双翅目幼虫寄生在活的脊椎动物体上引起的疾病。幼虫至少在一个发育阶段内以宿主死的或活的组织、体液或摄入的食物为食。根据其生存能力对宿主的依赖性，这种幼虫分为专性寄生虫或兼性寄生虫。螺旋蝇蛆是专性寄生虫，因为它们仅以活的宿主为食。这些幼虫侵入温血动物的伤口深处，以活组织和体液为食。兼性寄生虫幼虫也能在伤口上存活，甚至与蝇蛆并存，但它们只摄食死组织和腐烂物质。

3. 病原学

螺旋蝇蛆病是由双翅丽蝇科（*Calliphoridae*）金蝇亚科（*Chrysomyinae*）两个种苍蝇幼虫（也称为蛆）引起：倍氏金蝇（*Chrysomya bezziana*），即旧大陆螺旋蝇（Old World screwworm）；嗜人锥蝇（*Cochliomyia hominivorax*），即新大陆螺旋蝇（New World screwworm）。

4. 宿主范围

a. 家畜和野生动物

任何有生命的温血动物对螺旋蝇蛆病都易感。但家禽或飞禽类罕见感染。

b. 人

人对螺旋蝇蛆病易感，有许多病例为证。

5. 流行病学

a. 传播

蝇蛆病不会发生传统意义上的宿主间相互传播。在自然界，螺旋蝇蛆感染一个动物后不能直接转移并感染另一个动物。相反，新的感染只能是间接的，只有当蛆虫按它们的生命周期发育为成蝇，成蝇落在新的宿主上并在其体表产卵，这时才发生间接传染。

雌蝇的传播取决于生态条件、食物供给和宿主是否有合适的伤口。在潮湿的热

带环境中，且潜在的宿主动物密度大时，单只雌蝇的分布范围往往不超过3km。在动物密度低的不利环境条件下，单只螺旋蝇的飞行范围可远至290km，但通常是20~25 km。在干燥的地区，螺旋蝇通常沿水道飞行。在山区，则可能绕山谷飞行，那里的气候更温暖、空气更潮湿，动物的密度更大。车辆，尤其是那些运输动物的车辆，可能帮助螺旋蝇长距离的迁移，季风也是传播的一个因素。

螺旋蝇的生活史

雌蝇在温血动物身上寻找体表伤口，并沿着伤口的边缘产卵，形成圆石一样的图案。新大陆螺旋雌蝇通常产下一个含有100~350粒卵（平均200粒）的卵块，一只雌蝇一生可以产卵6~8次（或更多），但通常只产2次。在产下最初两个卵块后，幸存的雌蝇不再产卵，它们侵袭到动物的伤口处，摄取富含蛋白质的液体，为其他卵块的成熟提供营养。旧大陆螺旋蝇的卵块通常含100~250粒卵。经8~12h，幼虫从虫卵孵出，进入伤口开始摄食。5~7d内发育成熟，在该发育阶段（三龄），幼虫离开伤口落地。

成熟的蛆有负趋光性（即摆脱光线），所以它们钻入浅层土壤，在那里化蛹。每一只蛹被包裹在种子样的套子或蛹壳里，这是由幼虫最后一层皮肤经收缩和硬化而形成的。在蛹期蜕变为螺旋蝇阶段，28℃条件下仅需7d，10~15℃时则需60d。

成蝇从蛹壳羽化而出，展开翅膀，经大约4h变硬，然后寻找栖息地和食物，如水和花蜜。成年蝇的生存依赖于温度、湿度、食物资源、宿主的存在和其他生态因素。环境温度25~30℃、相对湿度为30%~70%时是螺旋蝇活动和生存的理想条件。雄性螺旋蝇可存活长达14d；雌蝇通常存活大约10d，但是约有10%的雌蝇可存活30d或更长时间。通过3~5d的进食和休息，螺旋蝇做好交配准备。雄性将会交配数次，雌性通常只交配一次。交配后不久，雌蝇寻找宿主产卵，生活周期重新开始。

b. 潜伏期

见以上生活史。

c. 发病率

西半球一些地区的螺旋蝇数量庞大，气候和生态条件理想，据畜主报告，新生仔畜出生后不久，如果脐带伤口不经处理，螺旋蝇就会侵袭每一头新生仔畜的脐带伤口。

d. 病死率

20世纪50年代期间，螺旋蝇蛆病严重危害了美国南得克萨斯大王农场（King Ranch）白尾鹿畜群，当时小鹿每年病死率在20%~80%。野生动物伤口表面的感染率直接随当地蝇类数量规模而变化，另外，还随伤口未经处理的家畜数量而变化。

经过治疗的螺旋蝇蛆感染和由单个卵块引起的感染通常对动物不致命，但是有可能发生死亡，尤其是对那些很小的动物。继发感染也很普遍。

未经治疗的螺旋蝇感染通常会吸引数个雌蝇甚至是同一只螺旋蝇在伤口部位产下更多的卵。如不进行治疗，这些多重感染往往导致宿主在7~10d内死亡，这主要取决于畜群的大小、健康状况、侵袭的部位以及是否有其他并发症（如感染或毒性）。与新大陆螺旋蝇蛆病相比，由旧大陆螺旋蝇蛆病引起的动物死亡似乎不太常见。

6. 临床症状

动物伤口易受螺旋蝇的侵袭，这些伤口通常包括：蜱叮咬、吸血蝙蝠致伤、去势、去角、打烙印、刺铁丝划伤、口腔溃疡、鹿科动物鹿茸或茸角的脱落和其他多种因素。新生哺乳动物的肚脐是螺旋蝇侵袭的常见部位。幼蛆在伤口处摄食时难以发现，只有在轻微活动时才可能观察到。由于幼虫的摄食和生长，破坏了组织，因此使伤口不断地扩大和加深。到感染的第3天，伤口处密密麻麻地挤满了多达100~200个幼虫，垂直方向观察很容易看到钻入伤口深处的幼虫。螺旋蝇蛆受到干扰时往往钻入伤口的更深处，通常不会像其他蛆那样爬到伤口表面。

伤口被单个螺旋蝇卵块的幼虫感染5~7d后，直径可能会增大到3cm或更大，深度为5~20cm，此时，其他的螺旋蝇可能已在此处产卵，导致多重感染。一个伤口可能会出现多达3000个幼虫。通常会从感染的伤口流出血清血液样渗出物，散发特殊的臭味。在有些病例中，皮肤上的感染伤口看起来很小，但在螺旋蝇蛆的下面有一个宽大的口袋。螺旋蝇蛆在肛门、包皮、阴道、前鼻孔等感染部位很容易被忽视，即使到感染后期也不容易察觉到。

感染螺旋蝇蛆的动物通常表现不适，也可能会食欲减退，产奶量减少。通常，患螺旋蝇蛆病的动物会离开畜群，找一个黑暗阴凉的地方躺下休息。山羊经常躲到山洞里。感染了肚脐的小鹿常常站在溪边将腹部弄湿。婆罗门奶牛时常去舐犊牛肚脐上的感染伤口，以清除多数蝇蛆，减少幼畜死亡。

如果伤口不予杀虫治疗，螺旋蝇蛆病患畜会在7~14d内死亡，尤其是那些多重感染的病例。死亡很可能是由于毒性、继发感染或两者兼有而引起。患螺旋蝇蛆病的小动物比大动物死亡时间更短，另外，感染所处的部位也可能影响死亡的时间。

7. 病理变化

尸检对螺旋蝇蛆病诊断的作用并不大。螺旋蝇蛆不食死亡组织，尸检不太可能发现它们，除非刚刚死亡。但是，动物死后其他丽蝇幼虫会很快遮掩螺旋蝇蛆的伤口与感染，从而混淆诊断。

8. 免疫应答

目前没有有效疫苗。不过，对旧大陆螺旋蝇蛆的初步研究表明，至少可能有部分免疫保护作用。

9. 诊断

a. 现场诊断

当出现明显的临床症状时应怀疑为螺旋蝇蛆病。新大陆螺旋蝇蛆首先呈现1mm长的奶白色卵，通常呈鹅卵石状排列在伤口表面的边缘。卵产下后经8~12h羽化成小螺旋蝇蛆，并很快生长到2mm长。除了个别卵略大外，与旧大陆螺旋蝇的卵块难以区别。其他丽蝇类所产卵块的卵没有以独特的方式规则地排列，但它们通常位于伤口的边缘或靠近伤口的毛发里。需用显微镜检查将螺旋蝇的卵和小蛆与兼性丽蝇寄生虫的单个卵和小蛆如腐败锥蝇（*Cochliomyia macellaria*）、黑花蝇（*Pharmia regina*）或丝光绿蝇（*Phaenicia sericata*）区分开来。少数寄生麻蝇类（*Sarcophagidae*）所产的活幼虫时常在脊椎动物宿主的伤口处或脏毛上。这类蝇蛆是兼性寄生虫，也可以在伤口处见到，通常靠近表面，以坏死组织和有机物质为食。

可以用镊子将蛆虫从伤口移开，第二龄和第三龄螺旋蝇幼虫为圆柱形，一端尖，另一端钝圆，有一连串完整的小环，暗褐色刺环绕着身体。螺旋蝇蛆的命名源于其大小形状、轮廓与木螺钉相似。临床诊断对即使培训过的人员也是困难的，因为大多数兼性寄生丽蝇蛆在一定程度上具有相同的基本特征。最显著的区别只是螺旋蝇蛆较大，后背上有一对体内的、深色纵条纹。需用放大镜或显微镜来区分各个发育阶段的不同特征。临床诊断应视为推断性的。

雌性螺旋蝇在田间十分神秘，但偶尔可观察到它们侵袭到伤口处摄食或产卵。大小为普通家蝇的2倍。新大陆螺旋蝇有着深金属蓝至蓝绿色的腹部和胸部、橙色的面部、深红色的眼睛和一对半透明的翅膀。胸后有三条纵向深色条纹，其中中间的一条不完整。旧大陆螺旋蝇与新大陆螺旋蝇相似，但它们的身体是金属绿或蓝绿色的，胸部有深色的横带，而不是纵条纹。其他兼性寄生性新大陆丽蝇外观上与嗜人锥蝇相似。尽管它们的颜色不同，大部分没有胸部条纹。腐败锥蝇与之非常相似，它有三条胸条纹，但三条的长度是相同的。

b. 实验室诊断

i. 样品　在治疗之前，用镊子采集伤口上的幼虫样本，送交实验室诊断。小心翼翼地用手术刀从伤口边缘采集虫卵。实验室诊断用虫卵，幼虫或成蝇标本，应放入75%的酒精中（注：不使用甲醛作为防腐剂），送往有资质的诊断实验室。由于螺旋蝇蛆通常钻入伤口的深处，其他兼性寄生性幼虫可能在同一伤口的浅层处，所以实验室诊断用的幼虫标本最好从伤口的最深处采集。在美国，样品送到美国农业部国家兽医实验室，地址：美国艾奥瓦州50010，埃姆斯市代顿大街1800号（1800 Dayton Avenue，Ames，IA50010）。由富有经验的专业人员鉴定样品并报告结果。

ii. 实验室检测　肉眼鉴别寄生虫。

10. 预防与控制

预防螺旋蝇传入当前无虫害的生态敏感地区是控制该病的一个重要措施。阻断这种传入通常要通过自愿行动和管理工作来实现。动物（包括宠物）从螺旋蝇流行地区输出之前，应立即彻底检查是否有螺旋蝇感染的体表伤口，如果有，所有伤口必须用经批准的杀虫剂进行治疗。随后，在运出前，要全面进行预防性药物喷洒或药浴。任何疑似有螺旋蝇蛆伤口的动物，在伤口未经治愈前都不应运出。

在有螺旋蝇的地方动物必须至少每间隔3~4d检查一次，以发现和治疗蝇蛆病例。有开放性伤口但没有感染螺旋蝇的动物，应当进行治疗，以防感染。螺旋蝇蛆病成为一种季节性疾病的地区，应加强对动物繁殖的管理，以便使动物在蝇蛆病发病率最低的季节产仔。同样，对产生伤口的各种生产活动如烙印、去势、断角、剪尾或其他手术也要加强管理，可安排在螺旋蝇蛆病发病率最低的季节进行。

治疗伤口、喷洒准用药物或药浴对螺旋蝇蛆侵扰可以产生7~10d的保护作用。若螺旋蝇卵块产在经过治疗的动物伤口边缘上，新生幼虫在爬进伤口时，将接触到残留杀虫药而致死。这种护理方法使伤口有足够的时间愈合，从而使其变成对螺旋蝇产卵无诱惑力的场所。过去，有机磷是实现此目的首选药物，但最近几种阿维菌素和昆虫生长调节剂显示出更好的作用。如果动物喷药或药浴时，伤口已经感染螺旋蝇的二龄或三龄幼虫时，这种处理方法通常并不能杀死现存的所有幼虫。因此，这种治疗方式只能当作预防措施，并不能彻底治愈。

通过采用昆虫不育技术（SIT），新大陆螺旋蝇已在广大的地理区域内被消灭。在该技术中，人工饲养的极大数量螺旋蝇，经5.5d进入蛹期，接受5000~7000rad的伽马射线照射，使其成为不育蝇，而没有任何其他副作用。这种产蝇工厂有着巨大的生产能力，每天生产出大量的不育昆虫，从空中大规模地投放到螺旋蝇危害严重的地区。一经投放，不育雄性螺旋蝇便与本地雌蝇交配，因为雌蝇一生中只交配一次，它们随后所产之卵均为不育的，不能孵化。随着产出足够巨大数量的不育雄性蝇作不育性交配，螺旋蝇种群的繁殖周期被破坏，种群随之灭绝。

■ 参考文献

[1] GRAHAM, O.H. (ed.) 1985. Symposium on eradication of screwworm from the United States and Mexico. Misc. Pub. Entomol. Soc. Am. 62: 1-68.

[2] GUIMARÃES, J.H. and PAPAVERO, N. 1999. Myiasis in Man and Animals in the Neotropical Region; Bibliographic Database. Sao Paulo, Brazil: Pleiade/FAPESP, 308 p.

[3] KNIPLING, E.F. 1960. The eradication of screwworm fly. Sci. Am. 203 (4) : 54-61.

[4] KRAFSUR, E.S. 1998. Sterile insect technique for suppressing and eradicating insect population: 55 years and counting. J. Agric. Entomol. 15: 303-317.

[5] LINDQUIST, D.A., ABUSOWA, M. and HALL, M.J.R. 1992. The New World screwworm fly in Libya: a review of its introduction and eradication. Med. Vet. Entomol. 6: 2-8.

[6] McGRAW, L. 2001. Squeezing out screwworm. Agric. Res. 49 (4) : 18-21.

[7] MAYER, D.G. and ATZENI, M.G. 1993. Estimation of dispersal distances for Cochliomyia hominivorax (Diptera: Calliphoridae) . Environ. Entomol. 22: 368-374.

[8] SUKARSIH, PARTOUTOMO, S., SATRIA, E., WIJFFELS, G., RIDING, G., EISEMANN, C. and WILLADSEN, P. 2000. Vaccination against the Old World screwworm fly (Chrysomya bezziana) . Paras. Immunol. 22: 545-552.

[9] ZUMPT, F. 1965. Myiasis in Man and Animals in the Old World; A Textbook for Physicians, Veterinarians and Zoologists. London: Butterworth and Co., 267 p.

图片参见第四部分。

Jack Schlater, DVM, and Jim Mertins, USDA-APHIS-VS-National Veterinary Services Laboratories, Ames, IA 50010, Jack.L.Schlater@aphis.usda.gov, James.W.Mertins@aphis.usda.gov

四十一、鲤鱼春多病毒血症

1. 名称

鲤鱼春多病毒血症（Spring viremia of carp，SVC），曾称为鲤鱼传染性腹水症（Infectious dropsy of carp）或传染性腹水症（Infectious ascites），中文简称鲤春病毒血症。

2. 定义

鲤鱼春多病毒血症是一种需要向OIE报告的病毒病，能感染生活在特定冷水或温水环境下有鳍鱼类。该病发病率高、病死率高，有可能造成严重的经济损失和生态破坏。

3. 病原学

SVC由弹状病毒感染引起（鲤鱼春多病毒血症病毒SVCV，也被称为鲤鱼弹状病毒*Rhabdovirus carpio*）。该病毒有很多分离株，常分为欧洲株和亚洲株，两个分支有明显的抗原差异。

4. 宿主范围

a. 养殖鱼类

许多有重要商业价值的养殖鱼类都容易感染鲤鱼春多病毒血症，包括金鱼（*Carassius auratus*）和鲤鱼 [*Cyprinus carpio*，包括鲤鲤（*C. carpio carpio*），又名锦鲤（*Koi carp*）]。鲫鱼（*Carassius carassius*）有时会作为观赏鱼养殖，也是易感品种。试验表明，其他几个品种的养殖鱼 [斑马鲤（*Brachydanio rerio*）和孔雀鱼（*Lebistes reticulates*）] 在试验室条件下对该病也易感。从虾（南美白对虾和南美蓝对虾）中曾分离到一种SVC样病毒。虾是一种可养殖和野生的水生动物，呈全球分布。

b. 野生鱼类

除鲤鱼外，其他品种的鱼类，如草鱼（*Ctenopharyngodon idella*）、鳙鱼（*Aristichthys nobilis*）和银鲤（*Hypophthalmichthys molitrix*），也容易感染该病。六须鲇（*Silurus glanis*）和丁鱥（*Tinca tinca*）也易感。其他一些野生或人工饲养的野生鲤和一些非鲤种，如金体美洲鳊鱼（*Notemigonus crysoleucas*）、驼背太阳鱼（*lepomis gibbosus*）、斜齿鳊（*Rutilus rutilus*）和狗鱼（*Esox lucius*），经试验证明也可感染该病。

c. 人

人不易感染SVCV。

5. 流行病学

a. 传播

SVCV通常是通过感染鱼和/或病鱼排出的病毒在鱼类之间进行水平传播。该病也可能通过含有病毒的卵巢液污染鱼卵进行垂直传播，但是还没有完全证实自然条件下是否能经卵传播。许多宿主可以作为潜在的传播媒介，包括食鱼鸟类和无脊椎动物如鱼虱（*Argulus* spp.）和水蛭（*Pisciola* spp.）。污染物也同样可以作为传播病毒的物理媒介。

有些鱼类的免疫功能受水温影响，因此，在SVC流行病学过程中，存在很多与温度有关的变量以及其他变量。该病在不同品种的表现存在明显差异；当水温在10~15℃时，鱼可以感染病毒，但当环境温度上升到16~18℃时则可能导致发病。有些鱼种在水温高达23℃时仍可感染该病毒，但是在水温高于18℃时由于鱼的免疫功能增强一般不发病。这些鱼感染但不发病，有可能成为带毒动物（与幸存的鱼一起），当温度降低到合适的范围时，疾病将会复发。

b. 潜伏期

潜伏期通常受环境温度的影响。多种感染鱼类的潜伏期在适宜的条件下一般为5~17d。

c. 发病率

发病率为10%~100%，平均发病率约为50%。

d. 病死率

病死率与品种有关，一般在30%~70%，但某些流行病死率可高达100%。

6. 临床症状

SVC的临床症状表现为眼球突出、水肿、鱼鳔发炎出血、腹水以及鱼鳞和腮部点状皮下出血。感染的鱼还可能活力下降、失去平衡或行动不协调。这些症状都是非典型的，可能会与易感鱼发生的某些可感染或同时感染的其他疾病相混淆。

7. 病理变化

a. 眼观病变

无特征性病理变化，包括腹水和内脏充血，经常还伴有点状出血。皮肤、鱼鳍和鱼鳔处可见点状至斑状出血点。

b. 主要显微病变

组织病理学上，SVC的很多病变不具有特征性。这些病变包括肝血管周炎、脂肪变性和肝实质性坏死、脾充血、肠道上皮脱落和炎症以及随后的绒毛萎缩。肾小管被脱落的绒毛堵塞，出现空泡和管状细胞恶化变性。鱼鳔的片状皮膜可能突变成不连续的多层，并伴随有黏膜下出血和脉管系统扩张。在心脏组织中可能发现心肌变性和心包发炎。

8. 免疫应答

a. 自然感染

感染的鱼类会产生针对SVC的循环抗体，该抗体直接针对病毒的表面糖蛋白，但一般认为这个过程受温度及鱼龄的影响较大，而且目前尚未研究透彻。幸存的鱼可变成终身带毒动物，在适宜的温度或应激情况下，可能再度复发或者重新感染易感鱼类。

b. 免疫

目前没有针对SVC的有效疫苗。

9. 诊断

a. 现场诊断

由于该病无特征性的临床症状，目前还没有明确的可应用于现场诊断的标准。然而，当易感鱼类在相应的生命周期表现出上述临床症状，同时又是在适宜的温度条件下，此时应怀疑SVC。

b. 实验室诊断

i. 样品 中肾、脾、肺和脑组织都可以用于病毒分离。可采集加入肝素的血液用于快速的血清学分析。如无法立即进行血清学检测，应收集血清，−20℃保存。

ii. 实验室检测 SVCV的诊断方法有：病毒分离、酶联免疫吸附试验（ELISA）、PCR、毒株测序确定基因型等。

10. 预防与控制

对水池的进水进行紫外线消毒和/或沙层过滤，同时在鱼苗入池前进行健康预筛，可显著增强预防效果。应该执行良好的生物安全措施以最大限度降低病毒通过人为因素或污染物传播的可能行。应尽可能减少应激，易感日龄的鱼应该在18℃以上的环境中饲养，以延迟或阻止疾病发生。

SVCV可通过多种方式灭活，包括加热（>60℃，10min），紫外线照射（254 nm，10min），pH（<3或>12），或使用多种消毒剂（如脂溶剂、氯、强过氧化物或福尔马林）。到目前为止没有预防该病的疫苗，也没有行之有效的治疗方法。

养殖的鱼在SVC暴发时，继续保留幸存的鱼虽然能获得收益，但这些鱼可能成为带毒动物并重新传染鱼群，与彻底销毁所有已经接触的鱼群并对所有养殖设备进行清理和消毒相比，要权衡利弊。建议进行彻底消毒。SVCV是一种有囊膜的病毒，温度在4~10℃时，它在水中的感染性可持续4周，在污泥中的感染性可长达6周。

■ 参考文献

[1] AHNE, W., BJORKLUND H.V., ESSBAUER, S., FIJAN, N., KURATH, G. and WINTON, J.R. 2002. Spring Viremia of Carp (SVC) . Diseases of Aquatic Organisms. 52: 261-272.

[2] ANONYMOUS. Office International des Epizooties, 2003. Manual of Diagnostic Procedures; Chptr. 2.1.4. 4th ed., OIE, Paris, France.

[3] DIKKEBOOM, A., RADI, C., TOOHEY-KURTH, K., MARQUENSKI, S., ENGEL, M., GOODWIN, A., WAY, K., STONE, D. and LONGSHAW, C. 2004. First Report of Spring Viremia of Carp Virus (SVCV) in Wild Common Carp in North America. Journal of Aquatic Animal Health, 16: 169-178.

[4] GOODWIN, A.E. 2002. First Report of Spring Viremia of Carp Virus (SVCV) in North America. Journal of Aquatic Animal Health. 14: 161-164.

Peter Merrill, DVM, PhD, Aquaculture Specialist, USDA-APHIS Import Export, Riverdale, MD, Peter. Merrill@aphis.usda.gov

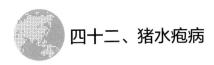

四十二、猪水疱病

1. 名称

猪水疱病（Swine vesicular disease，SVD），Enfermedad vesiculardel cerdo（西班牙语），Maladie vésiculose du porc（法语）。

2. 定义

猪水疱病是一种由肠道病毒引起的猪的接触性病毒病。该病以发热，在口腔、鼻腔、蹄部和乳头上皮组织出现水疱，继之发生糜烂为特征。

3. 病原学

猪水疱病病毒（SVDV）属于小RNA病毒科（*Picornaviridae*）肠病毒属（*Enterovirus*）。SVDV在抗原性上与人柯萨奇病毒B5相近。尽管不同分离株间存在差异，但只有一个血清型。

作为一种肠道病毒，SVDV对pH有较强的耐受性（pH<2.0和pH＞12.0）。因此，SVDV可在尸僵（*Rigor mortis*）后的肉中（pH<6.0）和死后其他大多数组织和脏器中存活。病毒可在干腌火腿中存活180d，在干香肠中存活1年以上，在有肠衣包裹的香肠中存活2年以上。在合适的温度、紫外线强度（阳光照射）、湿度和pH条件下，SVDV在环境中可存活1个月以上。

SVDV可被含有去污剂的碱性溶液（1%氢氧化钠）灭活。在此情况下，不含重质有机物的其他的消毒剂，如氧化剂和碘伏与去污剂联合使用也可使病毒灭活。

4. 宿主范围

a. 家畜

该病主要感染家猪。

b. 野生动物

虽然存在野猪科类动物感染的可能性，但目前尚未证实。

c. 人

有一些人感染的报道，主要是由实验室泄露事故引起的。在这些病例中，临床症状与柯萨奇病毒B5感染类似，包括不同程度的流感样症状。该病在欧洲和亚洲大规模暴发时，尽管农民、兽医、屠宰场工人都接触过该病毒，但是没有人感染的报道。

5. 流行病学

a. 传播

可通过破损的皮肤、摄取或吸入感染。SVD最常见的传播方式是感染猪接触易感猪群。感染SVDV的猪可通过打架和厮咬方式传播，并可将病毒排放到环境中。该病还可通过饲喂SVDV污染的猪泔水传播。猪暴露于污染的环境（如卡车、饲料仓库等）也可造成感染。根据有关报道，被SVDV污染的卡车4个月内仍具有传染性。

b. 潜伏期

猪采食被SVD污染的饲料2~3d内，及与感染猪接触2~7d内出现临床症状。

c. 发病率

SVD的严重程度取决于毒株和动物饲养环境等诸多因素。一般来说，该病发病率很低，危害程度远低于口蹄疫（FMD）。许多猪表现亚临床感染。该病在世界很多地区呈亚临床感染。

d. 病死率

SVD在猪群中基本不引起死亡。

6. 临床症状

作为一种水疱性疫病，SVD的临床症状与FMD（见口蹄疫章）或其他水疱性疫病（水疱性口炎和/或猪水疱疹）临床症状类似。此外，有病猪由于发生脑炎导致腿部颤动、步态不稳的报道。

7. 病理变化

SVD感染猪引起的病变与FMD（见FMD章）和其他水疱性疫病不易区分。与FMD暴发期间仔猪出现死亡（出现"虎斑心"病变）不同的是，SVD通常不引起猪死亡。

8. 免疫应答

a. 自然感染

感染后可获得一定的免疫力，但与大多数肠道病毒感染一样，这种免疫力持续时间往往很短。

b. 免疫

尽管有一些有效的试验性疫苗，但目前还没有可用的商品化疫苗。

9. 诊断

a. 现场诊断

即使是在那些从未发生过SVD的国家和地区（比如美国），当猪群发生水疱性疫病进行全面调查时应包括SVD。

b. 实验室诊断

i. 样品 与其他水疱性疫病一样，用于SVD诊断的最佳送检样品包括：水疱液、水疱上皮、发生水疱处的脱落皮屑或拭子、鼻腔拭子（用于RRT-PCR检测）和急性期及恢复期的血清样品。

ii. 实验室检测 诊断SVD或其他水疱性疫病的实验室检测方法包括：病毒检测（病毒分离）、病毒抗原检测（抗原捕获ELISA试验，补体结合试验）、抗体检测（病毒中和试验，琼脂免疫扩散试验，抗体检测ELISA）或核酸检测新技术（实时荧光定量反转录聚合酶链式反应-RRT-PCR）。

注：由于猪是唯一对所有水疱性疫病都易感的动物，因此必须对样品至少进行FMD、VS、SVD的检测（猪水疱疹-VES，是一种历史性疾病，仅当有证据表明猪曾接触过海洋哺乳动物或鱼时才需要进行该病检测）。这对于那些SVD呈地方流行的国家和地区尤为重要。1997年中国台湾地区由于仅在猪上出现临床症状而被错误诊断成SVD，最后造成FMD大规模暴发，这一严重教训揭示了当猪发生水疱性疾病时进行全面鉴别诊断的重要性（见FMD章）。

10. 预防与控制

防止SVD传入最有效的方法是对动物和动物产品采取适当的进口和移动控制措施，包括在入境口岸对外来泔水的收集和销毁。在该病的预防与控制中，禁止饲喂含动物源性成分的泔水也很重要。由于缺乏有效的疫苗，SVD的控制主要是对猪群进行检测并对检测结果呈阳性的猪进行扑杀。

■ 相关文献

[1] BROWN, F., TALBOT P. and BURROWS R. 1973. Antigenic Differences between Isolates of Swine Vesicular Disease Virus and their Relationship to Coxsackie B5 Virus. Nature. 245: 315 - 316.

[2] GRAVES, J. H. 1973. Serological Relationship of Swine Vesicular Disease Virus and Coxsackie B5 Virus. Nature. 245: 314 - 315.

[3] MEBUS, C., et al. 1997. Survival of several porcine viruses in different Spanish dry-cured meat products. Food Chem Vol. 59 (4) : 555-559.

[4] NARDELLI, L., LODETTI, E., GUALANDI, G.L., BURROWS, R., GOODRIDGE, D., BROWN, F. and CARTWRIGHT, B. 1968. A foot and mouth disease syndrome in pigs caused by an enterovirus. Nature. 219: 1275-1276.

[5] WOOLDRIDGE, M., HARTNETT, E., COX, A. and SEAMAN, M. 2006. Quantitative risk assessment case study: smuggled meats as disease vectors Rev. sci. tech. Off. int. Epiz. 25 (1) : 105-117.

[6] ZHANG, G., HAYDON, D.T., KNOWLES, N.J., and McCAULEY, J.W. 1999. Molecular evolution of swine vesicular disease virus. Journal of General Virology. 80: 639-651.

Alfonso Torres, DVM, MS, PhD, Associate Dean for Public Policy, College of Veterinary Medicine, Cornell University, Ithaca, NY, 14852, at97@cornell.edu.

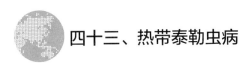

四十三、热带泰勒虫病

1. 名称

地中海沿岸热（Mediterranean coast fever）。

2. 定义

热带泰勒虫病是一种由环形泰勒虫（*Theileria annulata*）引起的蜱传病，以贫血、黄疸、发育不良、呼吸困难和出血性腹泻为主要特征。

3. 病原学

该病原体为一种原虫，环形泰勒虫。璃眼蜱属（*Hyalomma*）蜱在叮咬期间，唾液腺中的子孢子被接种到动物体内，侵入巨噬细胞和较小范围内的B淋巴细胞。子孢子在这些细胞中发育成熟，成为大裂殖体，并最终分化为小裂殖体，导致成为侵犯红细胞的裂殖子。在红细胞内，该病原体通常被称之为梨形虫（Piroplasms）。蜱叮咬感染动物时就会摄入这种被感染的红细胞，并在蜱的唾液腺内进一步发育为子孢子。

4. 宿主范围

a. 家畜和野生动物

牛是热带泰勒虫病的主要受害者。引进到流行区域的种公牛比本地瘤牛的发病症状更为严重。该寄生虫也感染水牛和骆驼。

b. 人

没有任何证据表明人对环形泰勒虫易感。

5. 流行病学

a. 传播

该病由璃眼蜱属的蜱传播。

b. 潜伏期

同许多蜱传病病原体一样，潜伏期为10~25d。

c. 发病率

动物患病的数量受多种因素影响，包括蜱的感染性、蜱的攻击性和宿主群体的免疫力。

d. 病死率

易感牛引入到流行地区病死率高达40%~90%。本地牛的病死率要低得多。

6. 临床症状

急性病例在感染后15~25d发生死亡。临床症状可能包括黏膜苍白（贫血）或黄疸，这是由梨形虫破坏红细胞引起的。在巨噬细胞内产生大量的大裂殖体，由于受感染的细胞释放大量的细胞活素类物质，有可能引起淋巴结肿大、全身体况不良和肌肉萎缩。发病后期可能出现出血性腹泻。

7. 病理变化

a. 眼观病变

热带泰勒虫病没有特别的病变。感染后不久，被蜱叮咬部位的淋巴结肿大。在重症或死亡病例中，贫血、黄疸、淋巴结肿大、肌肉萎缩、肺水肿和出血性小肠结肠炎等症状可能都会出现。

b. 主要显微病变

与众所周知的泰勒虫病东海岸热（由小泰勒虫引起，因大量淋巴细胞受到感染，以显著的淋巴组织增生反应为主要特征）不同，热带泰勒虫病（由环形泰勒虫引起）主要感染巨噬细胞。巨噬细胞的广泛感染刺激产生大量细胞因子，主要是肿瘤坏死因子（TNFα），导致许多病变的出现。大裂殖体可以在多种感染器官的巨噬细胞中观察到。

8. 免疫应答

a. 自然感染

动物感染后症状不明显。不同虫株间具有良好的交叉保护作用。保护性免疫由细胞介导产生。

b. 免疫

动物可以通过接种国际规定的低剂量子孢子而获得保护。另外，使用致弱的裂殖体细胞疫苗也可获得免疫保护。

9. 诊断

a. 现场诊断

在疾病流行地区，动物患有贫血、健康状况差、肌肉萎缩症状以及存在钝眼蜱属的蜱时，应当将热带泰勒虫病列入应检测疾病的名单中。有必要进行实验室诊断。

b. 实验室诊断

i. 样品　血液涂片、淋巴结压印（触片），淋巴组织固定或冷冻样本。

ii. 实验室检测　取姬姆萨染色的样本，用显微镜直接观察触片或组织中的大裂殖体通常是有帮助的。聚合酶链反应（PCR）试验灵敏。荧光抗体检测试验

（IFAT）也被应用于诊断，但该试验可能检测不出感染后持续很长时间的抗体。

10. 预防与控制

在许多地区，蜱的侵袭和宿主免疫力之间所保持的地方病稳定性容易受到多种因素干扰，包括蜱的数量突然增或减、免疫失败或幼畜被引入流行地区。当非本地的牛，尤其是种公牛被引入呈地方流行性的地区时通常会发生严重疫情。这些牛可以通过免疫获得保护。

抗原虫药物，如布帕伐醌（buparvaquone）、帕伐醌（parvaquone）和溴氯哌喹酮（halofuginone）都可用来对抗临床感染，减轻临床症状，但不能清除感染。

■ 参考文献

[1] AHMED, J.S. and MEHLHORN, H. 1999. Review: the cellular basis of the immunity to and immunopathogenesis of tropical theileriosis. Parasitol Res 85: 539-549.

[2] BENIWAL, R.K., NICHANI, A.K., SHARMA, R.D., RAKHA, N.K., SURI, D. and SARUP, S. 1997. Responses in animals vaccinated with the Theileria annulata (Hisar) cell culture vaccine. 1997. Trop Anim Health Prod 29 (4 Suppl) : 109S-113S.

[3] GLASS, E.J. 2001. The balance between protective immunity and pathogenesis in tropical theileriosis: what we need to know to design effective vaccines for the future. Res Vet Sci 70: 71-75.

[4] MARTIN-SANCHEZ, J., VISERAS, J., ADROHER, F.J. and GARCIAFERNANDEZ, P. 1999. Nested polymerase chain reaction for detection of Theileria annulata and comparison with conventional diagnostic techniques: its use in epidemiology studies. Parasitol Res 85: 243-245.

[5] PRESTON, P.M., HALL, F.R., GLASS, E.J., CAMPBELL, J.D.M., DARGHOUTH, M.A., AHMED, J.S., SHIELS, B.R., SPOONER, R.L., JOHGEJAN, F. and BROWN, C.G.D. 1999. Innate and adaptive immune responses co-operate to protect cattle against Theileria annulata. Parasitology Today 15: 268-274.

Corrie Brown, DVM, PhD, Department of Pathology, College of Veterinary Medicine, University of Georgia, Athens, GA 30602-7388, corbrown@uga.edu

四十四、锥虫病（非洲）

1. 名称

非洲动物锥虫病（African animal trypanosomosis，AAT），非洲锥虫病（African animal trypanosomiasis），那加那病（Nagana）。

2. 定义

非洲动物锥虫病是牛和其他家畜的慢性消耗性疾病，通常以贫血为主要症状。由刚果锥虫（*Trypanosoma congolense*）、布（鲁）氏锥虫（*T. brucei brucei*）和活跃锥虫（*T. vivax.*）三种原虫之一引起。除了活跃锥虫能经其他昆虫叮咬而机械传播外，这三种锥虫都通过感染的采采蝇叮咬进行生物学传播。

3. 病原学

引起非洲动物锥虫病的三种锥虫属于锥虫科（*Trypanosomatidae*）锥虫属（*Trypanosoma*）的三个不同亚属。刚果锥虫属于唾液锥虫亚属（*Nannomonas*），活跃锥虫属于达氏锥虫亚属（*Duttonella*），布氏锥虫属于涎传锥虫亚属（*Trypanozoon*）。当采采蝇叮咬时，育后期的锥虫随同采采蝇唾液注入皮肤，然后转变为血流型，引起全身感染。三种锥虫均为细胞外病原体。活跃锥虫和刚果锥虫往往逗留在血流中，而布氏锥虫因侵入组织而常在血管外出现。虽然三种锥虫形态稍有不同，但均为细长形虫体，具有波动膜、鞭毛、突起的胞核和动基体。

4. 宿主范围

a. 家畜

该病原能感染多种家畜，牛、绵羊、山羊、猪、马、骆驼、犬、猫和猴都易自然感染。实验动物，如大鼠、小鼠、豚鼠和兔均能感染。

b. 野生动物

至少30种野生动物能携带AAT病原。尤其野生反刍动物具有贮存宿主作用。

c. 人

采采蝇传播的锥虫病，或人的昏睡病是一种严重的疾病，在非洲许多地方广为流行，由锥虫属的冈比亚布氏锥虫（*T. brucei gambiense*）和罗德西亚布氏锥虫（*T. brucei rhodesiense*）引起。锥虫在动物和人类之间交叉传播，十分杂乱，两者的病原均有野生动物作为贮存宿主。罗德西亚布氏锥虫也能引起牛发病，有时牛可成为人类感染的贮存宿主之一。冈比亚布氏锥虫也感染猪，是一种人畜共患病。

5. 流行病学

a. 传播

该病通过感染的采采蝇叮咬在动物之间传播。采采蝇主要有三种：刺舌蝇（ *Glossina morsitans* ）、须舌蝇（ *G. palpalis* ）和棕舌蝇（ *G. fusca* ）。此外，活跃锥虫可通过螫蝇，尤其是虻进行传播。

b. 潜伏期

从采采蝇叮咬到出现临床症状间隔时间为4d至5周不等。

c. 发病率

采采蝇攻击性越强，发病率就会越高。

d. 病死率

感染这三种锥虫的任何一种，如不治疗，大多数动物最终会死于该病。

6. 临床症状

虽然非洲动物锥虫病对牛的危害最大，但绵羊、山羊、马和猪都可出现临床发病。各种动物的临床症状有相似之处，表现为间歇发热、消瘦、贫血、体况衰弱、生产性能下降。最初的症状是在蝇叮咬处局部皮肤出现肿胀，此即锥虫下疳。但通常这一阶段易被忽视。最显著的临床特征是贫血，因为锥虫使红细胞的数量减少。这是动物无法正常生活最常见原因。此外，尽管产生的抗体升高了，但起不到作用。正如下文详述（见：自然感染），这些锥虫可轻易地改变它们的表膜，使每次抗体反应都能有效地抑制虫血症水平，同时，虫体也会改变生成新的表面蛋白。因此，动物的免疫系统不断受到刺激，可能出现与抗体过度产生和抗原抗体复合物沉积有关的临床症状，包括淋巴结病，或者有可能是血管或肾脏的损害。

7. 病理变化

a. 眼观病变

病变通常与贫血的出现有关，也与抗原抗体反应的长期性有关。因此，可出现黏膜苍白、脂肪浆液性萎缩、肺水肿、浮肿、腹水、胸膜腔积水（由于缺氧和低蛋白质血症）、淋巴结肿大和脾肿大。此外，在疾病晚期，随着病畜变得越来越衰弱而不能产生任何免疫应答，淋巴组织可出现萎缩。感染布氏锥虫时，布氏锥虫往往侵入组织，除了引起贫血外，还可能引起多组织炎症和/或变性。

b. 主要显微病变

锥虫病没有特有的组织学变化。骨髓显示为非再生障碍性贫血，肾脏可能有慢性膜性肾小球肾炎。

8. 免疫应答

a. 自然感染

锥虫以一种独特的方式，通过可变表面糖蛋白（Variable surface glycoprotein，VSG）的连续转换以逃避宿主的免疫应答。这种VSG覆盖虫体表面，一旦血液中虫体数量足以使机体产生对VSG的抗体反应，就会启动针对新VSG的遗传开关，使产生的抗体对新的变异体不起作用。据估计，锥虫大约有1000个这样的VSG，因此，通过免疫激活来战胜感染是不可能的。此外，非洲动物锥虫病通过对锥虫免疫应答的先入为主，或通过动物全身性衰弱，或两者都有，对其他病原产生免疫抑制。

b. 免疫

目前尚无锥虫病疫苗。

9. 诊断

a. 现场诊断

应及时采集流行地区严重贫血家畜的样品供实验室诊断。

b. 实验室诊断

i. 样品　血清、血液，厚的和薄的血涂片、淋巴结穿刺样品等均应采集。

ii. 实验室检测　可通过湿片和染色的厚或薄的血涂片、淋巴结穿刺样品抹片的显微镜检查、PCR、ELISA或IFA试验对锥虫病作出诊断。

10. 预防与控制

锥虫病严重地制约着非洲许多地区反刍家畜的生产。人们常说，如果能消灭非洲动物锥虫病，非洲大陆的载畜量可以极大地提高。这种慢性消耗性疾病造成的经济损失常被低估。感染动物死亡之前长期发育受阻，几个月到几年没有任何产能。

有多种杀锥虫药物可用于感染动物，但寄生虫的抗药性带来许多实际问题。目前，氯化氮氨菲啶（商品名：沙莫林Samorin、锥灭啶trypamidium、M&B 4180A）是应用最广泛的化学预防药物，乙酰甘氨酸重氮氨苯脒（商品名：贝雷尼Berenil）是最常用的化学治疗药物。阻断传播周期需要减少采采蝇数量或采采蝇体内寄生虫的负载。清除灌木丛，毁坏采采蝇栖息地的方法已用过多年。由于野生有蹄兽是贮存宿主，过去采用过捕杀这些动物的方法。可采用的方法还有用杀虫剂处理采采蝇栖息地。所有这些方法都对环境产生不利影响。近来，内含外激素的采采蝇收集器被用来引诱和杀灭采采蝇。为减少非洲动物锥虫病在流行地区的患病率，人们普遍认为，消灭采采蝇是最有效的解决办法。这需要人们付出巨大的努力和协调各方面关系。

已开展了大量的通过选择育种以探索抗锥虫动物的研究。有些品种的牛在流行地区生存了数个世纪，例如西非短角牛和N'Dama牛，对该病具有先天的抵抗力。它们感染采采蝇后，不出现临床症状，这种牛的身高往往很矮，产出性能差。杂交育种试验旨在繁育抗病牛品系，提高产出性能。

■ 参考文献

[1] ANONYMOUS. 2004. Trypanosomosis. Chapter 2.3.15, In: Manual of Diagnostic Tests and Vaccines for Terrestrial Animals, Office of International Epizootics, OIE. www.oie.int.

[2] NAESSENS, J. 2006. Bovine trypanotolerance: A natural ability to prevent severe anaemia and haemophagocytic syndrome? International Journal for Parasitology, 36: 521-528.

[3] OMAMO, S.W. and D'IETEREN, G.D.M. 2003. Managing animal trypanosomosis in Africa: issues and options. Rev. sci. tech. Off. Int. Epiz., 22 (3) : 989-1002.

[4] MARE, C.J. 1998. African animal trypanosomiasis. In: Foreign Animal Diseases, 6th ed., WW Buisch, JL Hyde, CA Mebus, eds., USAHA, Richmond, Virgina, pp. 29-40.

图片参见第四部分。

Corrie Brown, DVM, PhD, Department of Pathology, College of Veterinary Medicine, University of Georgia, Athens, GA 30602-7388, corbrown@uga.edu

四十五、委内瑞拉马脑炎

1. 名称

委内瑞拉马脑炎（Venezuelan encephalitis，VEE），Peste loca。

2. 定义

委内瑞拉马脑炎是一种由蚊子传播、可引起人和马感染的人畜共患病毒病。马感染后可引起急性、暴发性疫病，导致急性死亡或康复后无脑炎症状，更多的典型病例也可表现为渐进性临床脑炎。人感染后主要表现发热、额痛等流感样症状。许多宿主和传播媒介均可感染。

3. 病原学

VEE病原是披膜病毒科（*Togaviridae*，以前称为虫媒病毒A组）甲病毒属（*Alphavirus*）成员。病毒直径60~75nm，有一层脂质膜。

不同VEE病毒分离株之间抗原性差异较小。VEE复合群有6种亚型（Ⅰ，Ⅱ，Ⅲ，Ⅳ，Ⅴ和Ⅵ）。亚型Ⅰ中有5个变异株（A/B至F），其中只有2个变异株（A/B和C）与马属动物的VEE流行有关。亚型Ⅰ的其他变异株（I-D，I-E和I-F）和其他亚型（Ⅱ，Ⅲ，Ⅳ，Ⅴ和Ⅵ）一般感染非马属动物，呈森林型流行或地方性流行，尽管偶有报道称个别地区曾发生过由I-E变异株引起的马疫情。感染变异株或免疫弱毒疫苗能够产生中和抗体，并能对其他亚型和变异株的不同感染阶段产生交叉保护作用。

4. 宿主范围

a. 家畜

马是该病毒的主要宿主。在VEE流行时，通过血清学或病毒学试验证明其他家畜包括牛、猪、犬也可感染，但不表现临床症状。目前证实，可能除了人之外，只有马在VEE流行过程中起病毒放大器的作用。多种实验动物对VEE病毒的流行株和流行变异株有不同程度的易感性。

b. 野生动物

啮齿类动物对维持VEE病毒在自然环境中的存在起重要作用。

c. 人

人感染VEE是通过感染蚊子的叮咬所致，与马的感染无关。在一些实验室事故中，也可通过暴露的、雾化的污染物引起传播。人主要表现为高热和额痛等"流感样"症状。可导致老人或小孩死亡。

5. 流行病学

a. 传播

ⅰ 森林型或地方流行型循环 变异株I-D至I-F和Ⅱ至Ⅵ亚型一般与导致啮齿类动物—蚊子相互传播的森林型或地方流行型循环有关；人和马偶尔与这种循环有关。尽管在森林动物中流行的变异株和亚型对人有致病性，偶尔可导致少数死亡病例的地方流行，但一般对马不致病。然而，在某种理想条件下，森林变异株I-E对马有致病性。一般来说，在有库蚊等高效传播媒介存在的地方，森林型病毒可在啮齿类动物之间循环。

ⅱ 流行型循环 在地方流行性循环中的啮齿类动物中均未发现已知的流行型病毒变异株（I-AB或I-C）。最近对分离的VEE病毒进行遗传学研究表明，流行型变异株I-AB和I-C与森林型变异株I-D遗传关系较近。这一结论支持了流行型变异株来源于森林型变异株I-D的假说。在VEE流行时，除了多种蚊子之外，可能还有其他的吸血昆虫与该病暴发的迅速扩散有关。在流行期间，马是VEE病毒最重要的放大器，因为马感染后可导致极高的病毒血症，进而大量吸血昆虫叮咬这种大动物之后会导致疫情进一步扩散。人感染与马没有直接关系，尽管人感染后可出现较高的病毒血症，但人在VEE流行中的维持和扩散可能不起重要作用。VEE强毒株（流行型）在流行间歇期的维持循环和流行型VEE变异株的来源尚不清楚。最近的研究表明，自1995年流行后期的隐性传播循环中存在流行型变异株I-C。该病的高效传播媒介包括蚊科伊蚊属（*Aedes*）、按蚊属（*Anopheles*）、库蚊属（*Culex*）、Deinocerites属、曼蚊属（*Mansonia*）和鳞蚊属（*Psorophora*）。

b. 潜伏期

从接种病毒到出现发热的潜伏期一般为0.5~2d，最长可达5d，潜伏期的长短与感染的毒株及其剂量有关。一般来说，可检测到的病毒血症与发热同时出现，可持续2~4d。感染4.5~5d后出现脑炎症状，此时循环的病毒消失，可首次检测到中和抗体，体温恢复到正常。

c. 发病率

据估计，在一些地区该病的发病率为50%~100%，另外一些地区为10%~40%。感染率可高达90%。据记载，马感染森林型变异株I-E偶尔会出现脑炎症状。VEE减毒株TC-83的使用有效地防止了近年VEE的暴发。

d. 病死率

由于变异毒株I-A/B和I-C具有高度致死性，病死率可高达50%~90%。在大部分情况下，马感染森林型或地方流行型病毒变异株I-D、I-E或I-F或病毒亚型Ⅱ、Ⅲ、Ⅳ、Ⅴ、Ⅵ不引起死亡。

6. 临床症状

马感染VEE病毒后表现为：①亚临床型：无明显症状；②温和型：以食欲减退、高热、精神沉郁为特征；③严重但不致死型：以食欲减退、高热、麻痹、虚弱、摇晃、失明，偶见神经症状后遗症为特征；或者④致死型：与③有相似的临床症状，但不是所有致死性病例都伴随有明显的神经症状。总之，该病存在两种形式：以全身急性发热为主要症状的暴发形式和以渐进性中枢神经系统（CNS）症状为主的脑炎形式。

潜伏期0.5~5d，体温上升至39~41℃（103~105°F）前，伴有脉搏加快和精神沉郁。VEE病毒感染后发病不易察觉，早期临床症状有发热、食欲不振和轻度的兴奋。随后迅速出现精神沉郁、虚弱、共济失调和明显的脑炎症状，如肌肉痉挛、咀嚼、运动失调和发癫。早期的脑炎症状包括角弓反张和视觉敏感；腹泻甚至发展成腹疼。有的动物呆立或者四处游荡或者用头撞硬物。病程后期出现绷紧姿势和转圈运动。侧卧时可见典型的四肢划水状运动。

病程可能转归耐过或衰竭死亡而告终。当脑炎临床表现首次出现后（在流行期间常见突然死亡的报告）可能在几个小时内很快死亡，病程很短；或者病程延长，出现脱水和体重减轻，然后发生脑炎而死亡或转归耐过。

7. 病理变化

a. 眼观病变

马接种VEE病毒后CNS的眼观病变从无明显病变到出现广泛的坏死和出血。其他脏器的病变差异很大，无任何诊断价值。

b. 主要显微病变

VEE的组织病理学病变有脑膜脑炎弥漫性坏死，从轻微的血管周围炎症到明显的血管出血、神经胶质增生和坏死。大脑皮质的病变通常比较严重，发展至马尾神经病变逐渐减轻。CNS病变的严重程度随临床症状的发展和持续时间而不同，在肾上腺皮质、肝、心肌和中、小血管壁可见坏死斑。

8. 免疫应答

a. 自然感染

自然感染VEE毒株后，机体就会产生足够的中和抗体，对其他的亚型和变异株可产生交叉保护，但保护期不同。

b. 免疫

有减毒苗和灭活苗。免疫后通常可产生足够的抗体以保护其不受其他毒株感染，但保护期不同。

9. 诊断

a. 现场诊断

很少对VEE进行现场诊断，除非正在发生流行性脑炎并且之前已进行了VEE病原学诊断。该病具有季节性，与大量蚊子存在有关，这些可作为虫媒病毒性脑炎诊断的依据。VEE最初的症状可能不易发现，当马发病出现以脑炎为主的症状时，与其他的虫媒病毒性马脑炎如东方马脑炎（EEE）和西方马脑炎（WEE）很难区分。相对于东方马脑炎或西方马脑炎，VEE的群发病率和病死率都较高。

b. 实验室诊断

i. 样品　诊断样品包括抗凝血、血清（双份，如果动物还活着，采集急性期和恢复期的血清）、未固定的半个脑组织和胰腺。如果动物已死亡，采集所有脏器组织并放入10%福尔马林固定。

ii. 实验室检测　只能通过实验室方法进行特异性诊断，包括病毒分离和用双份（急性期和恢复期）血清证明血凝抑制效价升高或中和抗体明显上升。通常，在获得康复期血清之前动物即死亡。试验研究和临床经验表明，马感染VEE病毒在开始出现临床脑炎症状之前，病毒血症就消失了。在这种情况下，从表现脑炎症状的马附近选择其他体温显著升高的马进行采血，病毒分离率最高。很难从脑、胰腺、死亡或即将死亡的马的全血分离到病毒。一般通过乳鼠颅内接种或采用细胞培养系统进行病毒分离。

10. 预防与控制

在VEE流行期间，在疫区和非疫区之间限制马的移动对于控制VEE的扩散非常重要。由于马感染VEE后可表现高水平的病毒血症（血液中有感染性的病毒粒子量 $>10^{5.5}$ 个/mL），把感染动物引进非疫区很容易形成一个新的疫源地。但是，仅通过控制马的移动来阻断VEE的传播是远远不够的。

在疫病流行期间，已经制定了一些蚊子的控制措施，如用超低剂量的杀虫剂进行空气喷雾。在没有其他控制措施的情况下，媒介控制只能减缓VEE的传播和降低对人的危害。物理破坏或杀虫剂处理蚊卵栖息的水源也能减少成年蚊的数量。

除了采取适当的流行病控制措施外，必须同时对马进行大规模免疫。在美国的很多地区已经应用了一种VEE弱毒疫苗，在流行地区可抵御该病的攻击，在感染风险较高的无疫区可提供保护性免疫。尽管以前存在的EEE和WEE中和抗体可能干扰VEE病毒疫苗免疫的中和抗体应答，但这种干扰不足以影响其免疫性。同时免疫VEE减毒苗和EEE-WEE灭活苗产生的VEE中和抗体应答与单独使用VEE减毒苗效果相当。一种EEE-VEE-WEE三联灭活苗已证实对马免疫效果良好。

■ 参考文献

[1] GREENE, I. P., PAESSLER, S., AUSTGEN, L., ANISHCHENKO, M., BRAULT, A.C., BOWEN, R.A., et al. 2005. Envelope glycoprotein mutations mediate equine amplification and virulence of epizootic Venezuelan equine encephalitis virus. J. Virol. 79: 9128-9133.

[2] NAVARRO, J-C., MEDINA, G., VASQUEZ, C., COFFEY, L.L., WANG, E., SUAREZ, A., et al. 2005. Postepizootic persistence of Venezuelan equine encephalitis virus, Venezuela. Emerg. Infect. Dis. 11: 1907-1915.

[3] POWERS, A.M., OBERSTE, M.S., BRAULT, A.C., RICO-HESSE, R., SCHMURA, S.M., SMITH, J.F., et al. 1997. Repeated emergence of epidemic/epizootic Venezuelan equine encephalitis from a single genotype of enzootic subtype I-D virus. J. Virol. 71: 6697-6705.

[4] WALTON, T.E. 1981. Venezuelan, Eastern and Western encephalomyelitis. In: Virus Diseases of Food Animals Vol. II: Disease Monographs. EPJ Gibbs, ed., San Francisco: Academic Press, pp. 587-625.

[5] WALTON, T.E., and GRAYSON, M.A. 1989. Venezuelan Equine Encephalomyelitis. In The Arboviruses: Epidemiology and Ecology. Vol. 4, TP Monath, ed., Boca Raton, FL: CRC Press, Inc., pp. 203-231.

Thomas E. Walton, DVM, PhD, 5365 N Scottsdale Rd., Eloy, AZ 85231, vetmedfed@comcast.net

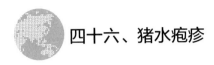

四十六、猪水疱疹

1. 名称

猪水疱疹（Vesicular exanthema of swine, VES），Exantema vesicular del cerdo（西班牙语）。

2. 定义

猪水疱疹是由海生杯状病毒（Marine-dwelling caliciviruses）感染猪引起的。作为一种水疱性疾病，VES以发热、水疱性病变和随后在口腔、口鼻部、四肢或乳头的上皮细胞发生糜烂为特征。

3. 流行病学

猪水疱疹病毒（VESV）属于杯状病毒科（*Caliciviridae*）囊疱状病毒属（*Vesivirus*）。直到美国根除该病时，在1932—1959年共分离到13株VESV。1972年从海洋哺乳动物和白眼鱼（*Girella nigricans*）中分离到一群在血清学上与杯状病毒不能区分的病毒，命名为圣米吉尔海狮病毒（San Miguel Sea Lion Virus，SMSV）。这些SMSV包括16种不同的血清型。在鲸目动物、牛、灵长类、臭鼬、海象、爬行动物和人中还鉴定了另外7种不同血清型的杯状病毒，使得不同VESV相关的病毒数量达到至少35种。

VESV在肉制品中非常稳定，即使在腐肉中，7℃条件下仍可存活2~4周以上。还有证据表明，在污染严重的农场里病毒的感染性可保持数月。

4. 宿主范围

a. 家畜

该病主要感染家猪。最初家猪的感染可能与感染的海洋哺乳动物或者鱼类接触有关，然后通过污染的肉产品和直接接触在猪群中传播。

b. 野生动物

这些VESV相关的杯状病毒最初的贮存宿主是美国太平洋沿岸的海洋哺乳动物，包括加利福尼亚海狮（*Zalophus californianus*）、星状海狮（*Eumetopias jubatus*）、北方海狗（*Callorhinus ursinus*）、北方海象（*Mirounga agustrirostris*）、圈养的大西洋宽吻海豚（*Tursiops truncates*）、太平洋海豚（*Tursiops gillii*）、太平洋海象（*Odobenus rosmarus*）和白眼鱼。在蛇、蟾蜍、臭鼬、牛和5种灵长类动物体内也发现了一些与VESV或SMSV亲缘关系相近的杯状病毒。

c. 人

尽管有一些关于VESV相关的杯状病毒造成实验室感染的报道，但该病不是人畜共患病。

5. 流行病学

a. 传播

一般认为VES是由于饲喂污染了感染病毒的海洋哺乳动物的组织引起的。一旦形成水疱性疾病，水疱破裂后可释放大量病毒，造成VESV在猪群中水平传播。在污染的环境中，猪可通过摄取污染的饲料感染，或经皮肤破损处感染。铁道沿线使用污染的泔水喂猪是该病在美国扩散的主要原因。因此，美国对食物残渣的收集和无害化处理以及用含肉的食物残渣饲喂猪进行立法。20世纪50年代，加利福尼亚地区的一些猪场VES复发，表明猪群可能呈现隐性感染。然而，还没有详细的研究来证实这种可能性。

b. 潜伏期

自然感染后，18~72h内出现VES的临床症状。

c. 发病率

在VES暴发期间发病率较高，近100%。

d. 病死率

由VES引起的病死率很低。

6. 临床症状

作为一种水疱性疾病，VES产生的临床症状与FMD（见FMD章）或其他水疱性疾病［水疱性口炎（VS）和/或猪水疱病（SVD）］引起的临床症状类似。

7. 病理变化

VES引起的病变与FMD（见FMD章）或其他水疱性疾病产生的病变无法区分。

8. 免疫应答

a. 自然感染

猪感染VESV后可产生特异性的血清学应答。在VES暴发期间无可用的疫苗。

b. 免疫

无可用的或令人满意的商品化疫苗。

9. 诊断

a. 现场诊断

如果猪与海洋哺乳动物或鱼类有潜在的接触史，或者猪的水疱性疾病与FMD、

VS或SVD无关，在对猪群水疱性疾病进行详细调查时应包括VES。

b. 实验室诊断

i. 样品　与任何水疱性疾病一样，用于猪水疱疹诊断的理想样品包括：水疱液、水疱上皮细胞、病变部位的组织碎屑或拭子。

ii. 实验室检测　用于猪水疱疹或其他水疱性疾病诊断的实验室检测方法包括：病毒检测（病毒分离），病毒抗原检测（抗原捕获ELISA，补体结合试验），或抗体检测（病毒中和试验，抗体检测ELISA）。

注：考虑到猪水疱疹既往史，在具有与海洋哺乳动物或鱼类接触史的猪群，或发生水疱性疾病而FMD、VS和SVD检测呈阴性的猪群，在发生任何水疱性疾病进行鉴别诊断时应包括VES检测。

10. 预防与控制

预防VES传入猪群最有效的方法是禁止饲喂含有死亡的海洋哺乳动物或者鱼类的饲料。可通过对感染猪场的彻底净化、猪群移动控制以及严格禁止含肉泔水喂猪等措施达到最终控制该病的目的。

VES仅在美国报道过。该病于1932年首次发生于加利福尼亚，随后一直在当地流行，到1952年该病已传播到其他31个州。1952年加利福尼亚州宣布实施控制和根除应急计划，并最终在1956年根除了该病。1972年SMS病毒发现后，在美国的太平洋海岸线和东太平洋岛屿一些自由活动和捕获的海洋哺乳动物中也检测到VESV。

由于该病仅在美国发生过，而且半个世纪以来都没有再次发生，因此世界动物卫生组织（OIE）没有将VES列为须报告的疫病。

■ **参考文献**

[1] BURROUGHS, N., DOEL, T. and BROWN, F. 1978. Relationship of San Miguel sea lion virus to other members of the calicivirus group. Intervirol. 10: 51-59.

[2] CHU, R.M., MOORE, D.M. and CONROY J.D. 1979. Experimental swine vesicular disease, pathology and immunofluorescence studies. Can J Comp Med. 43: 29-38.

[3] GELBERG, H.B. and LEWIS, R.M. 1982. The pathogenesis of VESV and SMSV in swine. Vet. Path. 19: 424-443.

[4] NARDELLI, L., LODETTI, E., GUALANDI, G.L., BURROWS, R., GOODRIDGE, D., BROWN, F. and CARTWRIGHT, B.. 1968. A foot-and-mouth disease syndrome in pigs caused by an enterovirus. Nature, 219: 1275-1276.

[5] NEILL, J.D., MEYER, R.F., and SEAL, B.S. 1995. Genetic relatedness of the caliciviruses: San Miguel sea lion and vesicular exanthema of swine viruses constitute a single genotype within the Caliciviridae. J. Virol. 69: 4484-4488.

[6] SMITH, A.W., AKERS, T.G., MADIN, S.H. and VEDROS, N.A.. 1973. San Miguel sea lion virus isolation, preliminary characterization and relationship to vesicular exanthema of swine virus. Nature, 244: 108-10.

[7] SMITH, A.W. and AKERS, T.G. 1976. Vesicular exanthema of swine. J Am Vet Med Assoc. 169: 700-703.

[8] SMITH, A.W. 1998. Calicivirus Emergence from Ocean Reservoirs: Zoonotic and Interspecies Movements. Emerging Infectious Diseases. 4: 13-20.

[9] ZHANG, G., HAYDON, D.T., KNOWLES, N.J. and McCAULEY, J.W. 1999. Molecular evolution of swine vesicular disease virus. Journal of General Virology. 80: 639-651.

Alfonso Torres, DVM, MS, PhD, Associate Dean for Public Policy, College of Veterinary Medicine, Cornell University, Ithaca, NY, 14852, at97@cornell.edu

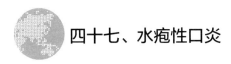

四十七、水疱性口炎

1. 名称

水疱性口炎（Vesicular stomatitis，VS）。

2. 定义

水疱性口炎是一种虫媒传播的急性传染病，主要感染马、牛、猪，很少感染绵羊和山羊，其特征表现形式为患病动物的口鼻部、嘴部、乳房和四肢发生水疱。

3. 病原学

水疱性口炎病毒（VSV）属于弹状病毒科（*Rhabdovirida*）水疱病毒属（*Vesiculovirus*）。和其他弹状病毒一样，病毒粒子表面有囊膜，内部为子弹状的核蛋白构成，为负股单链RNA，大小约11kb。已发现有四种水疱性口炎能引起家畜发病。根据血清型分为新泽西型（VSNJV）、印第安纳1型（VSIV）、印第安纳2型（$VSIV_2$，如Cocal病毒，COCV）、印第安纳3型（$VSIV_3$，如Alagoas病毒）。VSNJV和VSIV在南美洲北部、整个中美洲、南墨西哥地区暴发，偶尔在北墨西哥和美国暴发。相反，$VSIV_2$和$VSIV_3$仅在南美洲地区暴发（巴西、阿根廷、特立尼达岛）。

其他类型的水疱性口炎在不同地区发生过，能够感染昆虫，或者有的病例感染人。包括皮理型（Piry，巴西）、金迪普拉型（Chandipura，印度）、伊斯法罕型（Isfahan，伊朗）和卡尔查基（Calchaqui，阿根廷）。虽然这些病毒有的用试验的方法感染牛能引起水疱症状，但没有发现能自然感染家畜并引起家畜发病。

4. 宿主范围

a. 家畜

家畜中以马、驴、骡子、牛和猪最容易感染，南美洲骆驼也容易感染。绵羊和山羊有一定的抵抗力不易表现出临床症状，感染较少。在实验室，各种种类的啮齿动物包括家养的和野生的，都能感染并表现临床症状（自然感染时没有水疱），表现为全身性疾病伴有中枢神经系统症状。奇怪的是，在试验感染和自然感染条件下，家畜血液中检测不到VSV，不表现病毒血症。

b. 野生动物

已有证据表明很多野生动物可以感染VSV，包括：白尾鹿（又名维吉尼亚鹿）、许多种类野鼠，吼猴（*Alloata palliatta*）、田鼠（*Peromyscus spp.* 和*Reithrodontomys* spp.）、棉鼠（*Sigmodon spp.*）、野猪（*Sus scrofa*）。野鸟体内也发现有VSV抗体。这些物种在维持VSV自然循环中的作用尚不清楚，它们都不能产生持续的病毒血症从而满足病毒贮主的要求。

c. 人

人可通过接触或气溶胶的方式感染。感染多见于实验室工作人员、兽医和动物管理员。在人的潜伏期为24~48h。有类似流感症状，发热、头痛、肌肉疼痛以及口腔内流泡沫样口涎。人的病程可持续4~7d。皮理型、伊斯法罕型和金迪普拉型VSV株对人的致病性比新泽西病毒株和印第安纳病毒株更强。目前，人与人之间的传播未见报道。

5. 流行病学

a. 病毒生态学和自然界循环

在疫区，VSV在很长时期内在某一特定生态区存在于稳定的自然环境内，但人类对这种自然界的持续循环了解得很少。昆虫如沙蝇（*Lutzomyia spp.*，罗蛉属）从这些疫源地携带病毒并传播给易感宿主（如野猪），这些易感宿主不表现临床症状。中和抗体的存在表明疫源地的野生动物间存在广泛感染。

VSV更容易传播的生态环境包括热带雨林地区、潮湿的亚热带地区、半湿润环境、多雨和干燥的季节。在昆虫滋生的季节（多雨季节），家畜生活在这些地区附近更容易感染。

在美国东南部某些地区的野生动物中，VS呈地方流行，最近40年没有家畜病例的报道。相反，在美国西南部，每隔7~10年就会有VS散发。遗传学和地理空间分析表明，毒株来源于墨西哥南部的流行区。决定暴发周期的因素和传入美国的机制尚不清楚。

b. 传播

该病有许多传播方式，包括昆虫媒介、接触和污染物传播。沙蝇（罗蛉属）、黑蝇（蚋科）、蠓或者库蠓（库蠓属）在该病暴发期间，在传播病毒方面起重要作用。病毒在上述昆虫体内复制，经卵传播。试验数据已表明，经卵传播不足以使病毒循环长期存在。因此，这表明可能存在一个还不确定的病毒天然储存库。通过试验证实，黑蝇共食各种哺乳动物如马、猪和牛，可造成病毒在蝇与蝇之间水平传播。这在VS暴发期间起重要作用，也有助于解释在缺乏病毒血症宿主时，昆虫传播起了一定作用。

已从其他昆虫包括蚊子（库蚊和伊蚊）甚至家蝇（普通家蝇）体内也分离出了VSV。大部分疫情都会在霜降后消失这一事实，体现昆虫媒介传播的重要性。黏膜表面水疱破损出现的病毒，是接触传播的重要来源。如果挤奶机挤完感染VS的奶牛后没有进行严格的消毒，病毒就会在牛与牛之间传播。奶牛的尿液、粪便和牛奶中不含病毒。

c. 潜伏期

试验感染后，通常在24~72h内出现临床症状。在自然条件下感染，潜伏期会稍微长一些。

d. 发病率

发病率主要取决于本地区是否是VS的疫源地、感染的昆虫媒介的数量及动物群中动物接触的紧密程度。在非疫源地，该病的发生呈暴发形式，发病率可达40%~60%。最近，在对美国的非疫源地暴发的VS的血清学研究，表明许多动物呈亚临床感染。在疫源地，血清学研究表明成年奶牛抗体水平普遍接近100%。

e. 病死率

该病很少导致动物死亡。然而，马感染后引起蹄叶炎，可实施安乐死。类似的，牛感染后表现为乳房炎，最常用的方法是进行淘汰。

6. 临床症状

实验感染舌部后，发热是常见的临床症状。自然感染条件下，不会总出现发热症状。热烫部位出现水疱，可在嘴（牙龈、唇部、舌头）、口鼻部、蹄冠部或者在牛、母猪和母马的乳房形成水疱。唾液分泌过多，步态不稳，跛行，挤奶时伴有疼痛的症状较常见。在马和牛的蹄冠部发生病变导致蹄叶炎甚至是蹄匣脱落。

猪很少发生蹄脱落。奶牛乳房病变容易形成细菌性乳房炎。舌部病变严重能够导致动物营养不良和脱水。动物经过适当护理，可以完全康复，但是蹄匣脱落和严重乳房炎的动物应该被淘汰。

7. 病理变化

a. 眼观病变

水疱可作为临床初诊依据，开始为小的部位发白逐渐发展为充满液体的水疱，破裂后粗糙、腐烂，形成溃疡。这种水疱病与其他水疱性疾病（口蹄疫，猪水疱病）没什么不同，如水疱快速破裂，所以水疱阶段通常不易被发现，而粗糙的溃疡面持续存在很长时间。可经常在所有物种的唇部、口鼻部、舌头到这种腐烂和溃疡。牛的病变常出现在乳房和四肢趾间。猪的病变主要发生在口鼻部以及蹄冠部和四肢趾间。内脏器官没有显著病变。最近的研究表明，试验感染牛、马、猪，病毒分布仅限于接种的皮肤部位和淋巴结。病毒血症即使发生，也是非常少见的。

b. 主要显微病变

VS的显微病变与其他水疱性疾病没有区别。组织学上，早期感染可见上皮细胞棘层形成微疱，之后发展合并形成大的水疱。当水疱变大充满液体（感染后48~72h），逐渐恶化、坏死。所有混合的炎症细胞渗透到病变部位，在形态学上，真皮下层可见到形状各异的含有VSV的树突状细胞。病变部位淋巴结也可检测到病毒，并伴有树突状细胞的形态学变化。

8. 免疫应答

a. 自然感染

在疫病流行地区，病畜隐性感染之后能够产生适度的中和抗体滴度。尽管这种中和抗体能持续几年，仍可再次感染，在昆虫叮咬部位形成病变。中和抗体很可能不能阻止第一次病变的形成。在非疫区，经常有未发生此病的动物产生低水平中和抗体的报道。人们对这种非特异性中和抗体知之甚少，并且这种非特异性中和抗体也不能预防传染。

b. 免疫

几种试验性疫苗已证明能够预防VSV。在南美部分地区，VSNJ和VSIV-1二价灭活油佐剂疫苗已成功地用来控制疫区VS的发生。试验表明，这些疫苗能够产生高滴度的中和抗体，并能够预防该病。试验表明，一些试验性亚单位疫苗和减毒疫苗也能够预防该病。在美国，没有商品化的VS可用疫苗。

9. 诊断

a. 现场诊断

当出现水疱病时，都应怀疑口蹄疫，实验室必须确诊。尽管通常认为口蹄疫引起的危害更严重，一群动物中感染的数量更多，但并非总是如此。在疑似发病群体内，VSV的检出率可高达80%~100%。同样，FMDV的某些毒株（如绵羊株O-UK/2001）能引起少数不太易感的动物出现轻微的临床症状。由于这些原因，将送检样品进行实验室确诊非常重要。VSV和FMDV的明显区别是后者不引起马发病，而VSV却能引起马发病。因此，如果水疱性疾病能引起马大量感染，则怀疑为VS。

b. 实验室诊断

i. 样品　用于检测抗原的比较好的样品为取自病毒含量较多的破裂水疱的水疱液或上皮细胞。病变部位的棉拭子也是合适的样品。病变部位的结痂也是有用的样品，因为即使病毒不具有感染性但仍具有活性，可检测到病毒抗原或RNA。

对血清学检测来说，采血分离血清，若出现VSV-IgM能证明近期有过感染。

ⅱ. 实验室检测 病毒检测主要包括病毒分离、抗原捕获ELISA和RT-PCR（常规和荧光）。

抗体检测主要包括病毒中和试验、IgM捕获ELISA、竞争ELISA和补体结合试验。

10. 预防与控制

通过控制昆虫可有效预防该病，但在有动物的情况下控制起来相当困难。在疫病暴发期，将动物关在舍内有助于减少传播。在发病期间，应限制动物流动，可通过对感染场所进行隔离来实现。在奶牛场，感染的奶牛应最后挤奶，对挤奶机应进行彻底消毒。

由于VS的临床症状与口蹄疫相似，因此，在该病暴发时进行快速诊断非常重要。由于自然感染循环中昆虫和野生动物的介入，控制和根除该病相当困难。

■ 参考文献

[1] MEAD, D.G., RAMBERG, F.B., BESSELSEN, D.G. and MARE, C.J. 2000. Transmission of vesicular stomatitis virus from infected to noninfected black flies co-feeding on nonviremic deer mice. Science, 287: 485-7.

[2] MEAD, D.G., GRAY, E.W., NOBLET, R., MURPHY, M.D., HOWERTH, E.W., and STALLKNECHT, D.E. 2004. Biological transmission of vesicular stomatitis virus (New Jersey serotype) by Simulium vittatum (Diptera: Simuliidae) to domestic swine (Sus scrofa) . J.Med.Entomol, 41 (1) : 78-82.

[3] MEBUS, C.A. 1998. Vesicular stomatitis. In: Foreign Animal Diseases, 6th ed., WW Buisch, JL Hyde, CA Mebus, eds., Richmond (VA) : United States Animal Health Association, pp. 419-423.

[4] RAINWATER-LOVETT, K., PAUSZEK, S.J., KELLEY, W.N. and RODRIGUEZ, L.L. 2007. Molecular epidemiology of vesicular stomatitis New Jersey virus from the 2004-2005 U.S. outbreak indicates a common origin with Mexican strains. J.Gen. Virol., 88 (Pt 7) : 2042-51.

[5] RODRIGUEZ, L.L. and NICHOL, S.T. 1999. Vesicular stomatitis viruses. In: Encyclopedia of Virology 2nd ed. RG Webster, A Granoff, eds. Academic Press; London, pp. 1910-1919.

[6] SCHERER, C.F.C., O'DONNELL, V., GOLDE, W.T., GREGG, D., ESTES, D.M. and RODRIGUEZ, L.L. 2007. Vesicular stomatitis New Jersey virus (VSNJV) infects keratinocytes and is restricted to lesion sites and local lymph nodes in the bovine, a

natural host. Veterinary Research, 38: 375-390.

[7] SCHMITT, B. 2002. Vesicular stomatitis. Vet Clin Food Anim., 18: 453-459.

图片参见第四部分。

Luis Rodriguez, DVM, PhD, Plum Island Animal Disease Center, USDA-ARS, luis.rodriguez@ars.usda.gov

四十八、韦塞尔斯布朗病

1. 名称

韦塞尔斯布朗病[①]（Wesselsbron disease）。

2. 定义

韦塞尔斯布朗病是绵羊、牛和山羊的一种急性的、以节肢动物为传播媒介的病毒病，以流产和幼仔死亡为主要特征。

3. 病原学

韦塞尔斯布朗病病毒是披膜病毒科（*Togaviridae*）黄病毒属亚群（*Flavivirus*）的一种虫媒病毒[②]，该病毒具有血凝特性。

4. 宿主范围

a. 家畜

多种动物对该病毒易感，包括绵羊、山羊、牛、马、猪、骆驼和饲养的鸵鸟。但除了妊娠的绵羊、山羊和牛（偶尔）外，其他动物感染后症状不明显。

b. 野生动物

许多狩猎物种（game species）对该病毒易感，但很少发病。啮齿类动物也能感染。

c. 人

人感染后多表现为亚临床症状，患者会有流感样症状，肌肉酸痛，持续1周或更长时间。有报道称实验室工作人员因暴露于病毒气溶胶而被感染。

5. 流行病学

a. 传播

病毒可通过多种伊蚊属的蚊子传播。通常暴雨过后，在流行区域的周边会不定期暴发该病。在干旱地区的动物通常不会接触带病毒的蚊子，因此，当暴雨后有更多蚊子出现时这些动物非常易感。

---

① 中文有译威斯布仑病。该病因1954年首次发现于南非韦塞尔斯布朗小镇而得名。——译者注

② 现属于黄病毒科黄病毒属黄热病病毒群。——译者注

b. 潜伏期

感染后，通常在3～6d出现发热和临床症状。

c. 发病率

血清学证据表明感染比发病更常见。成年的未妊娠动物通常不表现临床症状。在蚊子密度较高的情况下，新生羔羊和小山羊的发病率可能很高。

d. 病死率

在易感区，新生羔羊和小山羊的病死率可达20%~30%，成年动物死亡少见。

6. 临床症状

仅在妊娠动物和新生动物表现症状。新生羔羊和小山羊的病死率高——动物表现为发热、虚弱或有黏液性腹泻和被毛粗糙，偶尔也有头部水肿症状出现，往往伴有黄疸。流产在羊群中很常见。中枢神经系统的先天性缺陷也很常见，多表现为关节弯曲。

7. 病理变化

a. 眼观病变

病死的新生畜和流产胎畜肝脏肿大，呈橙褐色，有很多针尖大小的白色病灶（多病灶肝坏死）。常出现黄疸。严重的，中枢神经系统可能有缺陷，如积水性无脑畸形或小头畸形。另外，在某些流产畜和新生畜还可见关节弯曲。

b. 主要显微病变

肝脏是检查的最重要器官，因为此病毒是嗜肝性的。主要特征包括多单核细胞浸润的多病灶肝坏死和胞核内嗜酸性的包含体减少。需注意的是，此病的肝脏损害程度远没有感染裂谷热的动物肝脏损害严重。

8. 免疫应答

a. 自然感染

在感染4d后出现体液免疫应答，产生的抗体具有保护力。

b. 免疫

改良的活疫苗有效，但同时伴随着严重的繁殖障碍，包括胎畜畸形、难产和羊膜积水。

9. 诊断

a. 现场诊断

在暴雨过后的流行区内出现伴随有肝脏病变的流产和新生畜死亡时，可怀疑为该病。但是，裂谷热症状与该病类似。

b. 实验室诊断

i. 样品　肝脏、血液和脑是诊断此病最有价值的组织器官。

ii. 实验室检测　可做血清学检测，包括血凝抑制试验、酶联免疫吸附试验和补体结合试验，也可接种乳鼠脑组织以分离病毒。对该病的所有检测都需要同其他亲缘关系相近的黄病毒加以区别。

10. 预防与控制

谨慎使用疫苗，避免接种怀孕动物。在实验室，预防人感染需要使用个人防护装备，且要具备良好的实验室操作技能。

■ 参考文献

[1] COETZER, J.A.W. and THEODORIDIS, A. 1982. Clinical and pathological studies in adult sheep and goats experimentally infected with Wesselsbron disease virus. Onderstepoort J Vet Res, 49: 19-22.

[2] MUSHI, E.Z., BINTA, M.G. and RABOROKGWE, M. 1998. Wesselsbron disease virus associated with abortions in goats in Botswana. J Vet Diagn Invest, 10: 191.

[3] THEODORIDIS, A. and COETZER, J.A.W. 1980. Wesselsbron disease: virological and serological studies in experimentally infected sheep and goats. Onderstepoort J Vet Res, 47: 221-229.

[4] VAN DER LUGT, J.J., COETZER, J.A.W., SMIT, M.M.E. and CILLIERS, C. 1995. The diagnosis of Wesselsbron disease in a new-born lamb by immunohistochemical staining of viral antigen. Onderstepoort J Vet Res, 62: 143-146.

[5] WILLIAMS, R., SCHOEMAN, M., VAN WYK, A., ROOS, K., and JOSEMANS, E.J. 1997. Comparison of ELISA and HI for detection of antibodies against Wesselsbron disease virus. Onderstepoort J Vet Res, 64: 245-250.

Corrie Brown, DVM, PhD, Department of Pathology, College of Veterinary Medicine, University of Georgia, Athens, GA 30602-7388, corbrown@uga.edu

第四部分

照　片

1. 非洲马瘟（AFRICAN HORSE SICKNESS）

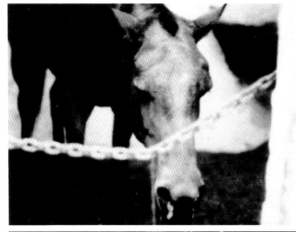

1A 非洲马瘟——马表现为精神沉郁和两侧眼眶明显水肿

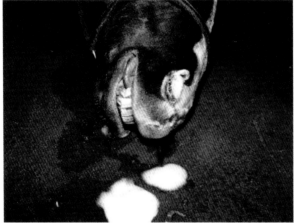

1B 非洲马瘟——由于严重的肺水肿而从鼻孔流出泡沫样液体

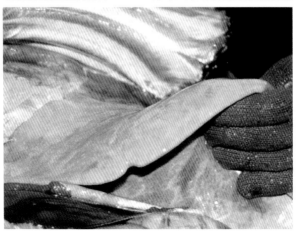

1C 非洲马瘟——肺水肿，通常首先出现于靠近腹部的边缘

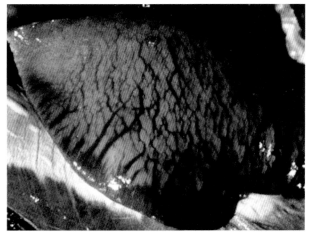

1D 非洲马瘟——严重的
肺水肿和胸腔积液

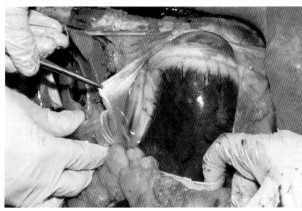

1E 非洲马瘟——心包积液

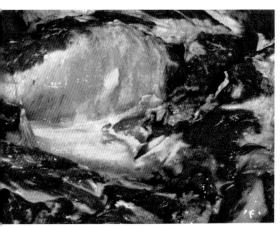

1F 非洲马瘟——颈部肌间筋膜水肿

1G 非洲马瘟——肠浆膜表面出血点

2. 非洲猪瘟（AFRICAN SWINE FEVER）

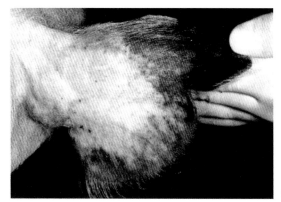

2A 非洲猪瘟——皮肤出现瘀血斑

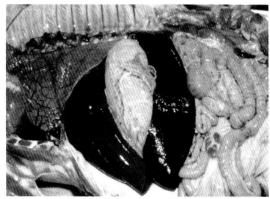

2B 非洲猪瘟——脾脏肿大、黑红色

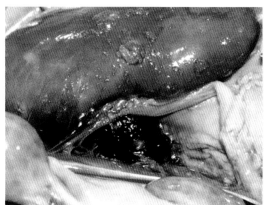

2C 非洲猪瘟——肠系膜淋巴结增　2D 非洲猪瘟——肾脏淋巴结增大、黑红色
　大、黑红色

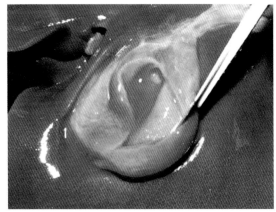

2E 非洲猪瘟——胆囊水肿

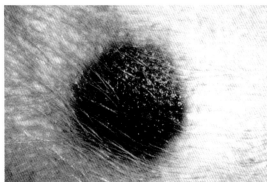

2F 非洲猪瘟——慢性病例
皮肤出现坏死灶

3. 赤羽病（AKABANE DISEASE）

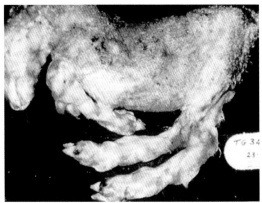

3A 赤羽病——关节弯曲是该病最常见的病变

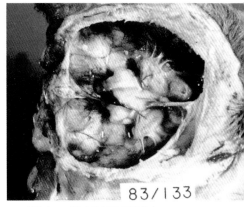

3B 赤羽病——积水性无脑畸形病变

5. 禽流感（AVIAN INFLUENZA）

5A 高致病性禽流感——鸡冠和肉
髯水肿、发绀

5B 高致病性禽流感——病鸡鸡冠水肿
（左）与正常鸡对照（右）

5C 高致病性禽流感——腿关节和趾关节皮肤肿胀，有瘀斑

5D 高致病性禽流感——颈部皮下水肿严重　5E 高致病性禽流感——肺高度充血、水肿

6. 巴贝斯虫病（BABESIOSIS）

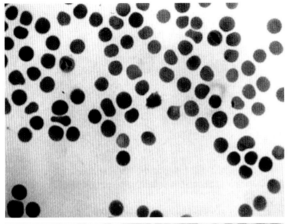

6A 巴贝斯虫病——在红细胞中的双芽巴贝斯虫

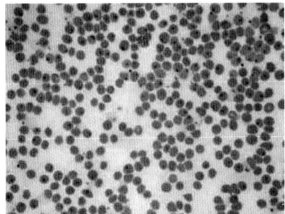

6B 巴贝斯虫病——红细胞中的双芽牛巴贝斯虫

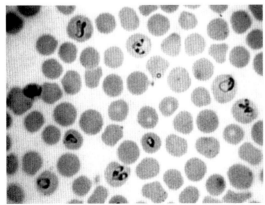

6C 巴贝斯虫病——在红细胞中的驽巴贝斯虫

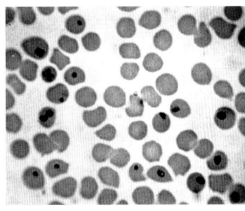

6D 巴贝斯虫病——在红细胞中的马巴贝斯虫

6E 巴贝斯虫病——感染牛巴贝斯虫：脑部感染致角弓反张（图片提供：大卫·戴默尔博士）

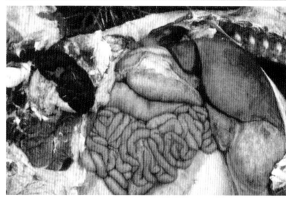

6F 巴贝斯虫病——感染牛巴贝斯虫：肝肿大、浆膜因血红蛋白浸渗暗红色，肾脏因血红蛋白尿浸渗黑色，脂肪组织黄染，胆管扩张

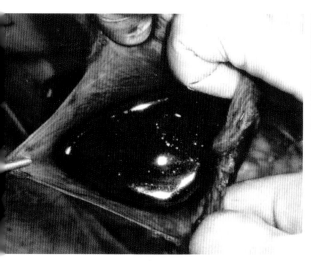

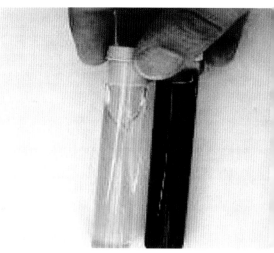

6G 巴贝斯虫病——感染牛巴贝斯虫：膀胱内有暗红色尿液（红水）

6H 巴贝斯虫病——含感染巴贝斯虫牛（右）和正常牛（左）尿液的试管对比

6I 巴贝斯虫病——脾肿
大，白浆滤泡增生

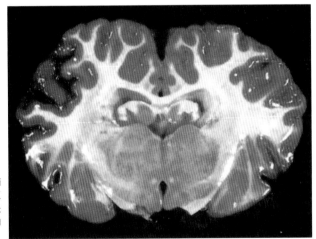

6J 巴贝斯虫病——端脑
皮层灰质部分变樱红
色。这种严重病变是
牛脑感染巴贝斯虫的
一个标志

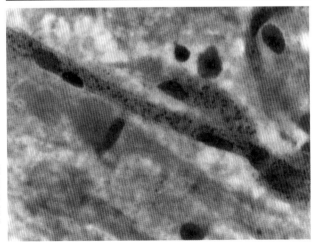

6K 巴贝斯虫病——临床
诊断大脑（端脑）壁
球图片，可见因牛巴
贝斯虫寄生于红细胞
中而造成的毛细血管
扩张

7. 蓝舌病（BLUETONGUE）

7A 蓝舌病——黏膜溃疡，继发于血管病变（图片提供：马里亚诺·多明戈博士）

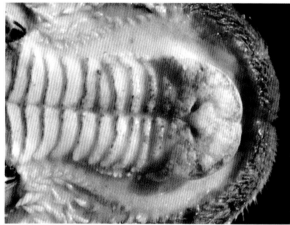

7B 蓝舌病——硬腭点状出血（图片提供：马里亚诺·多明戈博士）

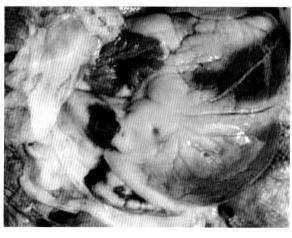

7C 蓝舌病——肺主动脉特征性病变–动脉的营养血管遭病毒损伤（图片提供：马里亚诺·多明戈博士）

8. 波纳病（BORNA DISEASE）

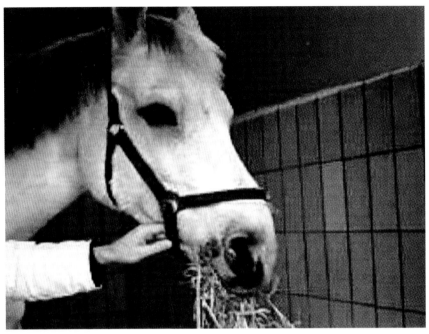

8A 波纳病——进食时"抽烟斗烟样"咀嚼动作是该病的典型特征

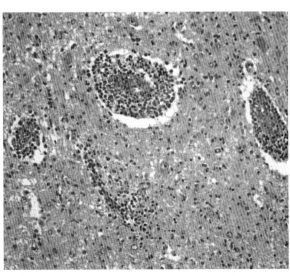

8B 波纳病——共济失调是常
见症状

8C 波纳病——伴随血管套的严重的非化脓性脑脊髓灰质炎是常见
的组织学病变

10. 牛传染性海绵状脑病（BOVINE SPONGIFORM ENCEPHALOPATHY）

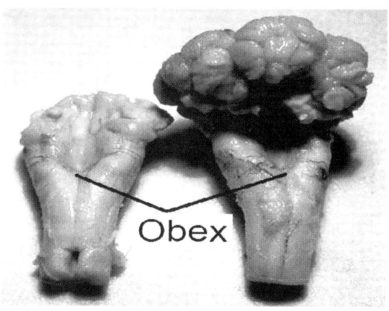

10A　牛传染性海绵状脑病——脑门部是疯牛病采样的最佳位置
　　（图片提供：蒂姆·佰斯勒博士）

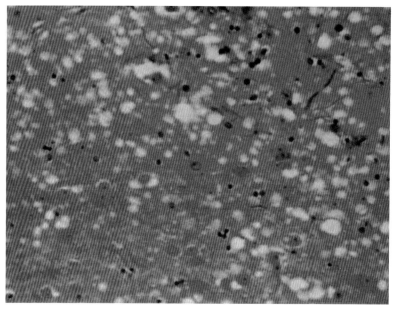

10B　牛传染性海绵状脑病——神经纤维空泡变性，疯牛病的一个特征性病理变化
　　（图片提供：艾尔·詹妮）

11. 羊痘（CAPRIPOXVIRUSES）

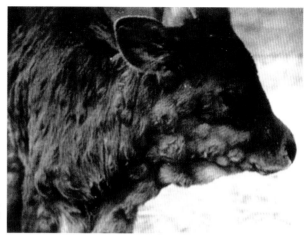

11A 羊痘——感染结节性
皮肤病的埃及小牛表
现出广泛的皮肤结节

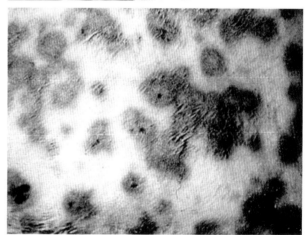

11B 羊痘——绵羊痘的皮肤
病变表现为皮肤表面的
硬化结节或坏死灶

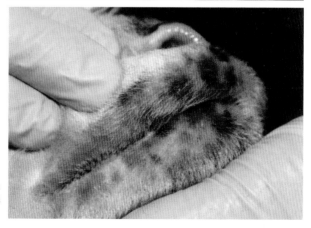

11C 羊痘——感染了绵羊
痘病毒的绵羊唇部形
成的丘疹

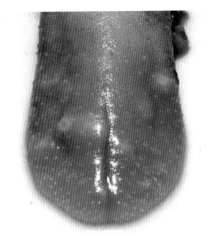

11D 羊痘——感染绵羊痘的
　　绵羊的舌部病变

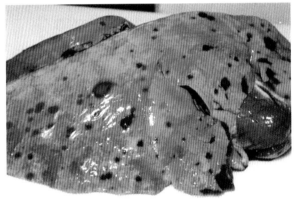

11E 羊痘——绵羊痘病毒引起
　　的以硬性水肿和出血性结
　　节为特征的肺炎病变

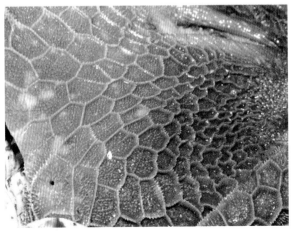

11F 羊痘——内脏器官形成
　　的丘疹和结节，可见于
　　黏膜或浆膜表面，图中
　　显示的是网状黏膜组织
　　上形成的结节

12. 古典猪瘟（CLASSICAL SWINE FEVER）

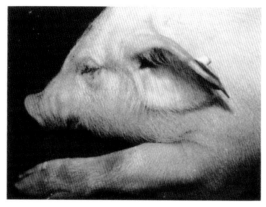

12A 古典猪瘟——病猪精神沉郁、也可能烦躁，结膜有出血性分泌物

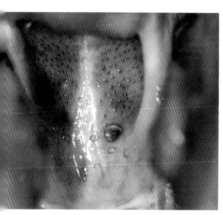

12B 古典猪瘟——扁桃体坏死是该病的典型特征

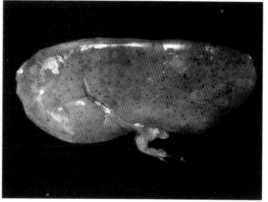

12C 古典猪瘟——肾脏有点状出血，也被称为"火鸡蛋肾"，在CSF中常见，但其他疾病也会有该症状，如非洲猪瘟、丹毒和沙门氏菌病

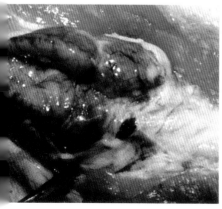

12D 古典猪瘟——淋巴结周边出血

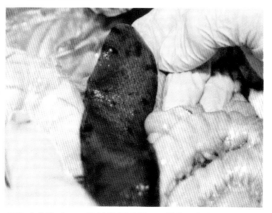

12E 古典猪瘟——尽管脾梗阻是CSF的典型症状，但目前世界上的流行毒株很少产生这种病变

14. 牛传染性胸膜肺炎（CONTAGIOUS BOVINE PLEUROPNEUMONIA）

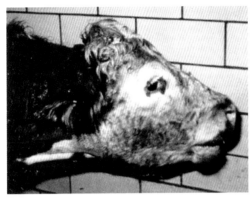

14A 牛传染性胸膜肺炎——因呼吸困难、咳嗽，头颈部前伸

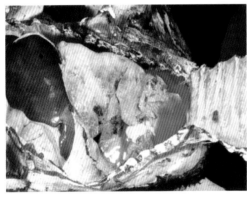

14B 牛传染性胸膜肺炎——打开胸腔，可见肺脏和胸膜广泛粘连

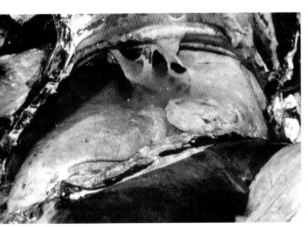

14C 牛传染性胸膜肺炎——几乎所有病例中，均可见胸膜表面附有纤维蛋白

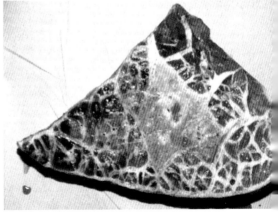

14D 牛传染性胸膜肺炎——这个肺的断面显示，有典型的小叶间隔增厚或称为"大理石纹"，中间有个色泽发浅的区域是死骨

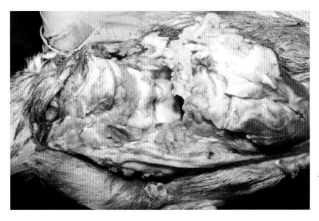

14E 牛传染性胸膜肺炎——特别在小牛，纤维素可导致败血症关节炎

15. 山羊传染性胸膜肺炎（CONTAGIOUS CAPRINE PLEUROPNEUMONIA）

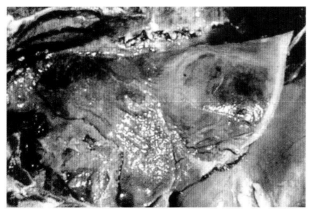

15A 山羊传染性胸膜肺炎——一般双肺都会与胸膜发生粘连，通常有大量的纤维蛋白

15B 山羊传染性胸膜肺炎——胸膜上有大量的纤维蛋白沉积

16. 马传染性子宫炎（CONTAGIOUS EQUINE METRITIS）

16A 马传染性子宫炎——患病母马在急性感染期阴道会有大量的脓性分泌物

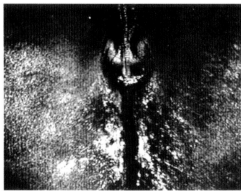

16B 马传染性子宫炎——外阴下方有干化的阴道分泌物

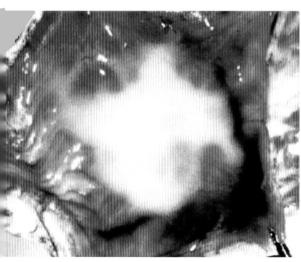

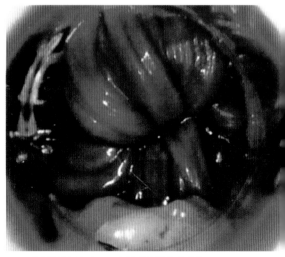

16C 马传染性子宫炎——急性感染期子宫腔内有黏液状脓性分泌物

16D 马传染性子宫炎——急性感染期黏液脓性宫颈炎

17. 马媾疫（DOURINE）

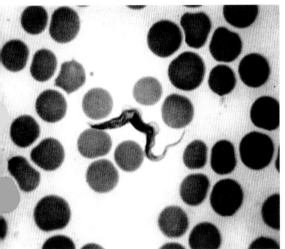

17A 马媾疫——血涂片下看到的锥虫　　　　17B 马媾疫——该病可见阴囊（鞘）肿胀

18. 鸭病毒性肝炎（DUCK VIRUS HEPATITIS）

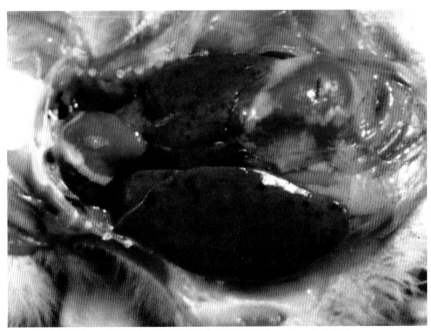

18 鸭病毒性肝炎——肝脏肿大，伴有点状出血或血管碎裂（ecchmyotic）出血

19. 东海岸热（EAST COAST FEVER）

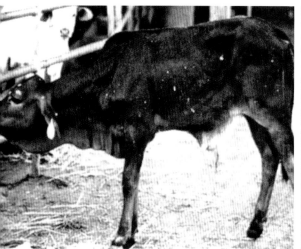
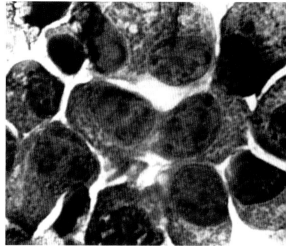

19A 东海岸热——淋巴结肿大，特别是肩胛骨前　19B 东海岸热——淋巴母细胞中含有泰勒虫
缘淋巴结

22. 口蹄疫（FOOT AND MOUTH DISEASE）

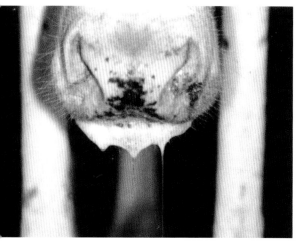
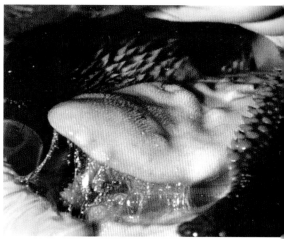

22A 口蹄疫——唾液分泌过量是牛感染口蹄疫的一　22B 口蹄疫——舌头上的水疱不断扩大和融合
个特征，由于口部病变处疼痛，动物不愿吞咽

22C 口蹄疫——水疱破裂后留下的破损
　　　侵蚀区

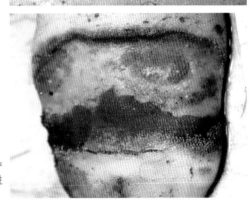

22D 口蹄疫——尽管有时舌头的溃疡严
　　　重，但愈合和再上皮化也在迅速进
　　　行（牛）

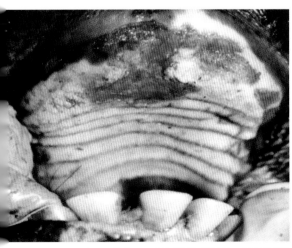

22E 口蹄疫——病变发展和溃破后，多发性牙龈　　22F 口蹄疫——患病羊牙龈和舌头病变。小反
　　　溃疡和病变（牛）　　　　　　　　　　　　　　刍动物病变很少像牛那么显著

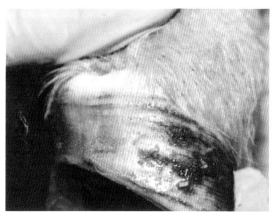

22G 口蹄疫——蹄冠部发烫，发生水疱的前兆

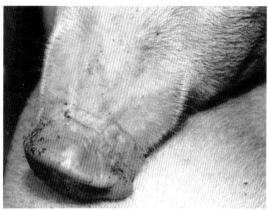

22H 口蹄疫——猪吻部出现水疱

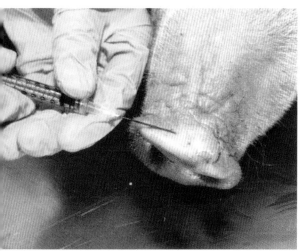

22I 口蹄疫——收集水疱液时从下方进入，避免诊断液泄漏

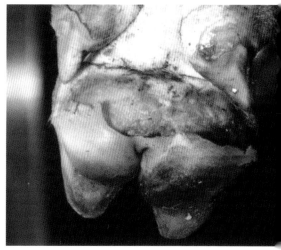

22J 口蹄疫——猪蹄部病变可导致蹄甲脱落，对动物造成永久性伤害

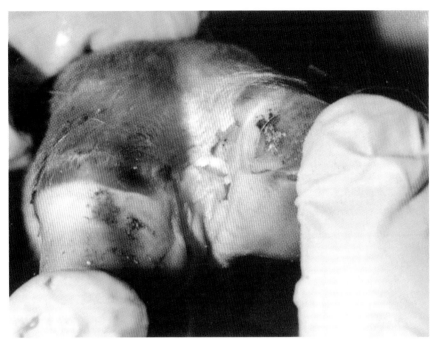

22K 口蹄疫——最近的水疱破裂，趾叉处（绵羊）

24. 马鼻疽（GLANDERS）

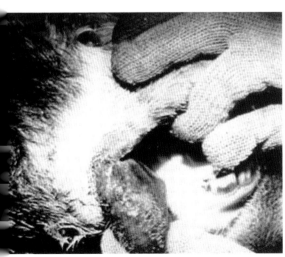

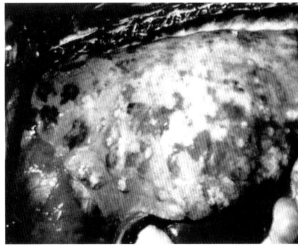

24A 马鼻疽——驴唇上的一个肉芽肿样病变　　24B 马鼻疽——驴肺部大量化脓性肉芽肿

25. 心水病（HEARTWATER）

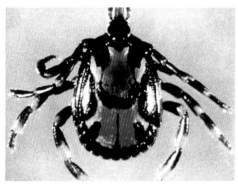

25A 心水病——雄性希伯来钝眼蜱
（Amblyomma variegatum）

25B 心水病——牛肉赘上严重感染希伯来
钝眼蜱

25C 心水病——一头死于心水病绵羊的胸水

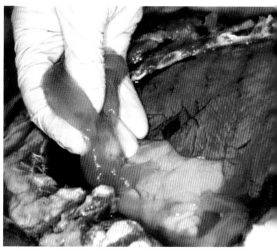

25D 心水病——胸腔液里面的纤维蛋白凝块，
表明积液富含蛋白

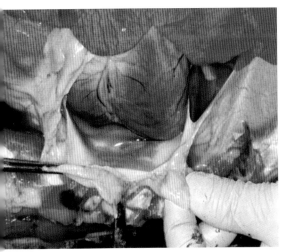

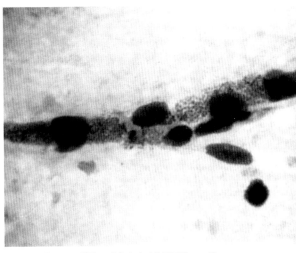

25E 心水病——患病羊的心包液，这是该病得名的原因（心水病）。还要注意心脏广泛性的出血点，是该病对血管性质影响的一种反映

25F 心水病——显微镜下观察患病动物脑图片。一行血管内皮细胞有明显的细胞核（大紫色椭圆）和充满埃立克体的细胞质，每个用单一的点表示，这些聚集物被称之为"桑椹"

26. 出血性败血症（HEMORRHAGIC SEPTICEMIA）

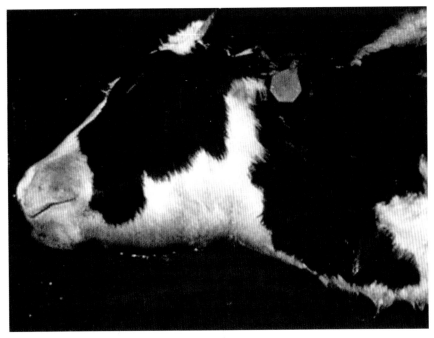

26 出血性败血症——头颈部广泛水肿

27. 亨德拉病毒病（HENDRA VIRUS DISEASE）

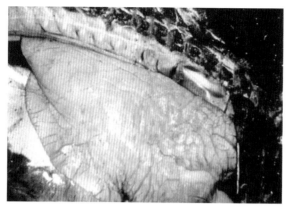

27 亨德拉病毒病——一个特征
就是绝大多数肺水肿

32. 恶性卡他热（MALIGNANT CATARRHAL FEVER）

32A 恶性卡他热——牛发展为
严重的双侧流黏液性鼻涕

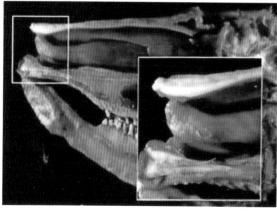

32B 恶性卡他热——在鼻腔
头部发生溃疡性鼻炎

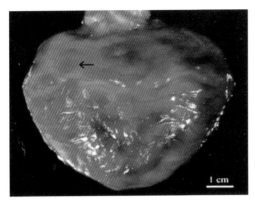

32C 恶性卡他热——患严重恶性卡他热的普通牛和野牛中均见到膀胱炎

32D 恶性卡他热——口腔黏膜乳头末端变红，随后变黑并坏死。相似的，硬腭黏膜表面的溃疡也发生同样变化

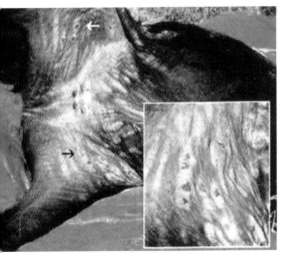

32E 恶性卡他热——动物偶尔会出现皮炎，伴随皮肤溃疡性结节，特别是毛发稀疏的部位

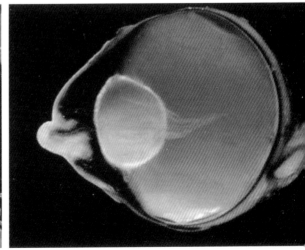

32F 恶性卡他热——角膜处血管病变可造成水肿，在某些情况下，角膜坏死和穿孔

34. 新城疫（NEWCASTLE DISEASE）

34A 新城疫——常见下眼睑出血

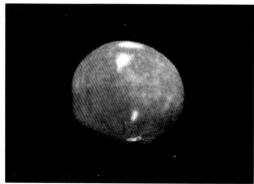

34B 新城疫——脾坏死

34C 新城疫——在肠淋巴结上会有出血性坏死灶，这是盲肠淋巴结

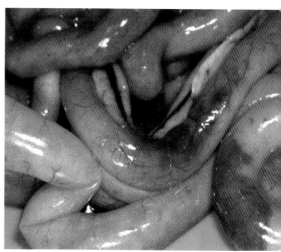

34D 新城疫——出血性坏死可发生在肠淋巴结存在的地方（派伊尔结）

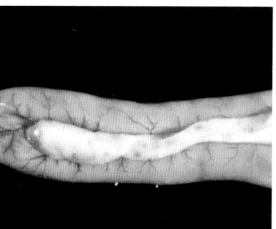

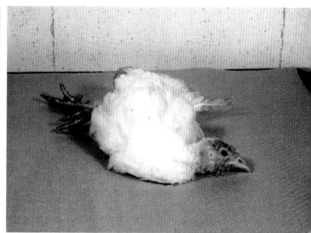

34E 新城疫——胰腺坏死，红色坏死灶

34F 新城疫——一些新城疫毒株会产生明显的神经症状。这是一只不能自行恢复的病火鸡

36. 小反刍兽疫（PESTE DES PETITS RUMINANTS）

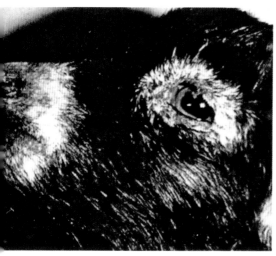

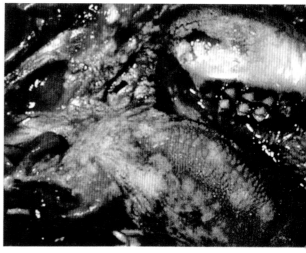

36A 小反刍兽疫——眼部和鼻部炎性渗出物干结

36B 小反刍兽疫——舌头和咽部上皮坏死（白色区域）

37. 兔出血症（RABBIT HEMORRHAGIC DISEASE）

37A 兔出血症——病死兔常见鼻端
出血

37B 兔出血症——患病（左）和正
常兔子的肝脏。坏死使肝脏颜
色变浅

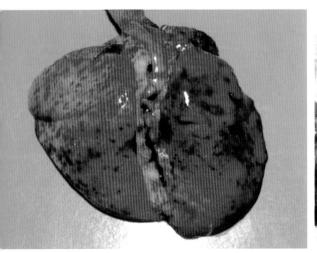

37C 兔出血症——肺可能会大量充血或出血

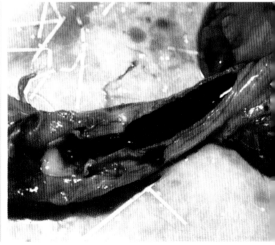

37D 兔出血症——气管黏膜可能出血

39. 牛瘟（RINDERPEST）

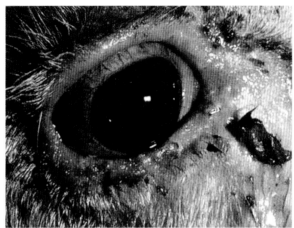

39A 牛瘟——牛瘟感染早期结膜炎和黏液脓性分泌物

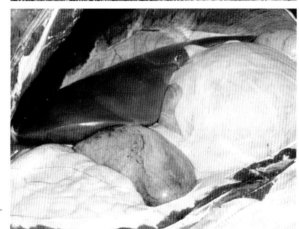

39B 牛瘟——胆囊极度扩大，营养不良的结果

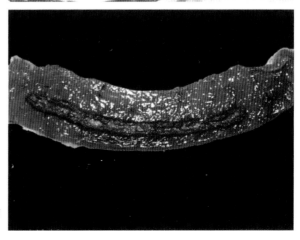

39C 牛瘟——小肠派伊尔结出现溃疡和白喉膜

40. 螺旋蝇蛆病（SCREWWORM MYIASIS）

40A 螺旋蝇——三龄幼虫　　　　　　40B 螺旋蝇——雌蝇

44. 非洲动物锥虫病（AFRICAN ANIMAL TRYPANOSOMOSIS）

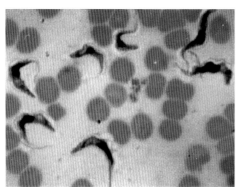 

44A 锥虫病——血涂片下的寄生虫　　44B 锥虫病——因患有非洲锥虫而严重消瘦

47. 水疱性口炎（VESICULAR STOMATITIS）

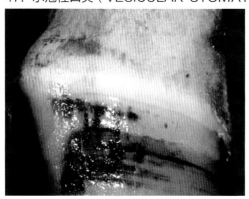

47A 水疱性口炎——蹄冠部热
烫，起水疱前兆

索　引

一、疾病索引

二、病原索引

三、其他索引